幼儿膳食调制与养生

贺习耀◎编著

北京·旅游教育出版社

责任编辑：郭珍宏

图书在版编目（CIP）数据

幼儿膳食调制与养生／贺习耀编著. -- 北京：旅游教育出版社，2017.5

ISBN 978-7-5637-3575-4

Ⅰ. ①幼…　Ⅱ. ①贺…　Ⅲ. ①婴幼儿—食谱②婴幼儿—饮食营养学　Ⅳ. ①TS972. 162②R153. 2

中国版本图书馆 CIP 数据核字（2017）第 115313 号

幼儿膳食调制与养生

贺习耀　编著

出版单位	旅游教育出版社
地　　址	北京市朝阳区定福庄南里 1 号
邮　　编	100024
发行电话	（010）65778403 65728372 65767462（传真）
本社网址	www.tepcb.com
E-mail	tepfx@ 163.com
排版单位	北京旅教文化传播有限公司
印刷单位	北京京华虎彩印刷有限公司
经销单位	新华书店
开　　本	787 毫米×960 毫米　1/16
印　　张	15.375
字　　数	220 千字
版　　次	2017 年 5 月第 1 版
印　　次	2017 年 5 月第 1 次印刷
定　　价	45.00 元

（图书如有装订差错请与发行部联系）

　　本书是武汉市属高校产学研项目《幼儿园学生膳食调配制作研究》阶段性研究成果。

　　承蒙武汉商学院学术著作基金资助。

　　谨以本书献给关注幼儿健康成长的各界朋友及幼儿家长。

前　　言

"饮食者,人之命脉也"。饮食是人体摄食养生的重要源泉,是维持生命活动的物质基础。幼儿饮食不仅关乎幼儿身体健康和身心发展,还涉及亿万家庭的幸福安康和殷切期盼。幼儿膳食,作为幼儿饮食的主要供给形式,是衡量国家综合实力的重要指标,更是幼儿家长和社会各界关注的焦点。

为提升幼儿膳食质量水平,促进亿万儿童健康成长,武汉商学院烹饪与食品工程学院联合武汉市洪山区街道口幼儿园(省级示范幼儿园)从事幼儿园学生营养膳食调配与制作研究。本项研究工作以揭示幼儿膳食调制与饮食养生规律为目标,以幼儿教育专家、烹饪营养大师的研究成果为依托,结合华中地区的物产资源和饮膳特色,着重探究幼儿四季膳食菜单设计、幼儿园学生营养配餐、幼儿膳食菜品制作技艺、幼儿膳食安全与卫生以及幼儿饮食养生与保健等饮食营养问题。

《幼儿膳食调制与养生》是一部系统研究幼儿膳食调制与饮食养生问题的学术著作,是武汉市属高校产学研项目《幼儿园学生膳食调配制作研究》的阶段性研究成果。本书作者从幼儿膳食调制养生综论、幼儿膳食菜单设计、幼儿膳食原料选用、幼儿膳食菜品调制、幼儿饮食卫生与安全、幼儿饮食养生与保健以及湖北幼儿养生菜品加工工艺研究等7个方面,对幼儿膳食调制与饮食养生问题进行了全面系统的阐述。力求理实结合,注重深入浅出。

本著作的编撰与出版,有利于规范幼儿膳食制作技艺,提升幼儿膳食质量水平;有利于践行幼儿饮食养生理论,满足广大幼儿家长的殷切期盼;有利于遵循幼儿身心发展规律,促进幼儿健康快乐成长。

本书由武汉商学院副教授贺习耀撰写,得到了项目研究人员肖洁(特级幼儿教师)、眭红卫(烹饪营养副教授)、潘东潮(中国烹饪大师)、曾习(食品科技讲师)、王婵(烹饪营养讲师)和吴艳(幼教保健医师)的鼎力协助,参考并引用了大量幼儿养生书籍和相关饮食文献,承蒙武汉商学院领导及同仁大力支持与帮助,由衷表示感谢!

虽然我们一直从事烹调工艺与营养专业的教学研究工作,承担了多项教学科研项目,但由于水平有限,书中的缺点和疏漏在所难免,诚盼各位专家学者提出宝贵意见,以便修订完善。

作　者
2017 年 2 月于武汉

目　　录

第一章 幼儿膳食调制养生综论

在我国,学龄前儿童专指3~6岁入园教育阶段的幼儿,其生长发育快速且有规律,此时正是逐渐培养生活习惯并形成健康体质的重要时期,科学的饮食可为幼儿后继学习和终身发展奠定良好的基础。研究幼儿膳食调制与饮食养生,旨在结合幼儿身心发育特点,为其调制营养均衡、味美适口的合理膳食,全面保证营养供给,促进幼儿健康成长。

第一节 幼儿膳食及其质量要求

幼儿膳食,是指按照幼儿的生理和心理需求,每日为其调配制作并按时供应的日常饮食。此类膳食的供餐对象特殊,多为3~6岁的学龄前儿童,供餐单位则是托幼园所及幼儿家庭。

研究幼儿膳食调制与饮食养生,首先应明确幼儿膳食的属性及其质量评定标准。

一、幼儿膳食属性

幼儿膳食是人类饮食的一项特异分支。若按饮食构成归类,幼儿膳食隶属于特殊人群的日常膳饮,其膳食菜品以烹调加工的饮食品(主食、菜肴、汤羹、点心等)为主体,具有安全卫生、富于营养、感官良好三大要求,具有原料的安全性、营养的丰富性、制作的工艺性、品种的多样性、供应的季节性等属性[1]。与此同时,其自身的个性也相当突出,这主要表现为:

第一,根据幼儿的身心发展规律及饮食营养需求而设置,常与幼儿的饮食

---

[1] 陈光新.烹饪概论[M].北京:高等教育出版社,2005:51-52.

习尚紧密结合,特别注重味美适口及营养均衡。

第二,膳食结构简练,多由主食、热荤、素菜、汤羹、水果等组成,以主食为主体,一日三餐常供,要求定时定量(如3餐2点),形成营养套餐。

第三,幼儿膳食的制作常以手工进行小批量或单件生产;虽有配方但不固定,虽有规程但不拘泥。

第四,膳食原料选用严谨,膳食菜品调制精细,讲究饭菜之间色泽、质感、滋味、外形及营养的合理组配,注重饮食保健与养生。

第五,菜式品种朴实大方,日常饮膳特色鲜明,注重节令变化,突出地方饮食风格。

第六,膳食菜品的规格档次依地方生活水准及幼儿家庭的收支情况而定,每日膳食标准适中,注重成本控制,强调收支平衡。

二、幼儿膳食质量要求

幼儿膳食的调配、制作与供给,特别注重膳食菜品的质量水平。膳食菜品的质量通常包括卫生安全、营养价值和感官品质三方面内容[①]。根据幼儿膳食的基本属性,结合食品的评审要求,人们常将食用安全、营养合理和感官良好视作幼儿膳食菜品质量检测与品质控制的基本标准。

食用安全是幼儿膳食作为饮食品的基本前提。要保证膳食菜品的食用安全,就必须保证膳食原料无毒无害、清洁卫生,力求烹调加工方法得当,避免加工环境污染食品,确保幼儿身体不致受到伤害。

营养合理是幼儿膳食作为饮食品的必要条件。对于单份菜点,要注意主辅料的合理组配,尽量避免食物原料中的营养素在烹调加工过程中大量损失。对于整套膳食,不仅要供给数量充足的热量和营养素,而且要注意各种营养素在种类、数量、比例等方面的合理配置,使膳食中的各种营养成分得到充分利用。

感官良好是人们对幼儿膳食风味品质(即感官性质)的总体要求。要使饭菜味美适口,很好地激起幼儿食欲,就必须做到色泽和谐、香气宜人、滋味纯正、形态美观、质地适口、温度适宜,并且各种感官特性配合协调。

色泽和谐是评定幼儿膳食质量的重要标准之一。菜点的色泽主要来自两

---

① 魏峰.烹饪化学[M].北京:中国财政经济出版社,2003:169-170.

方面,一是原材料的天然色泽,二是经过烹制调理所产生的色泽。所谓色泽和谐,即是要求幼儿膳食的色泽调配合理、美观悦目,能给人以明快舒畅之感。

菜点的香气是通过嗅觉神经感知的,通常有酱香、脂香、乳香、菜香、菌香、酒香、蒜香、醋香等类别。所谓香气宜人,是指幼儿膳食香气纯正、持久,能诱发食欲,产生进餐热情。

菜点的滋味即口味,是指呈味物质刺激味觉器官所引起的感觉,它是评价膳食菜品风味品质的核心要素。所谓滋味纯正,即幼儿膳食主配料的呈味物质与调味料的呈味物质配合协调,调理得当,能够迎合绝大多数幼儿的口味要求。

菜点的外形是评定菜品风味品质的又一重要指标。所谓形态美观,即幼儿膳食菜品的外形应遵循形式美法则,要符合儿童的审美要求,方便幼儿食用。

菜点的质地是菜点与口腔接触时所产生的一种触感。它有细嫩、滑嫩、柔软、酥松、焦脆、酥烂、肥糯、粉糯、软烂、黏稠、柴老、板结、粗糙、滑润、外焦内嫩、脆嫩爽口等多种类型①。所谓质地适口,即幼儿膳食的质地要能给幼儿口腔内的触觉器官带来快感,要能激发幼儿的进餐热情。

盛器的作用不仅仅是用来盛装菜点,还有加热、保温、映衬菜点、体现规格等多种功能。所谓盛器得当,即幼儿膳食的盛器与菜点配合协调,能使菜点的感官性能得以完美体现。

成菜温度也是评价幼儿膳食风味品质的标准之一。所谓温度适宜,是指幼儿膳食的成菜温度符合幼儿食用安全要求,突现滋味、质感、香气等感官特性。

总之,食用安全、营养合理和感官良好既是幼儿膳食固有的品质要求,也是评价其膳食质量的重要标准。

第二节　幼儿膳食与烹调加工

膳食菜品是食物原料烹制加工的终端产品,烹调加工对其风味品质及饮食营养起着决定性作用。我们研究幼儿膳食调制与养生问题,究其实质,就是要探寻幼儿膳食的最佳烹制工艺,为幼儿提供既富含饮食营养又兼具特色风味的

---

① 贺习耀.餐饮菜单设计[M].北京:旅游教育出版社,2014:6-7.

日常膳饮。

一、幼儿膳食的烹制工艺

关于膳食菜品的加工与烹制,人们常用"烹调"一词来描述。《辞源》及《现代汉语词典》对"烹调"的解释是:"烹",即加热烹炒,化生为熟;"调",即调和滋味,引申为调味、调色、调香和调质。烹调,是"烹"与"调"的结合。从狭义上讲,烹调仅指菜肴制作过程中的加热和调制;从广义上讲,是指菜肴、点心生产加工的整个制作过程。其目的在于制作出便于食用、富含营养、安全卫生、美味适口的各式菜品。

烹调工艺,即菜肴、点心的生产加工工艺。具体地说,就是将经过加工整理的食物原料,使用不同加热方法并加入调味品而制成菜点的一门工艺[①]。按照从生到熟的自然加工顺序,幼儿膳食的烹调加工一般具有选择原料、初步加工、切料配菜、烹制调味、装盘美化等工艺流程。

(一)选择原料

食物原料是菜肴点心生产的物质基础。选择原料,就是根据烹饪原料的属性和膳食菜品的质量要求,选择适于烹制加工的理想食材,用以制作相应菜点。

幼儿膳食原料的选用,除应熟悉原料的类别、属性外,还需掌握原料品质的鉴定方法,遵守相应的选料原则,注意具体的选料要求。

(二)初步加工

烹饪原料的初步加工主要包括鲜活原料的初加工、干货原料的涨发加工及整形原料的分档加工等。

幼儿膳食原料的初步加工常以鲜活原料的初加工为主,它为正式的切料配菜和烹制调味奠定基础;干货原料的涨发加工在幼儿膳食制作中也经常出现。

(三)切料配菜

切料配菜包括刀工切割工艺和菜点组配工艺,常被称作"切配工艺"。刀工切割工艺涵盖刀功技法及原料成型等,菜点组配工艺则分为单一菜点的组配及整套菜点的组配。

---

① 邵万宽.烹调工艺学[M].北京:旅游教育出版社,2013:3-4.

幼儿膳食的切料配菜,着重研究的是单份菜点的刀工切割工艺及幼儿营养套餐的组配工艺。

（四）烹制调味

菜点的烹制调味是菜点加工工艺的核心和关键,主要包括菜点的烹制工艺、调和工艺及烹调技法等。

幼儿膳食的烹制调味,是幼儿饭食菜点调配与制作的中心环节,其烹制技艺及操作要领可结合具体的膳食菜品加以研究。

（五）装盘美化

菜点的装盘美化即菜点的盛装工艺和盘饰工艺,它与菜点的造型艺术、装盘手法及盘饰技艺联系紧密。

幼儿膳食注重务本求实,必要的盘饰艺术有助于提升菜品的感官质量水平,可激发幼儿的进餐热情。

总的说来,选择原料、初步加工、切料配菜、烹制调味和装盘美化是菜品加工工艺流程中相互联系、相互影响的组成要素。通过上述工艺流程,可烹制出为数众多的风味菜点,形成风格各异的膳食体系。

在我国,以中式菜点为主体的膳食体系常被称作“中餐”,它是我国民众日常膳饮的主要供给形式,其膳食菜品既具浓郁的地方风味,更有独特的工艺标准。就其烹调工艺的主要特色而言,主要表现为 5 个方面:一是选料严谨,组配巧妙;二是技艺精湛,重在变化;三是五味调和,强调适口;四是食医结合,注重养生;五是传承精品,追求创新。本书研究幼儿膳食菜品的烹制工艺,将突现中式烹调的上述工艺特色。

二、烹调加工对膳食质量的影响

烹调加工对幼儿膳食质量的影响主要表现在对其风味品质及膳食营养的影响两个方面。

（一）烹调加工对膳食菜品风味品质的影响

烹调加工是形成幼儿膳食特色风味的重要因素,它对膳食菜品风味品质的影响主要表现在如下 5 个方面。

（1）去腥、除膻、解腻、增鲜。《吕氏春秋·本味》说“夫三群之虫,水居者腥,肉玃者臊,草食者膻",烹调的目的就是要改善食物原有的感官性状,"灭腥去臊除膻,必以其胜,无失其理"。例如鱼鲜的腥味、山羊的膻气、鸡鸭的腥臊,经合理烹调,可实现去腥、除膻、解腻、增鲜之目的。

(2)杀菌、消毒、防腐、保质。生的食物原料,或多或少带有微生物或寄生虫卵,通过彻底加热,能杀灭食物原料中的这些微生物及寄生虫卵,实现杀菌、消毒、防腐、保质之目的。

(3)化生为熟,促进营养成分分解,便于人体消化吸收。烹调能促进食物原料中营养成分的分解,如:淀粉遇热可发生糊化,有利于淀粉的分解;蛋白质遇热,可变性凝固,易于分解成氨基酸;人体摄入的脂肪,在相关酶的作用下,可分解成脂肪酸和甘油等。在食物消化、吸收和利用的过程中,烹调既可减轻人体消化负担,又能提高营养物质的利用价值。

(4)变单一味为复合味,溢出芳香,刺激食欲[①]。烹调可变单一味为复合味,使膳食菜品的滋味更加适口;可使有机物挥发而溢出芳香;使食物原料中的鲜香物质溶解出来,呈现出鲜美的滋味,使调制出的菜品更受欢迎。

(5)美化菜品,提高观赏价值,增添饮食情趣。烹调可以使原料色泽更加美观。例如熟制后的芙蓉鱼片白亮光洁,烹制成型的河虾色泽红亮。在刀工成型方面,鱿鱼、腰子等原料经花刀处理后,菜品的外形和质感得以改善,更能增添就餐者的饮食情趣。

(二)不良加工方法加剧膳食营养损失

烹调加工对幼儿膳食质量的影响有利亦有弊。其中,致使膳食营养大量损失的不良加工方法值得托幼园所及幼儿家长特别关注。

(1)洗涤加工不当。食物原料在洗涤加工时,水溶性营养素往往会随水丢失。例如做米饭,过度淘洗,维生素可损失30%~40%,无机盐损失约25%,蛋白质损失约10%。搓洗次数越多,浸泡时间越长,淘米水温越高,营养素的损失就越多。

(2)过度加热。过度加热对幼儿膳食营养的影响非常明显,加热时间越长、温度越高、次数越多,营养素的损失程度越大。例如部分油炸食品、熏烤菜式,其脂肪经过长时间高温处理,产生一种叫丙烯醛的物质,这种物质会影响幼儿

---

① 陈光新.烹饪概论[M].北京:高等教育出版社,2005:36-37.

胃肠道的消化吸收功能,高温油炸时还可进一步分解出有致癌作用的氧化物,对人体健康影响极大①。

(3)用水量过多。以水为传热介质的烹调方法,如煨、煮、汆、炖等,会使原料中的一些水溶性营养素逐渐溶出,因受热分解而损失。用水量过多,加热时间延长,其营养素的损失会逐渐增大;如果汤水不被食用,则损失更大。实验数据表明,弃去米汤会损失维生素 B_1 67%、维生素 B_2 50%、铁 60%;弃去面条汤可损失维生素 B_1 47%、维生素 B_2 57%、维生素 PP 22%、蛋白质 5%。所以,米汤、面汤和菜汤应尽量加以利用②。

(4)用碱过量。幼儿膳食,特别是主食、点心等,在烹制过程中过量用碱,会造成维生素 C 及部分 B 族维生素大量损失。例如煮赤豆稀饭时加碱,维生素 B_1 可损失 75%;炸油条时加碱,经高温油炸,维生素 B_1 可被全部破坏,维生素 B_2 和 B_5 分别被破坏 50% 左右。

(5)氧化作用。食物在加工贮存过程中,有些营养素,特别是维生素 C,因与空气中的氧发生氧化分解反应而损失。如果食用不及时,放置过久的膳食菜品也会因氧化而损失营养。实验表明:将黄瓜切成薄片,放置 1 小时,维生素 C 损失 33%~35%,放置 3 小时损失 41%~49%。一般蔬菜烹制成熟后,放置 1 小时,维生素 C 损失 10%,放置 2 小时损失 14%;如果保温存放,则氧化损失更大③。

三、采用合理烹制技艺提升幼儿膳食品质

幼儿膳食的质量通常包括安全卫生、膳食营养和风味品质三方面内容。理想的烹制技艺应使生产出的菜品同时满足安全卫生、美味适口以及营养合理等三项质量要求。

在幼儿膳食的调制加工过程中,人们通常采用丰富原料品种、合理掌控食材用量、规范菜品制作技艺等方法来提升幼儿膳食的质量水准。特别是选择如下烹制技艺,既可将营养素的损失降到最低程度,又可提升膳食菜品的风味品质,增强幼儿的进餐食欲,增加消化液的分泌,从而促进人体对膳食营养的吸收

① 黄启红,熊娟.不同烹调方法对食物营养素的影响[J].食品工程,2013(1):62-65.
② 林则普.烹饪基础[M].北京:中国商业出版社,1994:208-209.
③ 林则普.烹饪基础[M].北京:中国商业出版社,1994:209-210.

与利用①。

(一)先洗后切

蔬菜在清洗切配等加工环节,遵循"先洗后切,切后即烹"的加工原则,可避免维生素及无机盐随水流失,减少氧及抗坏血酸氧化酶对维生素 C 的氧化破坏。

(二)旺火快炒

部分动植物原料,通过旺火快炒,能缩短菜肴成熟时间,减少高温及空气对维生素的热分解和氧化,降低氧化分解酶对维生素 C 的分解破坏作用。实验表明:猪肉切丝以旺火急炒,维生素 B_1 的损失率只有 13%,而切块用小火慢炖,损失率达 65%;菠菜用旺火急炒,维生素 C 的保存率达 60%~80%,若水煮余汤,则保存率在 50% 以下。

(三)沸水汽蒸

以水蒸气为传热媒介的汽蒸法,相对于水煮、油炸等烹制技法,减少了食物原料中营养素的大量流失。特别是旺火、沸水、速成的各式蒸菜,能较好地保持菜肴的原汁原味,迅速破坏抗坏血酸氧化酶等的活性,最大限度地减少维生素 C 等营养素的损失。

(四)适时加醋

由于多数维生素具有怕碱不怕酸的特性,因此在保证菜品特色风味的前提下,可因原料而异,适时加醋烹制,以减少营养素的损失。特别是某些动物性原料,食醋还可溶解原料中的钙质,从而促进钙的吸收。

(五)挂糊上浆勾芡

部分动物性原料先用淀粉和鸡蛋等食材上浆挂糊,可使原料中的水分和营养素不致大量溢出,防止高温下蛋白质过度变性,避免了维生素的分解破坏②。勾芡还能使汤料混为一体,使浸出的营养成分连同汤料一同摄入并加以利用。

(六)谨慎高温烹制

炸、烤、煎、焗、熏等高温加热的烹调技法,能使鸡、鸭、鱼、肉等菜肴鲜香味

---

① 魏峰.烹饪化学[M].北京:中国财政经济出版社,2003:169-170.
② 邵建华,焦正福.中式烹调师(中级)[M].上海:上海科学普及出版社,1999:252-253.

美,外酥内嫩,但同时对膳食营养破坏较大,严重者还会产生油脂热聚合物、丙烯醛及 3,4-苯并芘等致癌物。因此,烹制幼儿膳食应谨慎使用上述高温长时间加热的烹调技法。

总的说来,烹调加工是幼儿膳食制作的中心环节,是形成菜品特色风味的重要手段,更是影响幼儿膳食营养的关键要素。

第三节　幼儿饮食营养需求与养生

为维持正常的生命活动,人体每天必须从外界摄取足够的食物,以获取身体所需的各种营养和热量。幼儿膳食是幼儿摄食养生的主要食物来源,幼儿膳食的调配、制作与供给,既应满足幼儿饮食营养需求,还需兼顾饮食养生的基本要求。

一、幼儿饮食营养需求

"营养",通俗地讲,就是通过食物谋求养生的意思[1]。一般来说,机体摄取、消化、吸收和利用食物中的有益物质以维持生命活动的整个过程即为营养或饮食营养。

食物是营养物质的载体。各种食物在人体消化道内经过分解,转变成结构简单的小分子物质,再透过消化道黏膜的上皮细胞,进入血液循环,以供人体组织利用[2]。食物中一些能为人体提供热能、调节生理机能、构成及修补机体组织的物质称为营养素。它主要包括蛋白质、脂肪、碳水化合物、维生素、无机盐、水和膳食纤维。其中,蛋白质、脂肪和碳水化合物在体内经过消化、吸收及中间代谢后可产生热能,称作生热营养素。生热营养素所产生的热能主要用于维持人体基础代谢、生长发育等需要。

对于学龄前儿童来说,由于基础代谢率比成人高,所需热能也相对较多。正常情况下,学龄前儿童每日所需的热量为 5880~6720 千焦耳,所需的蛋白质、脂肪、碳水化合物、维生素、无机盐、水和膳食纤维等皆有不同的供给量标准。

---

① 林则普.烹饪基础[M].北京:中国商业出版社,1994:172-173.
② 彭景.烹饪营养学[M].北京:中国纺织出版社,2008:6-7.

（一）蛋白质的需求

蛋白质是人类生命活动的物质基础,是构成人体细胞的主要成分。入园教育阶段的幼儿需要有足够的蛋白质供给,以每日摄取蛋白质45~55克为宜。如蛋白质摄入不足,会造成幼儿发育迟缓,抵抗力减弱,体重减轻,容易疲劳,贫血,发生营养不良性水肿,甚至会影响大脑发育而造成智力低下[①]。蛋白质摄入过量,则会影响消化功能而引起消化不良,导致小儿厌食、小儿疳疾诸症出现。

幼儿每日所摄取的蛋白质主要来源于瘦肉、鱼鲜、禽类、奶类、蛋类等动物性食物;植物中的豆类及豆制品、硬壳果类的蛋白质含量也较丰富。调制幼儿膳食,最好是将动物蛋白与植物蛋白合理搭配,用以提高幼儿膳食中蛋白质的营养价值。

（二）脂肪的需求

脂肪主要由甘油三酯所组成,而构成甘油三酯的主要物质是脂肪酸。脂肪酸有饱和脂肪酸、单不饱和脂肪酸和多不饱和脂肪酸之分。不饱和脂肪酸中的亚油酸、亚麻酸和花生四烯酸在动物和人体内不能合成,必须取自食物,故称"必需脂肪酸"。

脂肪除给人体供给热量之外,还是构成人体组织的重要物质。儿童生长发育需要一定量的脂肪,一般每天每千克体重需要2~3克脂肪,每日所摄取的脂肪总量控制在40~50克为宜。脂肪摄入不足会导致小儿体质瘦弱或发育不良;脂肪过量则易诱发肥胖症、心血管疾病等。

动物性原料,如畜肉、家禽、奶类和蛋黄等,都含有大量脂肪,尤以奶类和蛋黄中的脂肪质量最佳,它们不但容易被消化吸收,且富含脂溶性维生素 A 和维生素 D 等。植物中的花生、菜籽、芝麻、豆类及硬果类也含有较多的油脂;相对于动物脂肪,植物油脂更易消化和吸收,并且富含必需脂肪酸。

（三）碳水化合物的需求

碳水化合物最主要的作用是为人体供给热能,人体80%的热量来自碳水化合物。

儿童的生长发育离不开碳水化合物。一般情况下,儿童每天每千克体重需

---

① 吴婕翎.3~6 岁儿童健康成长营养餐[M].沈阳:辽宁科学技术出版社,2012:7-8.

要 10~12 克碳水化合物,每日碳水化合物的摄入总量控制在 180~240 克为宜。若长期过量地摄入碳水化合物,易导致肥胖症、高血脂症等疾病;易使体内脂肪聚积增多,损害肝脏、肾脏等器官。儿童吃糖或甜食过多,还会使正餐食量减少,导致蛋白质、维生素、无机盐等营养素供给不足。

碳水化合物主要来源于谷类、豆类和薯类。在我国,幼儿膳食多以主食为主体,它是幼儿获取热能的主要食物来源。

(四)维生素的需求

维生素是维持人体正常生理活动所必需的有机物质,人体对其需要量甚微,但不能缺乏。维生素的种类很多,常见的脂溶性维生素有维生素 A、D、E、K等,常见的水溶性维生素主要有维生素 C 和 B 族维生素两类。它们大多数不能在人体内合成,或合成量不足,必须从食物中摄取。人体如果缺乏维生素,物质代谢就会发生障碍,极易引起维生素缺乏疾病及其他病症。如幼儿缺乏维生素 A 会引起牛皮癣、干眼症等;缺乏维生素 D,可致佝偻病;缺乏维生素 B_1,会影响神经系统的正常功能,诱发脚气病;缺乏维生素 B_2,则表现为唇炎、舌炎、口角炎、阴囊炎及眼睑炎等[①]。

一般情况下,学龄前儿童每天需要维生素 A 500~600 微克视黄醇当量,维生素 B_1 0.6~0.8 毫克,维生素 B_2 0.7~1.0 毫克,维生素 C 60~70 毫克,维生素 D 10 微克。但若长期过量地摄入维生素 A、D 等,反而会出现不同的过食性症状。如长期过量摄入维生素 A,会出现视力模糊、头发脱落、肌肉溃疡、皮肤干燥、嘴唇干裂等症状;过量摄入维生素 D,会引起食欲不振、恶心、呕吐、腹泻、多尿、烦渴、发热等症状。

维生素的摄入以蔬菜、水果、牛奶及动物内脏为主。其中,维生素 A 在肝脏、蛋类、奶类、胡萝卜、红辣椒、菠菜中含量较多,尤以鱼肝的含量最丰富。维生素 D 主要来源于肝脏、鱼鲜、肉品、奶类及蛋类中。维生素 C 广泛存在于新鲜水果与绿色蔬菜中,特别在猕猴桃、西红柿、橘子、辣椒及大枣中含量较高。维生素 B_1 来源于植物种子的外皮及胚芽中,如谷类、豆类、酵母、干果及硬壳果中;动物的心、肝、肾、脑、瘦肉及蛋类中维生素 B_1 的含量也较丰富。维生素 B_2 则主要来源于青菜、黄豆、小麦、酵母及动物的肝、肾、心、奶中。

---

① 任百尊.中国食经[M].上海:上海文化出版社,1999:295-296.

(五)矿物质的需求

矿物质中钙、铁、锌及其他微量元素对幼儿生长发育起着重要影响作用。

幼儿机体发育及骨骼生长对于钙的需求较高。儿童膳食中钙的需要量通常以每日摄取600~800毫克较为合理。维生素D可促进钙的吸收,若儿童体内长期缺乏维生素D,会因钙的吸收不足而患佝偻病。钙的主要食物来源为奶类及其制品、豆类、水产品、各种蔬菜和水果。

铁是人体所需最重要的微量元素。作为血红蛋白的构成部分,铁参与氧的运载、交换和组织呼吸的全过程。我国儿童缺铁性贫血发病率较高,即为缺铁所致。人体对铁的需要量取决于各种不同因素,学龄前儿童以每日摄取10毫克铁较为适宜。人体所需铁的良好食物来源为动物肝脏、蛋黄、豆类和蔬菜。

锌是人体多种蛋白质和酶的重要组成成分。学龄前儿童每日锌的需要量为10~12毫克,如果饮食长期缺锌,会出现食欲不振、生长发育迟缓甚至停滞等症状[①]。锌的最佳食物来源为红色瘦肉、贝类等动物性原料,含植酸盐、草酸盐较多的植物性食物含锌量较低,消化吸收率更低。

(六)水的需求

水是维持生命活动不可缺少的物质,是新陈代谢的重要媒体。水的需要量主要取决于机体新陈代谢的需要。此外,温度的变化、人的活动量和食物的性质,也会影响水的需要量。

学龄前儿童每天水的周转比成人快,每日每千克体重对水的需要量为90~100毫升;但对缺水的耐受力较差,比成人容易发生水平衡失调。当水的摄入量不足时,会出现脱水现象;反之,摄入量过多,又有可能发生水肿。

(七)膳食纤维的需求

膳食纤维主要包括纤维素、半纤维素、木质素和果胶等,它们不能被人体消化吸收,但与人体的生理功能关系密切。缺乏膳食纤维,人体的能量摄取增多,胰岛素分泌增加,胆汁酸排出减少,血浆胆固醇升高,容易引发冠心病;过多地摄入膳食纤维,则会影响机体对钙、磷、铁、锌等无机盐的吸收。特别是婴幼儿膳食,应适当限制膳食纤维含量过高的烹饪原料。

---

① 周旺.烹饪营养学[M].北京:中国轻工业出版社,2015:62~63.

人体所需的膳食纤维在各种植物性食物中含量丰富,尤以麦麸、大豆粉、芹菜、菠菜等含量较高。

总的说来,学龄前儿童的饮食营养需求体现在幼儿对食物能量及各营养素的需求等多方面。只有饮食调配注意多样化,食物感官性能良好,主副食搭配合理,膳食营养平衡,才能促进幼儿正常生长与发育[①]。

二、幼儿饮食养生基本要求

自古以来,我国民众在强调膳食营养的同时,特别注重饮食养生。

幼儿饮食养生,是指在中医养生理论及平衡膳食原理的指导下,依据幼儿身心发育特点,选配合理食材,调制营养套餐,用以调节幼儿生理机能,促进幼儿健康成长。具体说来,幼儿饮食养生的基本要求主要表现如下。

(一)幼儿膳食应由多样化食物所构成

人体摄取的食物是多种多样的,每种食物所含的营养成分各不相同,只有将多种食物进行合理组配,使其成为营养素种类齐全、数量充足、比例恰当的平衡膳食,才能达到合理营养、促进健康的目的。如果仅吃少数几种比较单调的食物,例如幼儿偏食,就不能满足人体对饮食营养的需求。

一般情况下,幼儿的多样化食物应包括米面、薯类等谷物,畜、禽、鱼、虾、蛋、奶等动物性食物,豆类及其制品,蔬菜和水果,动植物油、淀粉和食用糖等纯热能食物。并且,这5大类食物必须保持合理的供给比例。

(二)幼儿膳食提供的各种营养素应达到供给量标准

为使人体能从膳食中获得数量充足的各种营养素,中国营养学会制定并通过了《中国居民膳食指南》,并以此作为人们编制膳食菜单和评价膳食营养的标准。按照学龄前儿童的饮食营养需求,幼儿膳食中蛋白质、脂肪、碳水化合物的重量比应接近1:1:4,动物蛋白、豆类蛋白应占蛋白质总量的50%以上[②]。在此基础上,还需供给足量的无机盐、足够的维生素和适量的膳食纤维。

在我国,人们的日常膳食多以植物性食物为主体,而多数植物蛋白中氨基酸的构成是不平衡的,只有搭配适量含有优质蛋白的食物,才能提升蛋白质的

---

①　冯磊.烹饪营养学[M].北京:高等教育出版社,2007:120-121.

②　陈敏.幼儿园宝宝营养配餐[M].广州:广东人民出版社,2009:9-10.

整体质量水平。特别是幼儿膳食,务必在一个小的生理循环周期(5~7日)内,做到比例大致合理。

(三)幼儿膳食的风味品质应符合感官质量要求

幼儿膳食的风味品质通常由幼儿的感觉器官来综合评定,主要通过菜品的色泽、香气、口味、外形、质地、盛器、温度等因素来体现。为激发幼儿进餐欲望,避免出现拒食、畏食等厌食现象,托幼儿园所及幼儿家长除应合理调配食物品种、纠正不良饮食习惯、营造良好进餐氛围之外,还应确保幼儿膳食具备良好的风味品质。理想的幼儿膳食既要满足安全卫生要求,提供合理饮食营养,还需符合色泽和谐、香气宜人、滋味纯正、外形美观、质地适口、盛器得当、温度适宜等感官质量要求。

(四)幼儿膳食调制及供应要符合卫生保健要求

饮食卫生保健事关幼儿身体健康,向来为托幼园所及幼儿家长所注重。

畜禽类食品,富含蛋白质、水分等多种营养素,极易受到微生物污染而腐败变质。烹调加工时,必须确保食材新鲜,并对一些人畜共患的传染病和寄生虫病严加防范。

蛋奶类食品在幼儿膳食中占有一定比例。蛋类原料极易受到沙门氏菌污染,细菌性微生物也会使其腐败变质。鲜奶保鲜不当,有可能受到许多致病菌和非致病菌浸染。

水产品的主要卫生问题是腐败变质,绝大多数鱼、虾、蟹、贝要求采买鲜活产品,进购之后应尽快做保鲜处理。自死的甲鱼、黄鳝、蟹类、贝类等水产品容易感染微生物,化学物质毒死或水体严重污染的水产品更易引起食物中毒。

粮豆类食品的主要卫生问题是霉菌及霉菌毒素的污染,如粮食中的玉米、花生最容易被黄曲霉毒素污染。化学农药及工业污染可直接或间接污染粮食,其潜在的危害也应引起高度重视。

蔬菜水果的主要卫生问题是肠道致病菌和寄生虫卵污染。幼儿膳食原料的洗涤加工如不符合卫生要求,易引起痢疾、伤寒、蛔虫病等的发生。

调味料的主要卫生问题是微生物和有害物质污染。食用油脂则要防止油脂酸败和高温加热对人体产生的危害。

(五)幼儿膳食供给应执行合理的膳食制度

幼儿膳食质量与合理的膳食制度联系紧密,执行合理的膳食制度是幼儿合理膳食的前提保障。学龄前儿童的具体进餐时间,应与幼儿生理状况相适应,与其消化过程相协调。通常情况下,每日安排三餐比较合理,每餐的混合食物在胃中停留时间约为 4~5 小时,两餐的间隔以 4~6 小时较为合适。此外,幼儿胃容量小,消化器官功能不太健全,加之活泼好动,所以,应适当增加餐次,可在三餐之外,添加两次点心。

根据《中国居民膳食指南》要求,对学龄前儿童除应按照合理的时间与餐次供应膳食之外,每日膳食还需注意粗细搭配、品类搭配,富含蛋白质的食物(如鱼、禽、蛋、肉、奶、豆类等)应供应充足,并应避免偏食、挑食等不良习惯[①]。

(六)幼儿进餐要具备良好的进餐心情和就餐环境

人的精神状态影响人的食欲,人的食欲又与食物的摄取、消化、吸收和利用联系紧密。著名心理学家巴甫洛夫说"食欲即消化液",从本质上揭示了食欲与饮食营养之间的关系。

优美的进餐环境及良好的进餐心情,能使幼儿心情愉快,可保持大脑皮层兴奋,激发进餐食欲,有利于食物的消化和吸收。若进餐时遇上了不良刺激,如打骂、责罚等,幼儿的食欲会减退或消除,胃肠蠕动减缓,消化液分泌减少,食物营养也就难以得到充分利用。因此,学龄前儿童进餐要具备良好的进餐心情和就餐环境。

第四节　幼儿膳食调制与养生原则

学龄前儿童处于人类生命活动的早期,正值机体生长发育、器官逐渐成熟的关键时期,客观上要求按照合理膳食理论和饮食保健原则科学调配与制作日常饮食,以满足其饮食养生要求,实现健全体质之目的。通常情况下,入园教育阶段幼儿膳食的调配、制作与供给,应遵守如下基本原则。

一、幼儿膳食组配原则

(一)食物多样,谷物为主体

食物的营养价值取决于食物中所含营养素的种类是否齐全、数量是否充

---

① 冯磊.烹饪营养学[M].北京:高等教育出版社,2007:196-197.

足、比例是否合适。按照平衡膳食理论的要求,幼儿的膳食原料必须具有足量的谷类、蔬菜、水果、肉类、鱼鲜、奶类、蛋类及豆制品等,在满足多样化需求的同时,应以谷物为主。作为主食的谷类食物是人体能量的主要来源,可为幼儿提供足量的碳水化合物、蛋白质、膳食纤维和 B 族维生素等,必须作为幼儿膳食的主体。

(二)荤素搭配,互补是根本

学龄前儿童对蛋白质及维生素的需要量相对较高。安排幼儿膳食时,只有选择适量的鱼鲜、禽类、畜肉及蛋类与谷物和蔬菜等相互配合,荤素互补,才能满足其饮食营养需求。因为,鱼、肉、禽、蛋等动物性食物是优质蛋白、脂溶性维生素及矿物质的良好食物来源,动物蛋白的氨基酸组成更适合人体需要,且赖氨酸含量较高,有利于补充谷物蛋白中赖氨酸的不足。鱼类所含的不饱和脂肪酸有利于幼儿神经系统的发育。动物肝脏所含的维生素 A 极为丰富,维生素 B_2、叶酸等维生素的含量也较植物性原料充足。因此,荤料与素料的合理搭配、相互补助,有利于提升幼儿膳食的质量水平。

(三)奶类豆类,及时相辅佐

学龄前儿童正值骨骼、牙齿生长发育的关键时期,需要补充丰富的钙质。所以,学龄前儿童应坚持饮奶,并经常食用豆制品。奶类是一种营养成分齐全、组成比例适宜、容易消化吸收,蛋白质及钙、磷等无机盐含量较高的天然食品。学龄前儿童每天饮用 300~500 毫升的牛奶,可保证钙的摄入量达到适宜水平。豆类及其制品富含优质蛋白、不饱和脂肪酸、钙质及多种维生素,物美价廉,对幼儿的生长发育也很有裨益。

(四)蔬菜水果,花色宜变换

蔬菜水果是平衡膳食的重要组成部分,在幼儿膳食中必不可少。特别是新鲜的蔬菜水果,能为幼儿的生长发育提供足量的维生素、无机盐和膳食纤维;可促进胃肠蠕动,刺激消化液的产生。所以,幼儿膳食调配要保证供应适量的蔬菜和水果,在确保食材新鲜的同时,还需注意品种、颜色、口味等的变换,以引起幼儿多吃蔬菜和水果的兴趣[①]。

---

① 陈文.学龄前儿童生长发育与饮食因素的相关分析[J].中国学校卫生,2006,27(1):54-55.

二、烹饪原料选用原则

幼儿膳食原料的选用是幼儿膳食调制的一道重要工序,它在一定程度上影响到膳食菜品的质量。

(一)随菜选料原则

随菜选料是指根据特定菜肴的质量要求,严格选用相应的烹饪原料。例如:制作黄焖肉丸子,宜选猪夹心肉,而非里脊肉;制作瓦罐煨鸡汤宜选黄孝老母鸡,而非肉用鸡。只有选料合理,菜品的风味品质才能得以保证。

(二)物尽其用原则

物尽其用是指所选用的食物原料应尽可能地减少加工过程中的损耗,降低成本费用,提升食材的利用率。例如托幼园所或幼儿家庭进购的猪后腿,分档取料后,瘦肉可切丝切片滑炒,肥膘可用以炼油,筋络碎肉可剁碎制馅,腿骨可熬汤制菜,万不可少取多弃,造成不必要的浪费。

(三)食用安全原则

食用安全是指所选用的食物原料既要具有良好的感官性状,还需符合卫生要求。通常情况下,有毒有害的原料不宜选用,如苦瓠子、毒蕈类等;腐败变质的原料不宜选用,如霉花生、腐败肉类等;虫蛀病害的原料不宜选用,如米猪肉、瘟鸡子等。

三、膳食材料加工原则

幼儿膳食原料的加工,通常以鲜活原料(鲜活动物及其肉类、新鲜的蔬菜水果等)的加工为主,实际操作时,应遵循如下原则。

(一)保证原料清洁卫生

除尽原料中不可食用部分,除尽原料中有毒部位,合理加工清洗,减少物料损耗,确保食材洁净卫生。

(二)注意原料合理利用

采用合理的加工方法,尽可能地减少膳食原料中营养素的损失;注意原材料的综合利用,将幼儿膳食的生产成本控制在合理水平。

（三）满足菜品感观质量要求

幼儿膳食原料加工必须满足菜肴特定的感官要求，每一加工程序都应有利于提升膳食菜品的风味品质。例如鱿鱼剞麦穗花刀，便于美观，便于入味，缩短了正式烹调的时间，保证了脆嫩爽口的质感。

（四）方便幼儿食用

调制幼儿膳食，人们通常运用刀工切割技术，使原料脱骨、分档，使整变碎，大变小，甚至加工成泥状、茸糊状，究其本质，就是便于幼儿食用，便于吸收、消化，进而达到养生、健身的目的①。例如，烹制带有骨刺的鱼虾类原料，如果施以合理的加工技法，可减少或避免幼儿食用时的安全隐患。

四、膳食菜品烹调原则

（一）清鲜为主，突出本味

学龄前儿童的膳食原料宜选易于消化、利于吸收、富含蛋白质和维生素的天然食物。其膳食调理应少用或不用辛辣等刺激性较强的调味品，控制食盐、油脂等的用量，力求保持食物的原汁原味。幼儿如长期食用含盐量较高或刺激性太强的食物，组织细胞中钠的积存会逐渐增多，这对幼儿大脑、内脏及血管等均有较大危害。

（二）顺应物性，因料施艺

袁枚在《随园食单》中说："物有本性，不可穿凿为之，自成小巧"②。意思是自然界的所有食材，各具不同禀性，只有根据食物原料的不同属性，采用合理的方法进行烹制，才能取得理想的效果。例如猪里脊肉含结缔组织少，肉质细嫩，适于爆、氽；腿肉含结缔组织较多，略显粗老，适于炒、溜；猪五花肉肥瘦相间，肉质肥嫩，适于蒸、焖。又如老母鸡适于煨炖，成年鸡适于红扒，仔鸡适于烧焖，童子鸡适于油淋。只有顺应食材的固有属性，才能彰显菜品的风味特色。

（三）因人而异，合理烹调

为保证幼儿饮食营养与安全卫生，幼儿膳食的烹调方法最宜选用蒸、煮、

① 杜莉,姚辉.中国饮食文化[M].北京:旅游教育出版社,2008:92-93.
② 袁枚.随园食单[M].北京:中国商业出版社,1984:27-28.

烧、焖、煨、炖等以水和蒸汽为传热介质的制作技法,尽量避免油炸、油煎、烟熏及火烤,以减少营养素的损失。特别是托幼园所大锅菜的制作,更应根据幼儿身心发展要求及个人饮食嗜好灵活安排膳食菜品,突现菜肴点心的风味品质,排除烹饪原料的安全隐患,回避制作工艺过于繁杂的烹制技法,节能降耗,控制生产成本。

(四)火候得当,调味精准

评价幼儿膳食的风味品质,人们特别关注菜品的口味和质感。事实上,菜品的口味和质感与火候是否得当、调味是否精准联系最紧密。在幼儿膳食烹制过程中,火候的掌控应以菜肴的质量要求为准绳,以原料的性状特点为依据,尽可能做到随机应变,灵活变通。调味的操作要求是:味料要宽广、质优;投料要适量、适时;工艺要细腻、得法。

(五)讲究时机,符合程序

调制幼儿膳食,特别注重节令、时机与程序。季节发生了变化,食材的选用、菜品的烹制也应随之而变。调和菜肴滋味,更应合乎时序,注意节令。具体到每一菜肴,主料及调配料的投放都有严格的时机和次序,"先后多少,其齐甚微,皆有自起"(见于《吕氏春秋·本味篇》)。

五、幼儿膳食供应原则

(一)坚决杜绝偏食现象

供给学龄前儿童膳食,应注意好粗细粮、主副食及荤素料的合理配伍,坚决防止幼儿偏食、挑食等现象[①]。一些习惯于偏食、挑食的幼儿,对自己喜爱的食物暴饮暴食;对不太感兴趣的食物,少食或不食。偏食、挑食的结果必然会影响营养素的合理吸收和利用,从而导致相应疾病的发生。例如,过量食用甜食(含甜味饮料),机体摄入的糖分过多,蛋白质、维生素、无机盐等反而得不到及时补充,容易导致营养不良;吃糖过多,会使剩余的糖类转化为脂肪,诱发肥胖症、高脂血症等;还会导致龋齿、骨折等的发生。

---

① 　任百尊.中国食经[M].上海:上海文化出版社,1999:307-308.

(二)遵守合理用餐制度

根据幼儿的饮食营养需求,合理供给幼儿的日常膳饮,需要一定的规章制度作保障。特别是托幼园所,在供应幼儿膳食时,一要制定用餐制度,明确幼儿用膳的餐次、时间及形式,以确保按时就餐。如幼儿集体用餐,提倡采用分餐制,既培养幼儿独立就餐的习惯,又减少疾病传染的机会。二要营造良好的就餐氛围,使幼儿在轻松愉快的环境下就餐;培养幼儿专心用膳、细嚼慢咽、不剩饭菜、科学进餐的饮食习惯。三要强化卫生制度,注重菜品生产的加工卫生、膳食供应的饮食卫生、就餐环境的安全卫生,杜绝幼儿忽视卫生、暴饮暴食等不良习惯。

六、饮食养生保健原则

(一)补益为主的食养原则

学龄前儿童正处于生长发育的关键时期。根据其脏腑娇嫩、形气未充以及生机勃勃、发育迅速这一生理特点,确定幼儿饮食养生方法,应遵循补益为主的饮食保养原则[①]。选择多样化的优质食物,提供充足而合理的膳食营养,施以科学的烹制技艺,形成色、质、味、形俱佳的膳食菜品,按照合理的用膳制度,为幼儿供应安全卫生的日常膳饮,以满足幼儿生长发育之需要。

(二)防疾健身的食治原则

在充分满足饮食营养需求的同时,幼儿的饮食养生还需注意防疾健身。即在中医养生理论的指导下,根据幼儿脾胃不健、肾常亏虚及肺常不足的生理特点,重在补气健脾和补肾益精。鉴于入园教育阶段的幼儿活泼好动,室外运动增多,饮食不知洁净,极易发生肠胃疾病等病症,故其饮食保养还应兼顾食治功能,用以预防相关疾病的发生。此外,偏食厌食儿童、感冒腹泻儿童、体弱多病儿童、过度肥胖儿童等通过保健饮食的辅助调理,可实现防疾健身的保养目的。

总之,幼儿膳食调制与养生原则体现在幼儿膳食调配、制作及供给等各个方面。遵守幼儿膳食调制与饮食养生原则,实施科学合理的烹制技法,生产出营养平衡、味美适口、洁净卫生的幼儿膳食,可促进亿万儿童健康成长,实现广大家长的美好愿景。

---

① 路新国.中医饮食保健学[M].北京:中国纺织出版社,2008:301-302.

第二章　幼儿膳食菜单设计

膳食菜单，即膳食菜谱，简称食单，是指供餐者为就餐者所设计的各类餐饮产品的记录清单。在我国，每一供餐形式都有与之相对应的餐饮菜单，如零点菜单、套餐菜单、包餐菜单、筵席菜单等，每类菜单又可细分出若干类别。

幼儿膳食菜单是餐饮菜单的一种特殊类型，主要是指托幼园所或幼儿家长根据幼儿的年龄特征、兴趣爱好、营养需求及自身的设施条件、技术水准和用餐标准等因素而设计的膳食菜单。此类菜单通常按照用餐时间和餐别来排列，主要是为学龄前儿童展示一定周期（如每日或每周）的膳食品种。

从表象上看，幼儿膳食菜单是一定周期内幼儿膳食菜品的记录清单；但实质上，它是幼儿膳食制作、供应及规范化管理必不可少的重要工具。设计幼儿膳食菜单，既要明确其菜单设计依据与原则，还需掌握合理的设计方法与程序，以确保幼儿膳食既味美适口、营养平衡，又朴实大方、经济合理。

第一节　幼儿膳食菜单设计依据与原则

设计幼儿膳食菜单，是一项艺术性和技术性很强的复杂工作，只有把握膳食菜单设计依据，遵循幼儿食单设计原则，才有可能设计出切实可行的各式食单。

一、幼儿膳食菜单的种类

幼儿膳食菜单，通常是由托幼园所或幼儿家长根据幼儿饮食需求，按照幼儿日常饮膳方式而设计，主要包括托幼园所设计的营养菜单及幼儿家长拟订的家常菜单。

（一）托幼园所营养菜单

在我国一些大中城市以及经济相对发达的小城镇，托幼园所的幼儿膳食常以营养套餐的形式供学龄前儿童集中使用。这种供餐方式要求在事先设定的供餐时间内,针对固定的幼儿群体,按照既定的膳食标准,为其提供膳食菜品及现场服务。其供餐内容以营养型风味主食套餐为主体,供餐形式则是分餐式的团体用膳(团膳)。

托幼园所的膳食菜单(营养菜单)主要有花样食谱和带量食谱等类别。

所谓花样食谱,是指按照幼儿的饮食需求,结合餐厅的设施条件,根据既定的用餐标准,将主食、菜肴、汤羹、点心、水果等花色品种按照一定比例和程序加以排列,以供幼儿膳食制作与供应使用的饮食品清单。幼儿花样食谱是托幼园所为幼儿提供日常膳饮的基本菜单,应用相当广泛。

例1,南京市某幼儿园一周花样食谱(供日托大班使用)

2014 年 6 月 16—20 日

时间＼餐次	早餐	午餐	午点	晚餐
6 月 16 日 (周一)	莲蓉包 豆浆	米饭 蚝油焖鸡翅 肉碎蒸茄子 紫菜蛋花汤	橙味酸奶 水晶饼	米饭 洋葱鱿鱼丝 蒜茸空心菜 海带原骨汤
6 月 17 日 (周二)	瑶柱瘦肉粥 椒盐花生仁	米饭 豉汁蒸鲩鱼 口蘑炒菜心 冬瓜虾皮汤	威化饼 西瓜	红薯饭 黄瓜炒肉丁 豉椒炒牛柳 鸡火煮干丝
6 月 18 日 (周三)	三鲜蒸饺 豆浆	米饭 虾仁蒸鸡蛋 韭黄炒鸡丝 豆腐鲫鱼汤	牛奶 雪梨	排骨葫芦汤 扬州炒花饭
6 月 19 日 (周四)	蛋糕 鲜奶	三鲜手工粉 脆皮黄瓜 南京卤香肚	雪饼 苹果	米饭 豆米炒虾仁 芹菜香干肉丝 香菌土鸡汤
6 月 20 日 (周五)	三鲜米粉	米饭 面筋焖猪肉 黄瓜炒鸡丁 西湖牛肉羹	千层酥 麦片粥	米饭 糖醋烧带鱼 蒜茸炒苋菜 茯苓绿豆煲老鸭

例2,长沙市某幼儿园一周花样食谱(供全托大班幼儿使用)

2015 年 5 月 11—16 日

5 月 11 日 (周一)	早餐:湖南米粉、葱油花卷 中餐:米饭、豉汁蒸带鱼、丝瓜炒鸡蛋、鲜蘑猪肝汤 午点:红富士苹果 晚餐:紫米粥、香滑莲藕带、萝卜牛肉丝 晚点:枣泥蛋糕
5 月 12 日 (周二)	早餐:双色蛋糕、鲜肉水饺 中餐:米饭、蚝油焖鸡翅、蒜茸炒苋菜、鲫鱼豆腐汤 午点:西瓜 晚餐:手工面条、胡萝卜蒸肉饼 晚点:奶油蛋糕
5 月 13 日 (周三)	早餐:小米南瓜粥、菊花卷、素炒三丁 中餐:米饭、豉辣炒牛柳、黄焖肉丸、鸡火煮干丝 午点:绿豆汤、旺旺雪饼 晚餐:米饭、胖豆角焖肉、干贝蒸水蛋、萝卜老鸭汤 晚点:开心果
5 月 14 日 (周四)	早餐:牛肉米粉、豆浆 中餐:米饭、肉末茄子、洋葱炒鱿鱼、香菌土鸡汤 午点:雪梨 晚餐:开花馒头、红烧鱼块、蒜茸空心菜、葫芦排骨汤 晚点:香芋糕
5 月 15 日 (周五)	早餐:白米粥、咸鸭蛋、滑炒藕带 中餐:米饭、糖醋排骨、鱼籽烧豆腐、番茄鸡蛋汤 午点:煮荸荠 晚餐:红薯饭、冬笋才鱼片、腊味四季豆、瓠瓜肉丝汤 晚点:酸奶、花生酥
5 月 16 日 (周六)	早餐:牛奶、葱油花卷、麦片粥 中餐:米饭、豆米炒肉丁、虾皮蒸鸡蛋、菜心火腿冬瓜汤 午点:香蕉 晚餐:绿豆粥、卤味葱油鸭、菜梗牛肉丝 晚点:双色马蹄糕

　　带量食谱是在花样食谱的基础上,按照既定的膳食计划,根据幼儿的年龄、数量、膳食费用标准等,设计膳食品种、确定食品数量,以满足幼儿合理营养要求的一种膳食菜单。此类菜单相对于幼儿花样食谱,因其规定了每一菜品的原料构成及主要用量,故而更为严谨科学,更加注重膳食营养。

　　例3,南昌市某幼儿园一周带量食谱(日托中班使用)

2015 年 9 月 14—18 日

餐次　　时间	早餐	午餐	午点	晚餐
周一	西红柿鸡蛋面(面条50克、西红柿15克、鸡蛋20克、菜心10克)	米饭、排骨冬瓜汤、韭黄炒鸡丝(大米60克、排骨50克、冬瓜30克、韭黄30克、鸡脯肉20克)	黑芝麻薄饼30克,西瓜80克	米饭、香菇蒸鸡翅、黄瓜炒虾仁(米饭60克、鸡翅60克、水发香菇20克、虾仁20克、黄瓜丁30克)
周二	绿豆粥、蛋糕(绿豆5克、大米20克、蛋糕30克、椒盐花生10克)	米饭、萝卜牛肉丝、丝瓜炒鸡蛋(大米60克、牛里脊15克、萝卜40克、丝瓜30克、鸡蛋20克)	绿豆汤100毫升,千层饼30克	肉丝面(面粉30克、青萝卜5克、胡萝卜10克、羊肉5克、香菜、葱)
周三	豆浆、果酱面包(豆浆120毫升、果酱面包40克)	米饭、豆角焖肉、紫菜蛋汤(大米60克、豆角50克、猪五花肉30克、鸡蛋20克、紫菜2克)	威化饼30克,哈密瓜80克	米饭、黄焖鸡块、豆米肉丁(大米60克、鸡块50克、豆米40克、瘦肉丁15克)
周四	鲜牛奶、蛋糕(鲜牛奶100毫升、蛋糕40克)	米饭、虾皮肉末蒸蛋、洋葱鱿鱼丝(大米60克、鸡蛋30克、虾皮2克、肉末8克、洋葱15克、水发鱿鱼25克)	花生千层酥30克,苹果80克	西湖牛肉羹、葱油花卷(面粉60克、清油8克、葱花5克、牛里脊肉10克、豆腐20克)
周五	三鲜面(面条50克,猪肉丝、香菇丝、菜心等配料40克)	米饭、蒜茸苋菜、双圆鲜汤(大米60克、蒜茸2克、苋菜40克、鱼丸30克、肉丸30克)	雪饼30克、西瓜80克	原骨葫芦汤、羊肉抓饭(米饭70克、羊肉15克、胡萝卜20克、洋葱5克、原骨40克、葫芦30克)

例4,重庆市某幼儿园一周带量食谱(日托小班使用)

2013 年 9 月 23—27 日

时间\餐次	早餐	午餐	午点	晚餐
周一	青菜肉丝面条(青菜20克,肉丝20克,面条50克,鸡蛋30克)	米饭、肉末茄子、双圆鲜汤(大米65克,牛肉20克,茄子75克,鲜肉50克,鱼肉30克,菜心10克)	瑞士卷25克,苹果40克	米饭、香菇蒸鸡、番茄鸡蛋汤(大米65克,香菇20克,鸡块60克,番茄50克,鸡蛋50克)
周二	绿豆粥、鲜肉水饺(大米30克,绿豆5克,面粉40克,鲜肉馅料40克)	米饭、鲜笋炒牛肉、葫芦排骨汤(大米65克,鲜笋20克,牛里脊40克,排骨60克,葫芦50克)	葡萄60克,旺旺雪饼20克	米饭、豉汁蒸鲩鱼、鲜蘑肉片汤(大米65克,鲩鱼肉80克,豆豉汁10克,鲜蘑40克,瘦肉20克)
周三	白粥、卤鸡蛋、炒花生(大米30克,鲜鸡蛋30克,花生仁30克)	米饭、豇豆焖肉、豆腐鲫鱼汤(大米65克,豇豆60克,豆腐40克,鲫鱼80克,五花肉30克)	西瓜60克,蛋心圆30克	米饭、香干回锅肉、野菌炖鸡(大米65克,香干30克,五花肉40克,鸡块60克,野菌20克)
周四	红薯粥、咸蛋(大米30克,红薯10克,咸鸭蛋60克)	米饭、糖醋带鱼、三鲜汤(大米65克,带鱼80克,平菇20克,肉片20克,猪肝20克,菜心5克)	雪梨50克,蛋黄派30克	米饭、粉蒸排骨、丝瓜蛋汤(大米65克,排骨80克,蒸肉粉50克,丝瓜30克,鸡蛋50克)
周五	三鲜米粉、卤香干(米粉60克,肉丝20克,水发香菇20克,黄花菜15克,卤香干30克)	米饭、宫保鸡丁、萝卜老鸭汤(大米65克,鸡脯肉30克,花生米5克,萝卜40克,老鸭块60克)	牛奶100克,芝麻条25克	米饭、蚂蚁上树、芸豆肚片汤(大米65克,粉丝50克,芸豆40克,牛肉末10克,鲜猪肚80克)

　　无论是花样食谱还是带量食谱,若按餐别进行划分,托幼园所的营养菜单又可分为早餐食谱、午餐食谱、晚餐食谱及加餐食谱4类。

　　不同的托幼园所,因其经营理念和服务水准不同,基本资源及供餐制度各异,所以,设计出的膳食菜单各不相同,于是派生出种类繁多的各式幼儿食谱①。

(二)幼儿家庭家常菜单

每逢节假日,如法定年节、周末休息日及寒暑假等,学龄前儿童多在家中用餐。幼儿家庭,有别于托幼园所,这里没有专职的烹调师及营养保健师,没有种类齐全的设施设备与器具,没有严格的就餐制度及用餐标准,更不可能设置专职人员去设计幼儿营养食谱,但其家庭氛围温馨和谐,家人关爱至高无上。

幼儿家长为幼儿供给日常膳饮,通常是根据幼儿的饮食需求,结合家庭成员的饮食爱好,参照食物原料的市场行情,在家庭经济条件允许的前提下,量入为出,应时而化。由于幼儿家长大多工作繁忙,不可能专门从事菜单设计工作,因而安排幼儿家常膳饮,大多因料制菜,随机进行,虽然注重花色品种的调配、荤素食材的选用、冷热干稀的变化、高低贵贱的调节、膳食营养的组配及色质味形的调理,但总体而言,其菜单设计不如幼儿营养食谱规范讲究。

例5,湖北宜昌市某幼儿家庭膳食菜单(供4人使用)

2016 年 4 月 30 日—5 月 2 日

时间	早餐	午餐	午点	晚餐
4 月 30 日 (周六)	白米粥 萝卜饺子 泡黄瓜	米饭 香干牛肉丝 蒜茸炒苋菜 冬瓜煨排骨	酸奶	菜心肉丝面 肉末茄子 卤鸭掌
5 月 1 日 (周日)	牛肉米粉 糯米清酒	米饭 茴蒜烧鳝段 黄瓜炒木耳 番茄鸡蛋汤	苹果	米饭 蒜茸四季豆 冬笋焖老鸭 瓠瓜余肉丝
5 月 2 日 (周一)	绿豆粥 咸鸭蛋 红薯面窝	米饭 野韭菜炒蛋 荆沙蒸鱼糕 菜心双圆汤	煮荸荠	三鲜手工粉 青椒炒笋瓜 香菇蒸凤翅

---

① 邵万宽.菜单设计[M].北京:高等教育出版社,2012(1):8-9.

例6,河南信阳市某幼儿家庭周末膳食菜单(供5人使用)

2014 年 3 月 1—2 日

时间	早餐	午餐	午点	晚餐
3月1日 (周六)	白米粥 北方水饺 什锦酱菜	米饭 莴苣炒肉片 泡菜苕粉丝 腊鸭炖萝卜	玉米棒	菜心三鲜面 卤香干 卤鸡蛋
3月2日 (周日)	天津小包 煮豆浆 蒸红薯	米饭 黄瓜炒木耳 虾皮蒸鸡蛋 信阳焖罐肉	香蕉	米饭 黄焖南湾鱼 蒜茸炒菜薹 罗山大肠汤

二、幼儿膳食菜单设计依据

菜单设计者在规划幼儿膳食菜单之前,必须充分考虑托幼园所或幼儿家庭自身的基本资源,全面了解影响菜单设计的诸多因素。只有经过审慎分析和思考,真正把握幼儿食谱设计的各种依据,才有可能设计出深受幼儿及其家长喜爱的各式菜单。

(一)幼儿饮食营养需求

幼儿膳食的供餐对象主要是3~6岁的学龄前儿童。此类儿童正值生长发育的关键时期,其饮食营养需求值得特别关注[1]。菜单设计人员只有熟悉幼儿的饮食营养需求,掌握现代营养学的相关理论,熟悉各种食物的营养特色,了解不同原料间的组配规律,才有可能设计出符合营养学原理的幼儿营养食谱。

(二)托幼园所的膳食供应特点

托幼园所的消费对象主要为来自本园的幼儿群体,他们具有相同或相近的年龄、体质、营养需求、饮食嗜好,享用同一规格的膳食菜品及服务管理。幼儿膳食的供应,通常都以套餐的形式集中进行,食物结构简练,菜品数量有限,膳

---

① 吴婕翎.3~6岁儿童健康成长营养餐[M].沈阳:辽宁科学技术出版社,2012(12):8-9.

食原料普通,节令变化明显,供餐时间一般控制在 30 分钟左右。

(三)食品原料的供应情况

作为幼儿膳食的烹饪原料,必须是品质优良、供应及时的粮食、蔬菜、瓜果、水产、禽畜及蛋奶等动植物原料,这些原料的品质受其品类、产地、产季、食用部位、卫生状况及加工储存条件的影响较大,菜单设计者应根据原料的品质及供应情况合理地加以选用,既充分满足幼儿饮食需求,又有效调控膳食成本。

(四)幼儿膳食的生产成本

幼儿膳食的供应,需要投入一定的人力、物力和财力。幼儿膳食成本的掌控,既要满足幼儿日常膳饮的基本需求,又需符合托幼园所规定的膳食标准。如果规划出的幼儿膳食成本过高,厨务人员即使有完善的成本控制措施,也难以实现盈亏平衡的预定目标。相反,如果菜式成本过低,幼儿膳食质量必定难以保证。

(五)菜式品种的变化

幼儿膳食的供餐对象相对稳定,丰富膳食品种是对菜单设计者的一项基本要求。只有充分考虑到原料的多样性、烹法的变换性、色泽的协调性、质感的差异性、口味的调和性和形状的丰富性等多种因素,注意菜式品种的冷热搭配、干稀搭配、荤素搭配、咸甜搭配、粗细粮搭配及主副食搭配等,设计出的幼儿食谱方可满足幼儿求新、求变的心理需求[1]。

(六)厨房设备条件及烹调技术水平

厨房设备条件及烹调技术水平在很大程度上影响着菜式的种类和规格。菜单设计者不能光凭主观愿望去决定菜单内容,而需了解影响幼儿膳食制作的各种限制性因素,熟悉厨房的设备条件,掌握膳食制作者的实际技能水平,避免菜单内容与厨房设备及烹调技术水平之间的矛盾。

三、幼儿膳食菜单设计原则

把握幼儿膳食菜单设计的各种影响因素,能为幼儿营养食谱的制定奠定基础;只有遵循菜单设计原则,才可确保设计出的膳食菜单更加科学合理。

---

[1] 贺习耀.中式套餐菜单设计分析[J].四川烹饪高等专科学校学报,2013(7):15-18.

（一）以幼儿饮食需求为主导

制定幼儿营养食谱，要以幼儿饮食营养需求为目标，设计出科学合理的膳食体系和供餐标准。具体地说，要以中国营养学会推荐的每日膳食营养的供给量为依据，供给幼儿生长发育所需的各种营养；优选富含优质蛋白质、多种维生素及无机盐的食物，合理安排蔬菜、水果等天然食品；注意主副食的结合及粗细粮的搭配，注意食物之间营养素的互补作用，力争形成营养平衡的合理膳食。

（二）以自身生产能力为依据

幼儿膳食的设计与制作，只有结合厨房生产实际，通盘考虑厨房的设施条件，合理安排本园厨师最为拿手的特色食品，努力发挥自身优势，倾心打造特色品牌，才能确保生产出的菜品味美适口、特色鲜明，才有可能在幼儿及其家长心目中树立起良好形象。

（三）菜品的安排要体现节令的变化

幼儿膳食的生产与供应必须符合节令变化的要求，诸如原料的选用、口味的调配、质地的确定、色泽的变化、冷热干稀的安排之类，都须视气候差异而有所不同。夏秋季节，气温较高，选用的菜品应偏重清淡；冬春季节，气温较低，安排的菜品可趋向醇浓。

（四）菜式品种要体现多样化要求

幼儿膳食的供餐对象是一批相对稳定的幼儿群体，求新、求变是其共性。幼儿营养食谱中的菜品如果过于单一，或是菜品的原料、口味、质地、色泽、外形重复过多，幼儿会久而生厌。因此，在菜与菜的配合上，务必注意冷热、荤素、咸甜、浓淡、酥软、干稀、粗细的调和。具体地说，要重视原料的调配、刀口的错落、色泽的变换、技法的区别、味型的层次、质地的差异和品种的衔接，努力体现变化美。

（五）菜品的规格档次要体现膳食标准

幼儿膳食的质量水准与其费用标准联系紧密。托幼园所的菜单设计者应合理规划幼儿膳食的数量与规格，按照"价实相符、经济合理"的原则认真核算每套膳食菜品的生产成本，确保实际成本与规定标准相接近（膳食费的盈亏率不得超过2%）。

（六）膳食菜品的确立要突出自身的饮食风格

幼儿膳食，作为一种特殊的日常膳饮，其规格一般不高，菜品数量有限。设计幼儿膳食菜单时,一定要按照幼儿的饮食需求,结合自身的客观实际,参照既定的用餐标准,精选一批特色风味菜品,有针对性地加以打造,注重其食用功能,突出其简洁大方、经济实惠的个性,形成自身独特的饮食风格。

(七)膳食菜单设计要体现规范化要求

作为专供幼儿食用的营养套餐,托幼园所的日常膳饮虽然菜式结构简单,供餐标准不高,但其供餐对象固定,供餐形式统一,注重菜式合理组配,强调膳食营养均衡,讲究菜点制作工艺,重视饭菜风味品质。故其菜单设计应兼顾营养组配科学化、菜品生产标准化、卫生保洁常态化、就餐环境舒适化、消费标准大众化等规范化要求①。

(八)设计膳食菜单要符合卫生保健要求

设计幼儿营养食谱,必须从源头上防止具有安全隐患的食品侵犯幼儿机体,坚决杜绝影响幼儿身体健康的加工方法,努力避免重油大荤以及刺激性太过强烈的调味品,尽可能地回避油煎、油炸及熏烤之类的食品。要在保证特色风味的前提下,控制食盐用量,清鲜为主,突现本味,切实维护幼儿身体健康②。

第二节　幼儿膳食菜单设计方法与程序

学龄前儿童菜单设计,主要包括托幼园所营养食谱设计及幼儿假期家常菜单设计。实施科学合理的设计方法与程序,是幼儿膳食调制与供应的前提基础和有力保障。

一、托幼园所营养食谱设计

托幼园所的营养菜单设计有花样食谱设计和带量食谱设计之分。现以幼儿带量食谱设计为例,阐述其设计方法与程序。

幼儿带量食谱设计的方法与程序主要分为设计前的调查研究、带量食谱设计实务和菜单设计分析与检查3个阶段,现分述如下。

---

① 吴迪,王东.中式快餐的标准化研究[J].四川烹饪高等专科学校学报,2008(1):19-22.
② 武长育,栾琳.托幼园所卫生保健工作实用手册[M].北京:中国农业出版社,2013:18-19.

（一）设计前的调查研究

根据幼儿食谱设计的相关依据与原则，在着手进行菜单设计之前，必须做好与菜单设计相关的调查研究工作，以保证菜单设计的可行性、针对性和高质量。调查研究主要是了解和掌握与幼儿膳食生产和供应有关的具体情况。调查的主要内容包括：

（1）幼儿群体的年龄、性别、入园方式（日托或全托）及饮食需求。

（2）幼儿园的用餐制度，包括餐次（3 餐 2 点或 3 餐 1 点）和具体用餐时间等。

（3）每日用餐人数。包括因受节假日、集体活动的影响而变化的实际人数。

（4）幼儿每人每月的用餐标准。包含原料采购成本、易耗物品购置成本、膳食制作成本、合理损耗成本等。

（5）幼儿用餐形式。是分食制、共食制或是自助式。

（6）幼儿园的膳食供应条件，包括厨房设备设施情况、厨务人员构成情况及烹调技术水平、幼儿就餐环境与设施情况。

（7）幼儿所在地区的主要物产及膳食原料供应情况；当地饮食习俗及节令食品使用情况。

（8）幼儿家长对幼儿膳食提出的具体要求及托幼园所做出的相关承诺。

（9）幼儿膳食供应的服务管理情况，特别是菜品出品质量掌控情况和食品安全卫生监管情况。

（10）对于特殊的幼儿群体，除要了解以上几个方面的情况外，还需掌握更为详尽的信息资源，特别是残疾儿童特殊的饮食要求。

在充分调查的基础上，对获得的信息材料加以分析研究。首先，对于各种可行性信息，要优先加以考虑，直接予以满足；对实在无法实现的目标，可做出必要解释，使幼儿家长的要求和幼儿园的现实可能性相协调。其次，要将与幼儿膳食菜单设计直接相关的材料和其他方面的材料分开处理，以提高工作效率。最后，要分辨相关信息的主次、轻重关系。重要信息，慎重应对；一般信息，不可忽视。

总之，分析研究的过程是为了下一步更为有效地进行菜单设计。分析研究的结果，可为明确设计目标、掌握设计依据提供应有的帮助①。

---

① 贺习耀.餐饮菜单设计［M］.北京:旅游教育出版社,2014:179-180.

(二)带量食谱设计实务

幼儿园带量食谱设计,通常有确定幼儿每天热量分配及食品用量、合理选择幼儿膳食菜品、组配幼儿膳食菜单及确立菜单排列形式4个步骤。

1.确定幼儿每天热量分配及食品用量

幼儿食谱设计应以幼儿的饮食营养需求为主导。确定幼儿每天热量分配及食品用量的具体程序如下。

(1)根据幼儿的性别、年龄,对照《中国居民膳食营养素参考摄入量》,确定幼儿全天热能需要量及宏量营养素的需要量。例如,5岁男孩每日热能参考摄入量为1500千卡,蛋白质、脂肪及碳水化合物的参考摄入量分别为55克、53克、224克。

(2)根据餐次比计算每餐宏量营养素目标。学龄前儿童的生理特点决定了幼儿膳食的供应必须是定时定量,以每日供应3餐1点或3餐2点较为适宜①。再以5岁男孩为例,其餐次比以早餐(早点)占总能量的30%,午餐(午点)占总能量的40%,晚餐占总能量的30%计算,则早餐(早点)的热能及三大宏量营养素的参考摄入量分别为480千卡、16.5克、15.9克、67.2克;午餐(午点)的热能及三大宏量营养素的参考摄入量分别为640千卡、22克、21.2克、89.6克;晚餐的热能及三大宏量营养素的参考摄入量与早餐(早点)接近。

(3)食物量的确定。明确了每餐宏量营养素目标之后,应根据食物成分表中营养素的具体含量,优先确定主食的品种和数量。主食的品种与数量主要根据各类主食原料中碳水化合物的含量来确定。一天的主食要保证2种以上的粮谷类食物原料②。

继主食之后,可确定副食的品种与数量。首先,计算出主食所含的蛋白质量;用应摄入的蛋白质量减去主食中蛋白质量,即为副食应提供的蛋白质量。其次,副食中蛋白质的2/3由动物性食物提供,1/3由豆制品等植物性食物供给,据此可求出各自蛋白质的供给量。通常情况下,每日应选择2种以上动物性原料,多种植物性原料。最后,查表计算各类动植物原料的供给量,同时确定蔬菜水果的品种与数量。

---

① 吴婕翎.3~6岁儿童健康成长营养餐[M].沈阳:辽宁科学技术出版社,2012:8-9.
② 黄承钰.医学营养学[M].北京:人民卫生出版社,2003:117-118.

2.合理选择幼儿膳食菜品

明确了幼儿每天热量分配及食品用量之后,接着应根据幼儿食谱设计依据和原则,合理选择幼儿膳食菜品,组配成为合理膳食。

(1)收集幼儿膳食菜品资源。幼儿膳食菜品的收集与整理,可为确立幼儿膳食奠定基础。通常情况下,应从下列几方面着手:

第一,安全卫生、味美适口、易于消化、便于吸收的各式菜点。

第二,能展示本园特色风味,顺应当地饮食习惯的各色食品。

第三,符合季节变换要求,节令特色鲜明的各式菜点。

第四,食材物美价廉,品质确有保障,为本园厨师所擅长的各式菜点。

第五,满足厨房设备设施要求,供应及时的各类菜品和饮品。

第六,制作方法简洁,成本构成合理的各式菜点。

第七,既具食用功能,兼有营养保健特色的各式菜品。

第八,当地托幼园所普遍供应,并为幼儿及其家长所接受的各式菜点。

(2)确立幼儿膳食的菜式品种。确立幼儿膳食的菜式品种,应以幼儿膳食菜单设计原则为前提,还要分清主次详略、讲究轻重缓急。通常情况下,有如下程式可供参照。

第一步,明确各餐次的食量要求及菜品数目。在确定了主食的品种和数量之后,再根据幼儿的饮食需求逐一确定副食的品种及用量。

第二步,以幼儿膳食菜品资源为基准,排除因食用原料、设施条件、技艺水平、季节变换等限制因素的影响而不能及时供应的各式菜品。

第三步,根据幼儿膳食的餐次安排,将主食类、热荤类、素菜类、汤羹类、点心类、水果类等不同食品按一定比例进行归类,形成"幼儿膳食菜品库"。

第四步,结合幼儿膳食的费用标准,依据幼儿每天热量分配及食品用量,选用较为合理的膳食菜品。

第五步,发挥主厨所长,优选最能显现厨艺特长的拿手菜点,以展示幼儿膳食的饮膳风格。

第六步,充分考虑时令要求,优选应时当令的各色菜点,以突出季节特征。

第七步,结合当地物产资源,通盘考虑货源供应情况,安排一些价廉物美而又便于调配花色品种的菜式,用以平衡幼儿膳食成本。

第八步,考虑荤素搭配、干稀搭配、口味搭配、质感搭配、粗细粮搭配及主副食搭配,处理好菜品之间的协调关系。

第九步,结合各餐次的食量要求及菜品数目,合理取舍幼儿每日膳食菜品,形成幼儿每日膳食菜单。

3.组配幼儿膳食菜单

幼儿每日膳食菜单制定之后,可遵照幼儿膳食品种多样化要求,合理组配成周食谱或月食谱。由于幼儿膳食的供餐对象稳定,菜式品种又相对单一,因而,设计不同餐次的周食谱或月食谱时,一定要符合节令变化要求,巧变花色品种,力争做到菜肴每天不重复,菜单每周不一样。

第一,严格规范菜品的质量标准,适时翻新花色品种。同一餐次的幼儿膳食,其食材用量、营养构成、成菜标准必须相对稳定,不得随意变通;不同餐次的幼儿膳食,其菜式品种必须合理变换,只有灵活多变,避免雷同,才能满足幼儿求新求变的饮食需求。

第二,注意同一餐次主副食的合理配合;重视不同餐次之间菜品的有序排列。只有合理调排,灵活处理,才能激发幼儿的就餐热情。

第三,兼顾幼儿膳食的特色风味,展现整套菜品的规格档次。每天安排1~2道主厨最为擅长的"特色菜品",每周安排2~3道当地饮食市场上流行的"风味菜品",可使幼儿膳食既显规格档次,又具特色风味。

4.确立菜单排列形式

幼儿膳食菜单设计虽以菜式品种设计为主,但其外在形式也不可忽视。确立幼儿膳食菜单的样式,总体原则是醒目分明、字体规范、易于识读、匀称美观。

具体操作时,应充分考虑儿童的年龄特征、兴趣爱好及饮食要求等因素。菜单的格式尽量与幼儿园的装饰风格相适应,可采用文字表格结合式、图文并茂式,也可以是文字加配汉语拼音并辅以图片的形式。菜肴的名称要考虑儿童的心理承受力;菜单的文字要规范合理,易于识读;文字介绍要尽可能地描述得当,恰到好处;带量食谱的食品用量要准确规范;菜单色彩设计应与幼儿园的餐饮风格相协调;菜品的照片要反映膳食产品的真实情况①。

只有内在美与外形美相结合,才能形成一整套光鲜悦目、内容精练、菜式合宜、营养全面、特色鲜明的幼儿膳食菜单。一些示范幼儿园通常使用大型LED

---

① 邵万宽.菜单设计[M].北京:高等教育出版社,2012:28-29.

电子显示屏公告每周膳食菜单(带量营养食谱及花样图片食谱),其菜单设计之规范,对幼儿家长及业界专家不无震撼。

(三)菜单设计分析与检查

幼儿食谱制定之后,要及时巡查幼儿进餐情况,收集反馈意见,观察食物剩量,定期进行膳食调查,了解幼儿对膳食菜单的意见和要求[①]。为使幼儿膳食菜单尽可能符合幼儿饮食需求,必须对设计出的膳食菜单进行分析、检查,必要时还须作出适当调整,使其尽可能符合生产实际。

幼儿食谱的分析与检查主要分为膳食营养分析、菜式品种及菜单形式的检查两个方面。

1.膳食营养分析

膳食调查是幼儿膳食评价的前提与基础。幼儿膳食营养分析,通常是通过抽样调查,计算幼儿实际摄入的各种食物营养量与幼儿机体生理所需是否相适应。常用的膳食调查方法,一般采用记账法配合使用营养计算软件。统计各种食物的总消耗量(实际消耗量=结存+购物累计-剩余);统计每日就餐人数(就餐人数=该月每日每餐人数之和÷3);统计各种食物的日进食量(平均每人每日进食量=全园每日总消耗量÷总人数);计算热量、各种营养素的日摄入量;计算总热量;计算优质蛋白的分类量[②]。

一些示范幼儿园通常采用上述方法定期对全园幼儿膳食营养进行调查与分析,计算幼儿平均每人每天各类食物的平均摄入量,通过查阅《食物成分表》计算幼儿各种营养素摄入量,与推荐摄入量标准进行比较;分析热量及营养素来源分布,并与推荐摄入量标准作比较,根据比较结果,及时对食谱进行调整,保证幼儿营养素全面、平衡,并且适量摄入。

通常情况下,学龄前儿童每餐热量参考摄入量的分配比例为:

日托:早餐 25%～30%,午餐 35%,午点 5%～10%,晚餐 30%。

全托:早餐 25%～30%,午餐 35%,午点 5%,晚餐及晚点 30%～35%。

食物的热量来源比例为:蛋白质供热 12%～15%,脂肪供热 25%～30%(以植物油脂为主),碳水化合物供热 50%～60%。

---

① 吴穗.幼儿园平衡膳食食谱[M].南昌:江西科学技术出版社,2011:2-3.
② 武长育,栾琳.托幼园所卫生保健工作实用手册[M].北京:中国农业出版社,2013:18-19.

蛋白质来源比例为：动物蛋白加豆类蛋白达到 40%～50%，不低于 30%。

2.菜式品种及菜单形式的检查

除膳食营养分析外，依据菜单设计原则检查菜式品种的选配与菜单形式的排列也很有必要，其内容主要包括：

（1）菜品的选配是否真正满足幼儿饮食需求。

（2）膳食成本是否与幼儿膳食费用标准相接近（膳食盈亏率不得超过 2%）。

（3）菜单设计是否满足幼儿家长的具体要求，是否为特殊群体另行设计个性化食谱。

（4）膳食菜品的餐次及数量安排是否合理。

（5）菜单的特色风味是否鲜明，重点强弱是否得当，每周有无展示当地饮膳特色的风味名菜。

（6）周食谱或月食谱中菜品间的搭配是否体现多样化的要求。

（7）各餐次膳食是否体现合理膳食的基本要求。

（8）膳食菜单是否突现生产者的技术专长，是否能适应厨务生产能力。

（9）烹饪原料是否能保障供应，季节性特征是否鲜明。

（10）菜单设计是否符合卫生保健要求；具有安全隐患的食品、刺激性太过强烈的食品是否排除在菜单之外。

总的说来，菜单设计后的分析检查是幼儿膳食菜单设计必不可少的一项重要程序。在检查过程中，如果发现问题，要及时加以改正，发现遗漏，要及时予以弥补，以保证菜单设计的完美性和实际操作的可行性[①]。

二、幼儿假期家常菜单设计

幼儿假期家常菜单，通常是指节假日期间幼儿在家中就餐时使用的膳食菜单，主要由幼儿家长亲自制定，经济条件宽裕的家庭，也可由聘请的家庭厨师来设计。

设计幼儿假期家常菜单，既要参照幼儿膳食菜单设计原则，以幼儿饮食需求为主导，还需兼顾幼儿家人的饮食习惯、经济能力、设施条件及技术水平。这

---

① 丁应林.宴会设计与管理［M］.北京：中国纺织出版社，2008：151-152.

其中,必须着重注意的事项归纳如下。

(一)以幼儿的饮食需求为主导

节假日期间,学龄前儿童虽与家人一同进餐,但其日常膳饮应与普通成人餐饮有所区别。因为学前教育阶段的幼儿肠胃发育尚未完善,热能需要量相对较高,蛋白质、维生素、矿物质等营养素的需要量也有别于成人。通常情况下,可在一日三餐(正餐)之间定时补充一些小食品,以确保每日摄取的热能在1450千卡左右。在营养素的供给上,应充分满足幼儿的饮食营养需求,丰富菜式品种,力争形成营养合理的平衡膳食。在菜品色、质、味、形的调理上,必须充分考虑幼儿的饮食爱好,尽可能供给一些幼儿喜爱的特色风味食品,以激发幼儿的进餐兴趣[①]。

(二)遵循幼儿膳食菜单设计的基本原则

幼儿假期家常菜单设计不可违背菜单设计基本原则。第一,以幼儿饮食需求为主导,即要以幼儿的饮食营养需求、生理心理需求为目标,合理选用能为幼儿接受的各式菜品。第二,结合季节变化安排膳食,即原料的选用、口味的调配、质地的确定、色泽的变化、冷热干稀的安排之类,都需视气候差异而有所不同。第三,菜式品种符合多样化要求,是指幼儿饭菜的色彩要协调,香气要宜人,滋味要鲜美,质地要适口,外形要美观,分量要适宜。第四,符合卫生保健要求,即要求遵循幼儿身心发展规律,坚决防止具有安全隐患的食品侵犯幼儿机体,坚决杜绝影响幼儿身体健康的加工方法,努力避免重油大荤以及刺激性太过强烈的调味品,尽可能地回避煎炸熏烤食品,严防超剂量地使用食品添加剂。

(三)兼顾家人的饮食习惯、经济能力、设施条件及技术水平

幼儿家常膳饮本是一种一日三餐常供的家常便饭,既不像酒店宴饮菜那样特别注重特色风味,也不像营养套餐那样十分强调膳食营养,它所供应的菜品通常都是简洁大方、朴实无华的家常菜。

幼儿家常菜的供餐对象是全体家庭成员,虽以幼儿为中心,但其菜式品种安排必须尊重家人的饮食习惯,体现家庭的经济能力,符合居家的设施要求,反映家厨的技术水平。在膳食规格的确立上,要充分考虑家庭的经济条件,量入

---

① 陈敏.幼儿园宝宝营养配餐[M].广州:广东人民出版社,2009:10-11.

为出。在原料的选用上,要兼顾使用各类原料,努力构建平衡膳食;要就地取材,力争使用物美价廉的各类食材。在菜品的选用上,要迎合家人(特别是备受呵护的幼儿)的饮食需求,遵守菜品选配原则;要符合节令变化的需要,使菜品的色质味形及冷热干稀应时而化。在烹制技法的确立上,要充分考虑菜品制作者的技术专长,扬长避短,以确保制品的质量;要优选最佳制作技法,有效地降低生产成本,灵活排调上菜程序,使得饭菜的制作既顺心又省时。

(四)严格控制幼儿偏食洋快餐和垃圾食品

据调查发现,现今不少幼儿喜欢偏食,有些地区幼儿的偏食率竟达70%以上。特别是一些经济条件较好而家长缺乏营养学知识的家庭,幼儿喜欢甜食、油炸食品、膨化食品、碳酸饮料、洋快餐、肉类加工制品等,其中,危害最大的是洋快餐和垃圾食品。洋快餐富含高蛋白、高脂肪、高糖分,而钙、铁、锌和维生素的含量较低,长期食用会诱发多种营养素缺乏症。垃圾食品是指仅能提供大量热量、膳食营养极不平衡,并且含有较多食品添加剂的各种食品,包括冷冻甜品、饼干类食品、罐装食品等。过度食用垃圾食品会导致儿童肥胖、多动、注意力不集中等不良症状。所以幼儿家庭节假日期间安排日常膳饮一定要遵循幼儿膳食选配原则,严格控制幼儿偏食洋快餐和垃圾食品。

第三节　幼儿四季膳食菜单设计分析

一、幼儿春季膳食菜单设计

春天是万物复苏的季节。随着天气逐渐转暖,幼儿室外活动逐渐加强,生长发育所需的营养也日渐增多,客观上要求适当增加蛋白质及维生素的供给。

首先,春季的幼儿膳食应以温性为主,可适当减少高脂肪、高胆固醇及刺激性较强的食物。一些热性食物,如羊肉、狗肉等,高脂肪及刺激性较强的辛辣、油腻食品,如辣椒、肥肉等,易损伤幼儿脾胃,应尽量少食。一些健脾胃、补阳气的温性食物,如韭菜、洋葱、鸡蛋、排骨、牛奶、鸡肉等,可适当增加。

其次,因为维生素等营养素摄入不足,幼儿春季易患口腔炎、口角炎、舌炎等常见疾病。因此,幼儿春季膳食一定要多安排一些具有理气化痰、清热润肺功效的深色蔬菜和水果,如青菜、菠菜、莴笋、荠菜、豌豆、油菜、胡萝卜、芹菜、梨子、苹果等,适当增补山芋、马铃薯及玉米、麦片等粗粮和杂粮[①]。

　　最后,幼儿春季膳食的调理应由口味醇浓逐渐转向清淡平和;汁浓、色深、质烂的菜品逐渐为汁稀、色淡、脆爽的菜品所替代。

　　以下是华东地区某幼儿园根据幼儿膳食菜单设计原则制定的一份幼儿春令带量营养食谱,现分析如下。

(一)华东地区某幼儿园一周带量食谱(供日托小班幼儿使用)

2014 年 3 月 17—21 日

星期一(3 月 17 日)食谱	
早餐	阳春面、豆浆 (鲜面条 40 克、洋葱 5 克、青蒜 5 克、豆浆 100 毫升)
中餐	米饭、蚝油炒菜心、土豆烧牛腩 (大米 65 克、蚝油 5 克、油菜心 60 克、土豆 50 克,卤牛腩 20 克)
午点	巧克力饼干,20 克
晚餐	米饭、蒜苗炒肉丝、菜心双圆汤 (大米 65 克、蒜苗 40 克、鲜肉丝 25 克、鱼丸 25 克、肉丸 25 克、小白菜心 10 克)
星期二(3 月 18 日)食谱	
早餐	蛋糕、黑米粥、生煸草头 (蛋糕 40 克、粳米 25 克、黑米 5 克、草头 40 克)
中餐	米饭、肉末豆腐、香菇蒸鸡翅 (大米 65 克、豆腐 60 克、鲜肉末 20 克、水发香菇 20 克、肉鸡鸡翅 50 克)
午点	苹果 100 克
晚餐	扬州炒花饭、三鲜汤 (大米 50 克、鸡蛋 10 克、火腿 5 克、豆米 5 克、红萝卜 5 克、平菇 10 克、鲜肉 10 克、猪肝 10 克、菜心 5 克)

---

① 　贺振泉.饮食营养保健 1000 问[M].长春:吉林科学技术出版社,1998:292-295.

	星期三(3月19日)食谱	
早餐	葱油花卷、米酒鸡蛋汤 (面粉 50 克、葱花 3 克、鸡蛋 15 克、糯米酒 15 克)	
中餐	米饭、香芹炒牛柳、鸡火煮干丝 (大米 65 克、牛里脊肉 20 克、芹菜梗 40 克,鸡脯肉丝 10 克、火腿丝 10 克、香干丝 30 克、鲜汤 80 克)	
午点	鲜奶,旺旺雪饼 (鲜奶 100 毫升,旺旺雪饼 20 克)	
晚餐	米饭、韭菜炒鸡蛋、西湖牛肉羹 (大米 65 克、韭菜 40 克、鸡蛋 20 克、鲜牛肉 15 克、水发香菇 10 克、鸡蛋清 5 克、豆腐 10 克、香菜 5 克)	
	星期四(3月20日)食谱	
早餐	红薯粥、卤鹌鹑蛋、香酥花生 (粳米 20 克、红薯 10 克、卤鹌鹑蛋 40 克、香酥花生 10 克)	
中餐	米饭、蒜茸炒菠菜、萝卜炖腊蹄 (大米 65 克、蒜茸 5 克、菠菜 70 克、萝卜 60 克、腊猪蹄 50 克)	
午点	雪梨 100 克	
晚餐	三鲜水饺、西湖莼菜汤 (面粉 30 克、鲜肉 20 克、韭菜 20 克、虾仁 10 克、白菜 10 克、西湖莼菜 20 克、熟鸡脯肉丝 10 克、熟火腿丝 5 克)	
	星期五(3月21日)食谱	
早餐	青菜肉丝米粉 (青菜 20 克、鲜肉丝 20 克、米粉(湿)65 克)	
中餐	米饭、红烧剥皮鱼、金勾皮蛋鲜蔬汤 (大米 65 克、剥皮鱼 70 克、金勾 10 克、皮蛋 15 克、鲜蔬 30 克)	
午点	蛋糕、牛奶 (蛋糕 40 克、牛奶 100 毫升)	
晚餐	米饭、椒盐基围虾、黄豆原骨汤 (大米 65 克、鲜活基围虾 70 克、原骨 60 克,黄豆 15 克)	

（二）幼儿春季膳食菜单设计分析

上述带量食谱属华东地区幼儿春令膳食菜单，主要特色有以下五点。

（1）从供餐制度及膳食结构看，该幼儿园的供膳形式为分餐制的团体用膳，每日三餐一点。供餐内容以营养型风味主食套餐为主体，午餐、晚餐的菜式结构为一菜一汤一主食，早餐及午点则是主食、小吃、水果及饮品交相搭配，适于日托小班幼儿使用。

（2）从原料组配看，本周膳食菜单综合使用了 80 多种主副食原料，鱼、畜、禽、蛋、蔬、果、粮、豆，品类齐全，交相辉映。华东春令特色食材，如西湖莼菜、上海草头、长江鱼鲜、内陆畜禽、海滨基围虾、山地腊猪蹄等应时当令、质优味鲜。

（3）从菜式排列看，它集蒸菜、焖菜、烧菜、炒菜、煨菜、煮菜等多种菜式于一体，注重菜品本身的纯真自然，力求味纯而不杂，汤清而不寡；既符合幼儿饮食保健之要求，又彰显该园烹制技艺之特长。各餐菜品之间讲究主副食的配合、粗细粮的配合、感官品质的配合、膳食营养的配合以及高低规格的配合；一菜一格，互不雷同，分则自成一体，合则相互映衬。

（4）从饮膳特色看，菜品清鲜、平和、微甜、鲜醇，组配谨严，刀法精妙，色调秀雅，菜形清丽。华东地方特色佳肴，如生煸草头、鸡火煮干丝、西湖牛肉羹、扬州炒花饭、西湖莼菜汤、上海阳春面等特色鲜明、颇耐品尝。

（5）从膳食营养看，该膳食菜单主要有三大特色：一是在烹调技法的选择上，擅用蒸、煨、烧、焖、汆、炒等技法，注重烹饪温度和加热时间的控制，最大限度地减少营养素损失。二是遵循幼儿身心发展规律，注重幼儿饮食营养需求，合理调控热量供给比（早餐 25%～30%，午餐 35%，午点 5%～10%，晚餐 30%）。三是严格依照幼儿膳食指南调配饮食营养，每日膳食营养的摄入量与推荐摄入量基本持平，动物蛋白和豆类蛋白的摄入量占全天摄入量的 50% 以上。

二、幼儿夏季膳食菜单设计

夏季是人体新陈代谢最为活跃的时期。由于天气炎热，血液循环加快，蛋白质分解代谢加剧，幼儿体内蛋白质的摄入量往往不足。因此，幼儿夏季饮食必须供给足量的优质蛋白，合理调配鱼、肉、蛋、奶及豆制品等蛋白质含量丰富的食物，以满足其生长发育需要。

在炎热的环境下,大量出汗或体温过高,会造成幼儿体内水分及钙、铁、钾等矿物质大量流失,使水溶性维生素相对减少。因此,幼儿夏季饮食还要注意适当补充水分和无机盐,膳食品种以清淡为主,注意多吃清热、解毒、消暑、利湿的食物,如西瓜、苦瓜、黄瓜、冬瓜、西红柿、丝瓜、绿豆、生菜等;适当安排汤羹、粥类食品,适时增添含钙丰富的原料,如虾皮、鱼鲜、骨汤、紫菜、牛奶、海带等。注意增加新鲜蔬菜、水果的用量比例,摄入适量豆类、动物肝脏、瘦肉、蛋类及粮谷,以保证维生素的供给。

此外,夏天暑热会使消化道中消化酶分泌减少,特别是胃肠发育尚不完善的幼儿,除应注意食用清淡饮食外,在供餐制度上,可少食多餐,在菜式组配上,力求做到品种多样、荤素搭配合理。

以下是武汉商学院联合武汉市街道口幼儿园、永红幼儿园(省级示范幼儿园),根据幼儿食谱设计原则,为幼儿家长设计的一月家常食谱,供3~4人的幼儿家庭暑假使用。

(一)华中地区幼儿家常食谱(供幼儿暑期使用)

2015 年 7 月 1—31 日

时间	餐别	菜品
7月1日 (周三)	早餐	湖南米粉、煎鸡蛋
	午餐	蒜子烧鳝段、凉拌黄瓜、冬瓜煨排骨、米饭
	午点	雪梨
	晚餐	香菇焖鸡翅、蒜子烧豇豆、鲜蘑肉丝汤、米饭
7月2日 (周四)	早餐	三鲜蒸饺、炸面窝、鲜牛奶
	午餐	红焖猪蹄花、蒜茸炒苋菜、紫菜蛋花汤、米饭
	午点	冰糖煮荸荠
	晚餐	葱油酥饼、泡藕带、皮蛋瘦肉粥
7月3日 (周五)	早餐	天津小包、豆浆、卤香肠
	午餐	篙芭炒牛柳、蒜茸白菜心、冬笋焖老鸭、米饭
	午点	芝麻绿豆糕
	晚餐	家常熬黄鱼、瓠瓜炒肉丝、海米冬瓜汤、米饭

续表

时间	餐别	菜品
7月4日 （周六）	早餐	鲜牛奶、三鲜豆皮、卤鹌鹑蛋
	午餐	千张炒肉丝、萝卜焖牛腩、丝瓜鸡蛋汤、米饭
	午点	蒸玉米
	晚餐	三鲜手工面、泡藕带
7月5日 （周日）	早餐	白米粥、咸鸭蛋、小面窝、炒榨菜
	午餐	肉末烧豆腐、清蒸鲩鱼方、番茄鸡蛋汤、米饭
	午点	苹果
	晚餐	苦瓜鱿鱼须、蒜茸炒丝瓜、海带原骨汤、米饭
7月6日 （周一）	早餐	蔡林记热干面、豆浆、红薯面窝
	午餐	红椒炝银芽、蒜茸空心菜、葫芦煨土鸡、米饭
	午点	水果沙拉
	晚餐	三鲜米粉、菜梗炒肉丝、川味泡萝卜
7月7日 （周二）	早餐	四季美汤包、奶香蛋糕、豆浆
	午餐	黄州东坡肉、茄子烧豆角、麻婆豆腐、米饭
	午点	冰糖绿豆羹
	晚餐	椒盐基围虾、苦瓜焖肉、平菇鸡丝汤、米饭
7月8日 （周三）	早餐	红薯米粥、咸鸭蛋、卤香干
	午餐	木耳焖肉丸、虾皮烧冬瓜、鸡蛋瓠丝汤、米饭
	午点	奶香南瓜饼
	晚餐	糖醋带鱼、口蘑菜心、紫菜鸡蛋汤、米饭
7月9日 （周四）	早餐	牛肉米粉、豆浆
	午餐	黄瓜炒肉片、蒜茸南瓜秧、豉汁黄颡鱼、米饭
	午点	冰镇西瓜
	晚餐	毛嘴卤鸡、五花肉焖胖豆角、虾皮火腿冬瓜汤、米饭
7月10日 （周五）	早餐	鲜肉小笼包、孝感米酒、韭菜煎饼
	午餐	胡萝卜牛肉丝、肉末蒸鸡蛋、海带炖猪肚、米饭
	午点	山楂饮
	晚餐	鄂东三鲜油面、五香卤鸭掌

时间	餐别	菜品
7月11日 （周六）	早餐	白米粥、炸麻丸、椒盐花生仁
	午餐	清蒸武昌鱼、番茄炒鸡蛋、白菜肉末粉丝汤、米饭
	午点	面包果酱
	晚餐	啤酒焖鸭、鱼香茄子、瓠瓜肉丝汤、米饭
7月12日 （周日）	早餐	菜肉小包、绿豆粥、卤鸡蛋
	午餐	糖醋排骨、小花菇菜心、财鱼豆腐汤、米饭
	午点	冰镇凉薯
	晚餐	五香凤爪、篙芭生鱼片、菜心豆腐肉丝汤、米饭
7月13日 （周一）	早餐	菜肉鲜包、米酒煮汤圆
	午餐	蚝油焖双冬、莴笋炒肉丝、黄豆炖猪尾、米饭
	午点	香煎南瓜饼
	晚餐	干煎大白鲷、冻粉拌鸡丝、香菇干贝肉丝汤、米饭
7月14日 （周二）	早餐	葱油花卷、奶油蛋糕、冰镇绿豆汤
	午餐	鲫鱼蒸蛋、香菇拌腐竹、三鲜糙米锅巴、米饭
	午点	香蕉
	晚餐	葱椒鱿鱼丝、韭菜炒鸡蛋、火腿虾皮冬瓜汤、米饭
7月15日 （周三）	早餐	三鲜水饺、豆沙小包
	午餐	鱼香炝腰片、清炒娃娃菜、鱼面炖排骨、米饭
	午点	北瓜
	晚餐	皮蛋瘦肉粥、葱油小花卷、家常下饭菜
7月16日 （周四）	早餐	顺香居烧麦、白米粥、卤香干
	午餐	水晶肘子、火腿烧花菜、水煮牛柳、米饭
	午点	河北雪梨
	晚餐	肉末四季豆、苦瓜酿虾仁、番茄鱼丸汤、米饭
7月17日 （周五）	早餐	北方水饺、面包果酱、爽口泡菜
	午餐	香菜拌牛肉、蟹黄豆腐、莲藕煨排骨、米饭
	午点	旺旺雪饼
	晚餐	香菇蒸滑鸡、蒜茸炒生菜、金针菇佘肉丝、米饭

续表

时间	餐别	菜品
7月18日 (周六)	早餐	绿豆粥、米发糕、酸豆角
	午餐	肉丝炒韭黄、熘素三鲜、清汤牛尾、米饭
	午点	鲜桃
	晚餐	三鲜馄饨、江城酱板鸭、豆米肉丁
7月19日 (周日)	早餐	口水凉面、孝感清米酒、卤香肠
	午餐	皮蛋拌豆腐、香菇蒸鸡翅、菜心枸杞汆鱼圆
	午点	苹果
	晚餐	土豆烧牛腩、蚕豆炒菱角、丝瓜肉片汤、米饭
7月20日 (周一)	早餐	天津小包、豆浆、糊汤粉
	午餐	鸡蛋炒韭黄、蒜茸白菜心、原骨萝卜汤、米饭
	午点	红樱桃
	晚餐	青菜肉丝面条、银芽拌蜇丝、椒麻卤鸭掌
7月21日 (周二)	早餐	腰片菜心面、糯米清酒
	午餐	鱼籽烧豆腐、腊味荷兰豆、干烧小黄鱼、米饭
	午点	威化饼干、雪碧
	晚餐	干烹竹节虾、木耳炒鸡蛋、肉丝菜心粉丝汤、米饭
7月22日 (周三)	早餐	三鲜米粉、卤香干
	午餐	粉蒸鲜鳝、香干回锅肉、口蘑菜心、米饭
	午点	酸梅汤
	晚餐	青椒炒鸭胗、蒜茸炒苋菜、酸菜鱼片汤、米饭
7月23日 (周四)	早餐	鲜牛奶、葱油花卷、煎鸡蛋
	午餐	油焖土龙虾、口蘑锅巴汤、醋溜包菜、南瓜饭
	午点	绿豆沙
	晚餐	黄焖鱼块、皮蛋炒时蔬、菜心汆丸汤、米饭
7月24日 (周五)	早餐	白米粥、葱油花卷、炒榨菜丝
	午餐	肉末烧茄子、豆米炒鸡蛋、冬瓜老鸭煲、米饭
	午点	冰糖绿豆红枣粥
	晚餐	梅干菜扣肉、洋葱炒牛肚、白玉翡翠汤、米饭

续表

时间	餐别	菜品
7月25日 （周六）	早餐	三鲜煎饺、白米粥、酸辣藕丁
	午餐	丝瓜炒鸡蛋、炒滑藕片、冬瓜原骨汤、米饭
	午点	马蹄糕
	晚餐	时蔬清汤面、新农牛肉炒包菜
7月26日 （周日）	早餐	牛肉米粉、卤香干、热豆奶
	午餐	鹌鹑蛋烧肉、红焖瓜方、三鲜锅巴、米饭
	午点	银莲百合羹
	晚餐	干烧剥皮鱼、青椒炒香肠、鲜菌鸡杂汤、米饭
7月27日 （周一）	早餐	开花馒头、三鲜蒸饺、糯米清酒
	午餐	潜江油焖土龙虾、炒素三丝、海带骨头汤
	午点	鲜桃
	晚餐	三鲜面、酸辣土豆丝、酱烧凤爪
7月28日 （周二）	早餐	炸酱蔬菜面、鲜奶
	午餐	红椒炒银芽、海米烧豆腐、瓦罐煨鸡汤、米饭
	午点	麦片粥
	晚餐	三鲜虾皮馄饨、油焖双冬
7月29日 （周三）	早餐	热干面、米发糕、豆奶
	午餐	酸辣鱿鱼、虾仁炒滑蛋、丝瓜三鲜汤、米饭
	午点	水晶糕
	晚餐	豆瓣鲫鱼、豆米炒鸡蛋、冬瓜海米汤、米饭
7月30日 （周四）	早餐	红薯粥、四川榨菜、咸鸭蛋
	午餐	芋头焖牛蹄筋、清炒白菜秧、肉末蒸蛋羹、米饭
	午点	红豆马蹄糕
	晚餐	手工面、江城酱板鸭、酸辣黄瓜
7月31日 （周五）	早餐	红豆稀饭、鲜肉小包、煎鸡蛋
	午餐	木耳拌顺风、翡翠烩鱼丸、鸡内金氽瓠丝汤、米饭
	午点	冰糖炖雪耳
	晚餐	红椒炒鳝片、鲜莲藕带炒红菱、香菌肉丝汤、米饭

(二)幼儿夏季膳食菜单设计分析

上述一月家常食谱属华中地区幼儿夏令家用膳食菜单,其最大特色是紧扣幼儿饮食需求确立菜式品种,充分考虑居家膳食制作的各项制约因素。整套膳食组配合理、简约大方、清新雅致、节令鲜明。

1.膳食结构方面

本套膳食的供餐形式为每日三餐一点,午餐及晚餐为正餐,早餐及午点为辅餐。膳食内容以风味主食套餐为主体,午餐、晚餐的菜式结构主要为二菜一汤一主食,早餐和午点则是主食、小吃、水果及饮品等交相搭配,适于3~4口之家的幼儿及家人暑期使用。

2.菜品选用方面

菜单设计者结合幼儿家庭经济条件确定食材规格及品类;结合当地物产资源,通盘考虑原料选配情况;紧密联系生产实际,努力适应家庭厨房的生产能力;尽量安排应时当令的特色菜点,以突出季节特征;尽可能回避重油大荤以及刺激性太过强烈的各式菜品,以免影响幼儿身体健康。

3.菜式组合方面

本套幼儿膳食菜单主次分明,重点突出。菜单设计者通盘考虑一月膳食构成,所列菜品价廉物美、花色多样。其菜品排列充分考虑到荤素搭配、干稀搭配、口味搭配、质感搭配、粗细粮搭配及主副食搭配的配置要求,真正做到了餐餐不重复,天天不一样。

4.特色风味方面

本套幼儿家常膳食所选原料多为华中地区物产,食材规格虽然不高,但品种类型丰富,畜、禽、鱼、蛋、奶兼顾,蔬、果、粮、豆、菌并用。所制看馔清鲜雅致,本味突出,简约大方,朴实自然。华中地区特色风味菜品应用广泛,湘鄂地方饮膳特色鲜明。

5.营养供给方面

本月家常食谱专为幼儿暑期家常膳饮而设计。菜单设计者择优选用富含优质蛋白质、多种维生素及无机盐的食物,注意主副食的搭配、粗细粮的搭配,兼顾食物之间营养素的互补作用。所用烹调方法多为烧、煮、蒸、炒、煨、炖、焖、烩,避免了高温煎、炸、熏、烤等烹制技法,膳食营养得以合理保护。幼儿每日营养素的摄入量与推荐摄入量基本持平,三餐一点的热量供给比较合理。

三、幼儿秋季膳食菜单设计

秋令时节,气温逐渐由炎热转为凉爽,幼儿的食欲越来越好,正是补充营养、改善体质的重要时期。因此,幼儿秋季饮食调配应适当增加优质蛋白质的用量,以温补为主。在食物的选择上可考虑增加一些瘦肉、鱼鲜、禽类食品或豆制品。与此同时,膳食中的矿物质和维生素也要适时补充,以弥补幼儿室外活动造成的损耗。

秋季天气干燥,幼儿易口干、喉干,唇角开裂,鼻腔干燥,大便干结,皮肤干燥等,必须通过合理的饮食调理加以预防。营养专家建议多吃些润肺生津的食物,如荸荠、莲藕、芋头、芦笋、山药、鸭蛋、鸡蛋、苹果、生梨、葡萄、杜果、山楂、芝麻等。在膳食的制作方法上多采取炖、炒、烧、焖等方法,多补充一些汤水,以减缓气候干燥对幼儿的不良影响。平时多让孩子喝白开水,减少市售饮料的饮用。早饭安排食粥更有益于生津液、防燥热。

此外,秋季气温变化较快,早晚温差较大。呼吸系统脆弱、抗病能力较差的幼儿极易受到各种传染疾病的侵染。因此,幼儿秋季饮食还应注意多吃一些维生素(如维生素 A 和维生素 E)含量丰富的食物,多吃绿色蔬菜、红黄色水果,适当增加奶制品、动物肝脏、坚果等摄入量,以提升儿童的抵抗能力。

以下是华南地区某幼儿园制定的一份幼儿秋季带量营养食谱及膳食营养分析,相关数据载自《幼儿园平衡膳食食谱》[①]。

(一)华南地区某幼儿园秋令一周带量食谱(供全托中班幼儿使用)

星期一(9 月 23 日)食谱	
早餐	—
课间餐	—
午餐	腐皮蚝豉瘦肉粥、四色捞面 (大米 15 克、腐皮 1 克、蚝豉 2 克、瘦肉 40 克、面粉 55 克、鸡蛋 30 克、胡萝卜 25 克、韭黄 10 克、绿豆芽 40 克、花生油 6 克)

---

① 吴穗.幼儿园平衡膳食食谱[M].南昌:江西科学技术出版社,2011:34-37.

午点	冬瓜扁豆薏仁汤 (冬瓜 50 克、扁豆 3 克、薏米 5 克、莲子 0.2 克、蜜枣 0.2 克、红糖 15 克)
晚餐	黄豆焖猪肉、鸡蛋炒菠菜、南瓜饭 (黄豆 10 克、瘦肉 25 克、鸡蛋 20 克、菠菜 12 克、花生油 5 克、南瓜 20 克、大米 65 克)
晚点	学生奶、红豆马蹄糕 (牛奶 200 克、马蹄粉 8 克、红糖 12 克、红豆 2 克)
星期二(9 月 24 日)食谱	
早餐	鲜牛奶、榄仁蛋糕 (鲜牛奶 200 克、面粉 22 克、鸡蛋 30 克、白糖 22 克、榄仁 5 克)
课间餐	雪梨 100 克
午餐	豉汁蒸鲩鱼、洋葱丝瓜炒蛋、米饭 (鲩鱼 70 克、洋葱 5 克、丝瓜 100 克、鸡蛋 35 克、猪肉 10 克、大米 70 克、花生油 6 克)
午点	木瓜鲜粟米煲鱼汤 (木瓜 30 克、鲜玉米粒 10 克、胡萝卜 10 克、猪大排 10 克、鲩鱼头尾 50 克)
晚餐	鲜菇肉末豆腐、烩五彩丝、米饭 (鲜蘑菇 15 克、豆腐 70 克、瘦肉 15 克、莴笋 20 克、胡萝卜 20 克、土豆 20 克、包菜 30 克、云耳 1 克、花生油 5 克、大米 70 克)
晚点	学生奶、小麻酱卷 (牛奶 200 克、面粉 10 克、麻酱 1 克、白糖 2 克)
星期三(9 月 25 日)食谱	
早餐	生菜肉丝鸡蛋汤面、蒸番薯 (胡萝卜 10 克、生菜 50 克、猪肉 25 克、鸡蛋 25 克、面条(干)35 克、番薯 60 克、花生油 5 克)
课间餐	哈密瓜 120 克
午餐	玉米菜肉饺子、银耳咸蛋冬瓜汤 (大白菜 60 克、胡萝卜 25 克、玉米 6 克、香葱 1 克、猪肉 40 克、虾米 3 克、水发香菇 2 克、水发银耳 1 克、咸蛋 20 克、冬瓜 15 克、面粉 65 克、花生油 6 克)
午点	酸牛奶 120 克

晚餐	老少平安、瑶柱肉末烩节瓜、燕麦饭 （鲮鱼肉 25 克、豆腐 20 克、鸡蛋 25 克、干贝 2 克、瘦肉 10 克、节瓜 120 克、大米 65 克、燕麦片 5 克、花生油 5 克）
晚点	学生奶、水晶球 （牛奶 200 克、澄面 10 克、豆沙 3 克、白糖 2 克）
星期四（9 月 26 日）食谱	
早餐	鲜牛奶、叉烧包 （鲜牛奶 200 克、面粉 43 克、猪肉 25 克、白糖 8 克）
课间餐	苹果 100 克
午餐	板栗焖鸡、番茄炒鸡蛋、米饭 （鸡块 50 克、板栗 15 克、番茄 120 克、鸡蛋 40 克、大米 70 克、花生油 6 克）
午点	响螺淮杞煲鸡汤 （鸡块 30 克、鲜螺片 10 克、干淮山 3 克、枸杞子 1 克、胡萝卜 20 克、蜜枣 0.2 克）
晚餐	香菇菜肉包、赤豆莲子薏仁粥 （面粉 60 克、猪五花肉 15 克、瘦肉 15 克、娃娃菜 50 克、胡萝卜 15 克、水发香菇 2 克、香葱 1 克、赤豆 2 克、莲子 2 克、薏仁 1 克、大米 15 克、淡菜 2 克、花生油 3 克）
晚点	学生奶、杯仔蛋糕 （牛奶 200 克、面粉 8 克、鸡蛋 8 克、白糖 8 克）
星期五（9 月 27 日）食谱	
早餐	鲜牛奶、莲蓉包、鹌鹑蛋 （鲜牛奶 200 克、面粉 43 克、莲蓉 15 克、白糖 8 克、鹌鹑蛋 25 克）
课间餐	猕猴桃 50 克
午餐	茄汁肉丸、豆卜炒油菜、淮山芡实瘦肉汤、米饭 （猪前夹肉 40 克、豆卜 10 克、油菜 90 克、胡萝卜 10 克、大米 65 克、花生油 6 克、淮山 3 克、芡实 3 克、瘦肉 15 克）
午点	学生奶、苹果 （牛奶 100 克、苹果 200 克）
晚餐	—
晚点	—

（二）幼儿秋季膳食菜单营养分析

1.营养素摄入量占推荐摄入量百分比

营养素	单位	摄入量	推荐摄入量	摄入量占推荐摄入量（%）
能量	千卡	1516.54	1468.07	103
蛋白质	克	60.31	50.09	120
脂肪	克	50.25	53.05	95
碳水化合物	克	213.85	197.56	108
钙	毫克	655.89	738.55	89
铁	毫克	14.95	12.01	124
锌	毫克	8.86	11.08	80
维生素 A	毫克	828.72	569.27	146
维生素 B_1	毫克	0.88	0.66	134
维生素 B_2	毫克	1.16	0.66	175
维生素 C	毫克	79.04	66.92	118

2.蛋白质来源分析

	动物性原料	豆类	谷类	其他
摄入量（克）	34.5	3.4	16.6	9.21
占总摄入量的比重（%）	57	6	28	9
推荐	动物蛋白质+豆类蛋白质占蛋白质总摄入量的50%以上			

3.三餐两点供能比

类别	早餐	午餐	午点	晚餐	晚点
摄入能量（千卡）	377	481	89	403	161
占摄入总能量的比重（%）	25	32	6	27	10
能量来源及占总摄入能量的比重	蛋白质:241.2 千卡,占比 16% 脂肪:452.2 千卡,占比 30% 碳水化合物:832.1 千卡,占比 54%				

注:1.本实验数据为广州市第一幼儿园采用上海臻鼎营养软件进行的每周食谱营养计算分析。

2.本周食谱营养分析按 4 天计算,统计时间自周一午点开始至周五午餐为止。

四、幼儿冬季膳食菜单设计

冬季气温寒冷。为适应严寒环境,增强御寒能力,人体的甲状腺素、肾上腺素等分泌增加,能量消耗相应增多。因此,幼儿冬季饮食调配应以增加热能为主,可适当提高蛋白质、碳水化合物及脂肪的摄入总量,以满足机体生长发育需要。一些富含优质蛋白质的食物,如羊肉、牛肉、鸡肉、鸭肉、鱼虾、瘦肉、鸡蛋、乳类、豆类及米面制品等,对增强幼儿的耐寒能力和免疫功能极为有利[①]。

按照平衡膳食理论,幼儿冬季饮食调配除适当增加热能之外,维生素和膳食纤维的供应量也应充足。冬季是蔬菜水果的淡季,果蔬品种单调,数量较少,特别是在寒冷的北方,如果人体摄取的维生素、膳食纤维不足,极易导致口腔溃疡、牙龈肿痛、皮肤干燥、大便秘结等症状。因此,菠菜、芹菜、莲藕、大蒜、茭白、菜薹、胡萝卜、韭菜、香菜等蔬菜,橘子、柚子、雪梨、苹果、香蕉等水果的搭配必须合理。此外,寒冷还会影响人体的泌尿系统,排尿增多,随尿液排出的钙、钾、钠等无机盐也较多。幼儿多吃钙、钾、钠等无机盐含量充足的食物,如芝麻、虾米、虾皮、猪肝、乳制品、山芋、莲藕、叶菜类蔬菜等,有利于膳食营养的合理调配。

---

① 陈敏.幼儿园宝宝营养配餐［M］.广州:广东人民出版社,2009:125—126.

中医药专家认为,幼儿在冬季可相宜有度地进行饮食进补。一些体质虚弱的幼儿,平时可多食热性与温性的食物,并且在膳食中适量配用一些温性食材,如核桃、芝麻、龙眼、木瓜等,以促进新陈代谢,改善血液循环。

总之,幼儿冬季饮食调配应适当增加热能供给,食物均衡多样,多配蔬菜水果,以实现营养平衡。

为引导人们设计出更为科学合理的幼儿营养食谱,武汉商学院及其合作单位武汉市洪山街道口幼儿园(省级示范幼儿园)联合从事幼儿膳食调配与制作研究。下面是该课题组设计的冬季带量食谱及膳食营养检测与评价,可供参考。

(一)武汉市洪山街道口幼儿园冬季幼儿营养食谱(供日托中班幼儿使用)

2014 年 11 月 17 日(星期一)食谱	
早餐	红豆粥、奶香馒头、炒榨菜丝 (大米 15 克、红豆 5 克、小麦面粉 30 克、牛奶 20 克、四川涪陵榨菜 10 克、糖 5 克、色拉油 5 克)
早点	牛奶、饼干 (牛奶 120 克,高钙饼干 10 克)
中餐	米饭、排骨煨莲藕、清炒白菜秧 (猪排 50 克,莲藕 60 克、白菜秧 100 克、色拉油 5 克)
午点	橙汁、蛋糕 (橙汁 100 克、蛋糕 20 克)
晚餐	米饭、肉末豆腐、鹌鹑蛋炖鸡、宜昌蜜橘 (大米 60 克、牛肉末 10 克、豆腐 50 克、鹌鹑蛋 20 克、鸡块 30 克、色拉油 6 克、宜昌蜜橘 50 克)
2014 年 11 月 18 日(星期二)食谱	
早餐	黑米粥、花生仁、煎鸡蛋 (黑米 2 克、大米 20 克、白糖 3 克、花生仁 10 克、鸡蛋 50 克、色拉油 5 克)
早点	核桃酸奶 (核桃 10 克,酸奶 100 克)

中餐	米饭、胡萝卜炖羊肉、清炒菜薹 （大米 65 克、羊肉 50 克、胡萝卜 60 克、洪山菜薹 80 克）
午点	香蕉 100 克
晚餐	菜心手工粉、葱爆猪肝、香芹拌干丝 （米粉 30 克、菜心 5 克、洋葱 20 克、青蒜 10 克、猪肝 25 克、香芹 15 克、豆腐干 25 克、色拉油 5 克）
2014 年 11 月 19 日（星期三）食谱	
早餐	牛奶麦片、芝麻烧饼 （牛奶 200 克、麦片 25 克、面粉 25 克、黑芝麻 3 克、芝麻酱 3 克）
早点	哈密瓜 100 克
中餐	三鲜油面、芹菜虾仁 （鄂东油面 50 克、菠菜 5 克、瘦肉 5 克、青蒜 5 克、芹菜 50 克、虾仁 20 克、色拉油 6 克）
午点	黑米糕 （黑米 25 克）
晚餐	米饭、黄瓜木耳炒鸡蛋、双圆鲜汤 （大米 65 克、鸡蛋 40 克、黄瓜 20 克、水发黑木耳 10 克、鱼丸 25 克、肉丸 25 克、白菜心 15 克、色拉油 8 克）
2014 年 11 月 20 日（星期四）食谱	
早餐	牛肉米粉、豆浆 （湿米粉 60 克、卤牛肉 10 克、豆浆 100 克）
早点	杏仁糊 （杏仁 10 克、桂花藕粉 20 克、白糖 5 克）
中餐	板栗焖鸡翅、韭黄炒肉丝、米饭 （鸡翅 40 克、板栗 20 克、韭黄 35 克、瘦肉丝 20 克、大米 60 克、花生油 10 克）
午点	苹果 100 克
晚餐	米饭、虾皮蒸鸡蛋、豉汁蒸鲩鱼 （大米 60 克、虾皮 5 克、鸡蛋 40 克、豉汁 10 克、鲩鱼肉 50 克、色拉油 6 克）

续表

	2014 年 11 月 21 日（星期五）食谱
早餐	榛仁豆沙包、鸡蛋糯米酒 （小麦面粉 40 克、豆沙 10 克、榛子 5 克、鸡蛋 15 克、孝感糯米酒 10 克、白糖 5 克）
早点	鲜牛奶 200 克
中餐	米饭、虾米焖豆腐、腊鸡炖红枣 （大米 65 克、虾米 5 克、豆腐 40 克、腊鸡块 30 克、去核红枣 10 克、色拉油 10 克）
午点	冬枣 50 克
晚餐	蔬菜肉丝面条、卤香干 （湿面条 65 克、瘦肉 15 克、菠菜 15 克、卤香干 25 克、色拉油 6 克）

（二）街道口幼儿园营养食谱特色分析

（1）从膳食结构看，本幼儿园的供膳形式为分餐制团体用膳，每日三餐二点，午餐和晚餐为正餐，早餐、早点和午点为辅餐。其供餐内容以风味主食套餐为主体，午餐、晚餐的菜式结构为一菜一汤一主食，早餐、早点及午点则是主食、小吃、水果及饮品交相配用。

（2）从菜式组合看，本周膳食菜单集蒸菜、焖菜、烧菜、炒菜、煨菜、煮菜等多种菜式于一体，各餐膳食菜品讲究主副食的配合、粗细粮的配合、色质味形的配合、膳食营养的配合以及高低规格的配合。一菜一格，互不雷同；主次分明，重点突出。

（3）从特色风味看，本周食谱所选 80 多种主副食原料多为华中地区的风味物产，食材规格适中，冬令特色鲜明。所选肴馔清新雅致，本味突出，简约大方，朴实自然。特别是湘鄂特色风味名菜，如排骨煨莲藕、豉汁蒸鲩鱼、板栗焖仔鸡、双圆鲜汤、腊鸡炖红枣，既彰显了该园主厨的技术专长，又备受幼儿及其家长青睐。

(三)街道口幼儿园冬季周食谱营养分析与评价

1.一周膳食能量和营养素的供给量(平均值)与推荐摄入量比较[1]

	一周供给总量	日均供给量	推荐摄入量	占标准量(%)
能量(kcal)	7037.2	1407.4	1450	97
蛋白质(g)	266	53	50	106
脂肪(g)	240.7	48	48	100
碳水化合物(g)	1014	202.9	200	101
VA(μgRE)	5691	1138	600	189.7
V B$_1$(mg)	4.476	0.895	0.7	127.9
V B$_2$(mg)	5.026	1	0.7	143.6
VC(mg)	619.3	123.9	70	176.9
钙(mg)	2815	762.9	800	95.4
铁(mg)	106.6	21	12	177.6
锌(mg)	62.25	12.45	12	103.8

2.一周膳食营养评价

通过对一周膳食能量和营养素的供给量与每日推荐摄入量进行比较分析,可得出如下结论:

第一,本周膳食所供能量总量及日均供给量接近推荐摄入量标准;三大供能营养素的供能比基本符合平衡膳食要求。

第二,除微量元素钙的供应量接近供给标准量以外,其他营养素全部达到或超过供给量标准,超过标准的微量营养素均在安全摄入范围内。

第三,本周膳食菜品中优质蛋白的比例达50%以上,符合4~5岁日托中班幼儿生长发育需求。

---

① 眭红卫.营养配餐与食谱设计[Z].武汉商学院讲义,2014:49-59.

第三章　幼儿膳食原料选用

食物原料是膳食菜品制作的物质基础。用作幼儿膳食的食物原料品类繁多，按其来源属性的不同，可分为植物性原料、动物性原料、矿物性原料和人工合成原料等；按其商品属性的不同，则有粮食、蔬菜、果品、肉类及肉制品、水产品、干货制品和调味品等类别。熟悉原料的属性，遵守原料选用的基本原则，掌握其品质鉴定标准与保鲜储存方法，有利于合理调制幼儿膳食。

第一节　幼儿膳食原料选用要求

关于食物原料的选用，《随园食单·先天须知》说："凡物各有先天，如人各有资禀。人性下愚，虽孔孟教之，无益也；物性不良，虽易牙烹之，亦无味也"①。意思是说，所有的食物原料都各具特性，如同人的禀赋各不相同。我们烹制膳食菜肴，必须遵守原料选用的基本要求，注意影响膳食质量的各种因素。

一、幼儿膳食原料选用要求

膳食原料的品质，对幼儿膳食质量起着决定性作用。选用幼儿膳食原料，通常应注意如下基本要求。

（一）因人选料

因人选料，就是根据幼儿身心发展规律、饮食营养需求、合理膳食要求及其饮食嗜好和忌讳，合理选用食物原料。生鲜市场上的烹饪原料种类繁多，既有昂贵的山珍海味，也有便宜的萝卜白菜；既有常见的鸡、鸭、鱼、肉，也有珍稀的翅、参、鲍、肚。幼儿膳食的常供食材，通常应是幼儿喜食的谷类、肉类、鱼鲜、蛋

---

① ［清］袁枚.随园食单[M].北京：中国商业出版社，1984：1-2.

类、奶类、蔬菜、水果和豆制品等食物;而不是奢华名贵的物产、稀有怪异的原料、品质低劣的食品及幼儿忌讳食用的食物。

(二)随菜选料

菜品的制作应以烹饪原料的属性为基础,烹饪原料的选购必须符合相关菜品的质量要求。随菜选料,就是要根据特定菜品的质量要求,严格选择具有一定品质的烹饪原料。例如,腊肉炒菜薹宜选武昌洪山紫菜薹,肉末蒸鸡蛋宜选新鲜土鸡蛋。再如,板栗烧仔鸡宜选当年的仔公鸡,红扒全鸡宜选隔年的杂交鸡,清炖全鸡宜选1年以上的土母鸡,瓦罐煨鸡汤宜选两年以上的老母鸡。特别是幼儿梦寐以求的一些名菜名点,为确保制品品质,一定要注重原料的产地、产季、食用部位及固有品质,少用或不用替代品。

(三)应时选料

应时选料,是指根据季节变化和节令要求择优选用应时当令的特色原料。原料都有生长期、成熟期和衰老期,只有成熟期上市的原料,方才滋汁鲜美,质地适口,带有自然的鲜香,最适合于烹调。譬如鳝鱼的食用佳期,自古便有"小暑黄鳝赛人参"之说;如果改为冬季选购鳝鱼,则其肉质僵硬、腥味浓烈,菜品的品质会大打折扣。袁枚在《随园食单·时节须知》中说:"萝卜过时则心空,山笋过时则味苦,刀鲚过时则骨硬""冬宜食牛羊,移之于夏,非其时也;夏宜食干腊,移之于冬,非其时也"。其大意是说:时节变了,原料的品质也变了,原料的选用应因时而变。

(四)质价相称

质价相称,即根据商品价格的高低,结合市场行情,按照"优质优价"的法则,合理选用原料,使其品质质量与销售价格保持相称。选购幼儿膳食原料,应在保证原料品质的基础上,强调"质价相称",追求"物美价廉"。通常情况下,确保膳食原料品质、降低采买成本的具体措施主要有:选择合理采买时机,灵活安排原料品种,把握每份菜品的合理用量,关注所购原料的品质,熟悉原料的净料率或熟料率,批量或小批量采购原料,并做好原料的综合利用。这其中,要着重考察食物原料的营养价值,注重最佳性价比,而不能仅以价格的高低来衡量食材的品质。

（五）食用安全

食用安全，即所选的烹饪原料要求无毒无害，无腐败变质，无污染病变。根据《中华人民共和国烹饪原料卫生法》及其他有关烹饪原料鉴别法规，我们选择幼儿膳食原料，特别是冷冻原料和加工性原料，必须对其色泽、气味、硬度、新鲜度等加以严格鉴别之后才能选用。一些野生动物，直接或间接来自野外，食用前未曾经过卫生检疫，极易对人体造成疾病传染[①]。幼儿的胃肠柔弱，机体免疫功能较差，其膳食原料的安全卫生问题，务必要引起各位家长及托幼园所的厨务人员、管理人员高度重视。

（六）灵活变通

灵活变通，是指市场行情发生了变化，则膳食原料的选购也应随之而变。例如采买人员本想购买的食材断货了，或是价格太过昂贵，可及时改用其他原料加以替代。所谓"鱼贵吃肉，肉贵吃鱼"，讲的即是这一道理。又如，采买原料本应根据菜品的质量要求优先考虑食材的品质，但遇到了价格十分低廉而品质又有保证的食材时，大多数居民优先考虑的还是实惠。因为，托幼园所及幼儿家庭的日常膳饮大都强调看料制菜、因料施艺，如果太过死板，则会适得其反。

总的说来，幼儿膳食原料的选用，具有一定的规则可供遵循。根据上述要求择优选购各类食材，既可降低幼儿膳食制作的费用支出，又能确保膳食制品的品质质量。

二、膳食原料选用的注意事项

（一）烹饪原料的固有品质

烹饪原料的固有品质，是指原料本身所具有的食用价值和使用价值，包括原料固有的营养价值、口味和质感等指标，它决定着原料在烹饪中的不同用途。例如，羊有绵羊与山羊之分，绵羊肉质坚实，肌纤维细嫩而柔软，肌间脂肪色白而硬实，无明显膻味；但山羊的肉质相对粗老，膻味明显，品质较绵羊低劣。甄别幼儿膳食原料的固有品质，应着重考察其口味、质感、营养价值和卫生状

---

① 冯玉珠.烹调工艺学[M].北京：中国轻工业出版社，2007：4-6.

况等。

(二)烹饪原料的产地

由于自然环境不同,气候、土壤、水质等条件差别较大,同一品种的原料,若产自不同地区,品质上会存有较大差异[1]。例如菜薹,以武昌洪山出产的紫菜薹为首选,它皮薄、壮实、质脆、鲜甜,品质最佳。再如盐水鸭,以农历八至九月南京出产的桂花鸭最负盛名,它外白里红,肥嫩鲜香,清淡爽口,风味独特。

(三)烹饪原料的上市季节

各种动植物都有自己的生长规律。在其生长过程中,只有某一个时期的食用性能最好[2]。特别是蔬菜、水果及部分水产品,其原料上市季节性非常鲜明。例如淡水鱼鲜,民间有"春鲢鳊、夏鳝白、秋鳜鲤、冬鳜鲫、立夏之鲥、寒露之蟹"等俗谚;又如韭菜,民间有"六月韭,驴不瞅;九月韭,佛开口"之民谚。强调的都是最佳上市季节。

(四)烹饪原料的不同部位

动植物原料各个部位的组织结构各有其生理功能。不同的生理特点使其组成成分产生差异,从而导致了原料的各个部位存在着品质上的不同。例如选购淡水鱼鲜,江南流传着"鳙鱼吃头、青鱼吃尾,鳝鱼吃背,田鸡吃腿"等民谚,即是要求选料时要优先考虑原料的优质部位,根据原料的部位合理烹调,以提升菜品的风味品质,提高食材的综合利用率。

(五)烹饪原料的卫生状况

烹饪原料在生长、采收、加工、运输和销售等过程中,有时会受到有害、有毒物质污染,有时还会因微生物污染而腐败变质。我国规定禁止生产经营的食品主要有:腐败变质、油脂酸败、霉变、生虫、污秽不洁、混有异物或者其他感官性状异常,可能对人体健康有害的食物;含有毒、有害物质或者被有毒、有害物质污染,可能对人体健康有害的食品;含有致病性寄生虫、微生物,或者微生物毒素含量超过国家限定标准的食品;未经兽医卫生检验或者检验不合格的肉类及

---

① 霍力.烹饪原料学[M].北京:科学出版社,2008:10-11.
② 国内贸易部饮食服务业管理司.烹调工艺[M].北京:中国商业出版社,1994:12-13.

其制品;病死、毒死或者死因不明的禽、畜、兽、水产动物及其制品;容器包装污秽不洁、严重破损或者运输工具不洁造成污染的食品;掺假、掺杂、伪造,影响营养、卫生的食品;用非食品原料加工的,加入非食品用化学物质的各类菜品;超过保质期限的各类食品等①。

(六)烹饪原料的加工储存方法

烹饪原料的加工储存方法不当,会致使原料的感官性状和营养价值降低,严重时会影响原料的食用价值。例如大葱存放时受到挤压会腐烂;大豆存放时受潮会霉烂;风鱼腊肉存放时间过长、环境温度过高,易生哈喇味。

(七)烹饪原料的纯度

烹饪原料的纯度,是指原料中所含杂质、污染物等的多少和加工净度的高低。一般情况下,原料的纯度越高,其品质就越好②。例如,面粉有普通粉、标准粉和富强粉之分。富强粉的面筋含量高、杂质含量少,质量品质优于标准粉和普通粉。

(八)烹饪原料的成熟度

烹饪原料的成熟度,是指原料品质随着生长时间的变化而发生改变的状况。烹饪原料的成熟度与原料的饲养时间、培育时间、上市季节有着密切关系。例如,先期采摘的西瓜是生瓜,瓜肉浅红、甜味不足;适时采摘的西瓜是熟瓜,瓜肉红艳,香甜脆爽;过期采摘的西瓜是过熟瓜,瓜肉松而不脆,甜味粉而不正。

(九)烹饪原料的新鲜度

烹饪原料的新鲜度,是指原料的组织结构、营养物质、风味成分等变化的程度。原料是否新鲜,可从形态、色泽、水分、重量、质地和气味等外观上反映出来。例如,新鲜优质的对虾外壳光亮,半透明,淡青色,肉质结实,无异味;陈旧劣质的对虾外壳混浊,失去光泽,从头至尾渐次变红,甚至变黑,肉质松软,腥味渐浓③。

---

① 蒋云升.烹饪卫生与安全学[M].北京:中国轻工业出版社,2008:135-136.
② 崔桂友.烹饪原料学[M].北京:中国轻工业出版社,2001:90-91.
③ 邵建华,焦正福.中式烹调师(中级)[M].上海:上海科学普及出版社,1999:16-17.

第二节　幼儿膳食原料品质鉴定

合理选用幼儿膳食原料,应在遵守原料选用原则的基础上,准确把握其品质鉴定方法。

烹饪原料的品质鉴定方法较多,主要有感官检验法和理化鉴定法两类。感官检验法,即凭借人体自身的感觉器官对原料品质进行判断的方法,它有视觉检验、嗅觉检验、听觉检验、触觉检验和味觉检验等5种具体方法。理化鉴定法必须借助各种试剂和仪器对烹饪原料进行鉴定,其鉴定结果常以具体数据来表示,可用以阐明原料成分、性质、结构及品质变化的原因。在实际生活中,托幼园所及幼儿家庭膳食原料的品质检验通常是综合运用各种感官检验法进行品质鉴定。

一、家畜原料的品质鉴定

家畜原料是人类肉食的重要来源,其主要品种包括猪、牛、羊、狗、兔等,尤以猪、牛、羊的使用最为广泛。

家畜肉的感官品质,如色泽、弹性、嫩度、气味和黏度等,因受家畜的种类、性别、育龄、肥瘦、宰杀状况及肉品加工状况等的影响,呈现出不同的表现形式。例如家畜肉的嫩度,猪肉比牛肉嫩,黄牛肉比水牛肉嫩,育龄短的畜肉比育龄长的畜肉嫩。通过感官检验法来甄别家畜原料的品质,应着重关注家畜肉的新鲜度、是否为病死畜肉、有无注水肉、是否含有猪囊虫及瘦肉精,此外,还需了解畜肉制品的质量检验标准。

(一) 家畜肉新鲜度的检验

新鲜家畜肉指经屠宰加工、卫生检验合格,但尚未进行冷冻的畜肉。其感官特征是表面微干,切面呈鲜红色并略带湿润;肌纤维弹性好,肌腱韧而不坚,关节囊液清亮,具有该种畜肉特有的气味;煮熟后的肉汤透明芳香,油滴较大。

次新鲜家畜肉表面附有黏液,切面色暗红,肉汁混浊,质地松软,脂肪缺乏光泽而发黏,关节表面附有黏液,腱略软,浅灰色,肉呈酸败味,煮熟后肉汤稍呈浑浊。

变质家畜肉表面颜色变深或略带淡绿色,有黏腻感,切面呈污灰色或绿色,肌肉组织失去弹性,脂肪似软泥样,肉的表层及深层均具有腐败气味,煮熟后肉汤极混浊,有明显的霉臭味[1]。

(二) 病、死畜肉的检验

病、死畜肉通常是指有病或濒临死期宰杀的牲畜肉,其特征是肉体明显放血不全,肌肉无光泽,呈暗红色,切面不外翻,有多处暗红色血液浸润区。剥皮肉表面常有渗出的血液形成血珠;带皮肉皮肤发红,表面有大小不等充血、出血斑点。病畜肉的宰杀刀口不外翻,切面平直,刀口周围组织稍有血液浸染现象。濒临死期或重病时宰杀的肉体,有局限性紫红色血液坠积区,表现为树状充血和血液浸润。死畜肉体的变化与病畜宰杀的肉体变化基本相似,唯有程度上的差异。

根据《食品卫生法》规定,病死、毒死或者死因不明的畜肉及其产品禁止生产销售,须按《肉品卫生检验试行规程》有关规定处理[2]。

(三) 家畜注水肉的检验

家畜注水肉的品质检验主要有外观检验和触摸检验。正常的畜肉色呈嫩红色(或红色),有光泽,切面无渗出物溢出。注水畜肉色泽变淡,呈浅红色,表面潮湿,肌肉松软,弹性差。肌肉切面可见淡红色血水流出。

正常畜肉表面微干,手触摸不粘手指,有油腻感,无异味;注水肉触摸时潮湿,易黏手,挤压切面,有淡红色或无色透明液汁流出。

(四) 含瘦肉精猪肉的检验

含瘦肉精(肾上腺类神经兴奋剂,易在猪体内残存)的猪肉对人体健康影响明显,特别是婴幼儿,应杜绝食用。检验猪肉是否含有瘦肉精,应观察猪肉皮下是否具有脂肪,如果猪肉皮下全是瘦肉或仅含有少量脂肪,瘦肉外观特别鲜红,纤维比较疏松,时有少量水分渗出肉面,则该猪肉就有储存瘦肉精的可能。

(五) 畜肉制品的质量检验标准

畜肉制品是指以鲜肉为原料,经干制、腌制、熏制或卤制等方法加工而成的

---

① 霍力.烹饪原料学[M].北京:科学出版社,2008:22-23.
② 赵廉.烹饪原料学[M].北京:中国纺织出版社,2008:70-71.

成品或半成品。主要有腌腊制品（如火腿、腌肉等）、脱水制品（如风肉干、牛肉干等）和灌肠制品（如香肠、香肚等）。它们在幼儿膳食中时有出现，必须认清其品质检验标准。

火腿是以猪后腿为原料，经特殊的加工工艺制作而成的腌制品。我国最为著名的火腿有浙江金华火腿（又称"南腿"）、江苏如皋火腿（又称"北腿"）和云南宣威火腿（又称"云腿"）。优质的火腿皮肉干燥，肉坚实；形状呈琵琶形或竹叶形，完整匀称；皮色棕黄或棕红，无猪毛；具有火腿特有的香味，无显著哈喇味；切面瘦肉层厚、为鲜红色，肥肉层薄，为蜡白色。

腊肉是用鲜猪肉切成条状腌制后，经烘烤或晾晒而成的肉制品，以湖南腊肉、广东腊肉和四川腊肉最具特色。优质的腊肉色泽鲜明，肌肉呈鲜红或暗红色，脂肪透明或乳白色，肉身干爽，肉质坚实，有弹性，指压后不留明显压痕，具有腊制品的固有风味；劣质的腊肉肉色灰暗无光，脂肪黄色，表面有明显霉点，肉质松软，无弹性，指压痕不易复原，带黏液，脂肪有明显酸味或其他异味，不能食用。

香肠是中国传统风味肉制品，一般是以动物肉为原料，将肉切丁后加调料制成馅料，灌入肠衣中，经烘干或日晒而成。香肠的质量以肠衣干燥完整且紧贴肉馅，全身饱满，肉馅实挺有弹性，肥瘦肉粒均匀，瘦肉呈鲜玫瑰红色，肥肉白色，色泽鲜明光润，无黏液和霉点，香气浓郁而无异味者为佳。

香肚是以鲜猪肉切碎后加入调料，灌入膀胱，经晾晒或烘烤而制成的肉制品，以我国南京香肚最具特色。南京香肚外观圆形似苹果状，皮薄有弹性，不易破裂，肉质紧密，切开后红白分明，香嫩可口，略带甜味。

二、家禽原料的品质鉴定

家禽的品种主要包括鸡、鸭、鹅、鸽、鹌鹑及人工养殖的火鸡、孔雀和驼鸟等，以鸡和鸭的使用最广泛。

禽肉与家畜肉相比，营养更丰富，滋味更鲜美，特别适合于幼儿食用。通常情况下，家禽的品质检验主要有光禽的品质检验、活禽的品质检验及禽制品的品质检验等。

（一）光禽的品质检验

家禽肉的品质好坏，主要取决于家禽的品种，还与养殖期和生理状态有很大的关系。一般而言,老母鸡(鸭)、粮食喂养的鸡(鸭)及散养的鸡(鸭)品质较好。品种确定后,则主要以禽肉的新鲜度来检验品质。

新鲜的光禽嘴部有光泽,干燥有弹性,无异味;眼球充满整个眼窝,角膜有光泽;皮肤为淡白色,表面干燥,具有禽肉特有的气味;脂肪白色,稍带淡黄,有光泽,无异味;肌肉结实有弹性;肉汤透明芳香,汤表面有大的脂肪滴。

不新鲜的光禽嘴部无光泽,部分失去弹性,稍有异味;眼球部分下陷,角膜无光;皮肤呈淡灰色或淡黄色,不甚干燥,稍有酸败和腐败气味,脂肪色泽稍淡,具轻度异味;肌肉较松软,色泽较暗,有轻微酸腐和腐败气味;肉汤不透明,脂肪滴少而小,有异味。

腐败光禽眼球干缩凹陷,晶状体混浊;体表无光泽,头颈部带有暗褐色,皮肤松弛,表面湿润发黏,有霉斑及腐败气味;肌肉松软、切面发黏,呈淡绿或灰色;肉汤混浊,几乎无脂肪滴,有腐败气味[①]。

(二)活禽的品质检验

幼儿的膳食原料建议以选用活禽为主。鲜活禽类的品质主要由其健康状况和老嫩程度决定。

健康家禽的主要特征是:羽毛丰润、清洁、紧密,有光泽,脚步矫健,两眼有神;握住禽的两翅根部,叫声正常,挣扎有力,用手触摸嗉囊无积食、气体或积水;眼睛、口腔、鼻孔无异常分泌物;肛门周围无绿白稀薄粪便黏液。反之则为不健康家禽。不健康的家禽以及病死、毒死或死因不明的禽类,一般不得食用。

家禽在不同生长阶段,其肉质的老嫩有较大的差别,烹制幼儿膳食时,应根据菜品的质量要求加以选择。

(三)禽制品的品质检验

禽制品是以鲜禽为原料,经再加工后制成的成品或半成品原料,如烧鸡、板鸭、烤鸭、风鸡、腊鸡等。其中,以板鸭、风鸡和腊鸡在幼儿膳食中应用较广。

板鸭也称腊鸭,因其肉质紧密、板实,可供久贮远运而得名。板鸭的品质以体表光白无毛,无黏液,无霉斑,肌肉板实、坚挺,横截面肌肉呈玫瑰红色,脂肪呈乳白色为佳。

---

① 王向阳.烹饪原料学[M].北京:高等教育出版社,2009:140-141.

风鸡又称风干鸡，是将鲜鸡经腌制后再风干而成的加工品。风鸡的品质以膘肥肉满、肌肉光泽有弹性、无霉变虫伤、无异味者为佳。

腊鸡是将除去内脏的光鸡腌制后挂在通风处吹晾风干烟熏而成的制品。腊鸡品质以色泽红润、干燥而有弹性、无异味、在有效保质期内者为佳。

三、水产原料的品质鉴定

水产原料的种类多，产量大，应用广。广义的水产原料包括鱼类、虾类、蟹类、贝类、两栖类、爬行类及其他水产品；狭义的水产原料则专指鱼、虾、蟹、贝等原料。在幼儿膳食制作过程中，绝大多数水产原料要求使用鲜活品。这里仅简述鱼类、虾类、蟹类和贝类原料的品质检验方法。

（一）鱼类的感官检验

新鲜鱼的鱼鳃色泽鲜红或粉红，鳃盖紧闭，黏液较少呈透明状，无异味。鱼眼澄清而透明，眼球饱满稍突出，黑白分明，没有充血发红的现象。鱼皮表面黏液较少，且透亮清洁。鱼肉组织紧密有弹性，肋骨与脊骨处的鱼肉组织结实。

不新鲜鱼的鱼鳃呈灰色或苍红色，鳃盖松弛。鱼眼色泽灰暗，稍有塌陷，发红。鱼皮表面有黏液，透明度略低，鱼鳞松弛，且有脱鳞现象。鱼肉组织松软，肋骨与脊骨极易脱离，容易脱刺[1]。

腐败鱼的鱼鳃呈灰白色，有黏液污物，眼球破裂，位置移动。鱼皮表面色泽灰暗，鱼鳞特别松弛，极易脱落，腹部膨胀较大并有腐臭味，鱼体肌肉极松弛，用手触压便能压破鱼肉，骨肉分离。

（二）虾类的感官检验

新鲜虾头尾完整，爪须齐全，有一定的弯曲度，壳硬度较高，虾身较挺，虾皮色泽发亮，呈青绿色或青白色，肉质坚实细嫩。

不新鲜虾的头尾容易脱落，不能保持原有的弯曲度。虾皮壳发暗，呈红色或灰红色，肉质松软。

虾制品主要包括虾米、虾皮、虾子等。虾米也叫开洋，以身干、肉身完整、无壳、色艳、味淡、颗粒均匀、不含杂质及异味为好。虾皮以色金黄、鲜亮、片大者

---

① 崔桂友.烹饪原料学[M].北京:中国轻工业出版社,2001:521-524.

为佳,春产品质最好。

(三)蟹类的感官检验

鲜蟹身体完整,腿肉坚实,肥壮有力,用手捏有硬感,脐部饱满,分量较重。外壳青色泛亮,腹部发白,团脐有蟹黄,肉质新鲜。

不新鲜的蟹腿肉空松,分量较轻,壳背呈暗红色,肉质松软。

(四)贝类的感官检验

贝类原料的检验方法相对简单,即死的不用,专门选择鲜活产品。贝类制品中的干贝,也称瑶柱,以整体完整、粒大、色泽金黄、表面无盐霜、有特殊的浓香味者为佳。鱿鱼干,也称土鱿,是鲜鱿鱼的干制品,以色泽鲜明、肉质金黄中带微红、气味清香、表面少盐霜者为上品。

四、蛋类原料的品质鉴定

蛋类原料主要包括鸡蛋、鸭蛋、鸽蛋、鹌鹑蛋及其制品。它们在幼儿膳食制作中应用广泛。

(一)鲜蛋的品质检验

鲜蛋的品质除与蛋的品种有关外,主要取决于蛋的新鲜度。鲜蛋的新鲜度通常以看、听、嗅等感官鉴定法来加以甄别。

看,主要是指观察蛋壳的清洁程度、完整状况和色泽。正常的鲜蛋蛋壳表面呈粉白色状,蛋壳完整无损,表面无油光发亮的现象;打开蛋壳看,蛋白黏稠度高,蛋黄饱满,呈半球状。

听,是从敲击蛋壳发出的声音来辨别蛋类有无裂损、变质。新鲜蛋一般发音坚实,能发出清脆的碰击声。

嗅,就是闻蛋的气味是否正常、有无异味。新鲜的蛋打开后有轻微的腥味,无其他异味。如有霉味、臭味,则为变质的蛋。

(二)蛋制品的品质检验

蛋制品是以鲜蛋为原料,经加工后制成的加工品。烹饪中常见的品种主要有皮蛋、咸蛋等。

优质的皮蛋蛋壳完整,无破损;两蛋相击时有清脆声,并能感觉到内部的弹动;剥去蛋壳,可见蛋清凝固完整,光滑清洁,不粘壳,呈棕褐色,绵软而富有弹性,晶莹透亮,呈现松针样结晶(松花);纵剖后蛋黄外围墨绿色,里面呈淡褐或淡黄色。

优质的咸蛋蛋壳完整,轻微摇动时有轻度水荡声;以灯光透视时,蛋白透明,蛋黄缩小;打开蛋壳,可见蛋白稀薄透明,浓厚蛋白层消失,蛋黄浓缩,黏度增强,呈红色或淡红色。

五、奶类原料的品质鉴定

奶类原料包括鲜奶和奶制品。鲜奶主要有牛奶、羊奶及马奶等,以牛奶产量最大,商品价值最高,利用最普遍。奶制品由鲜奶经过一定的加工工艺制作而成,以牛奶制品品种较多,主要有炼乳、奶粉、奶油、奶酪、酸奶等。

牛奶根据产乳期的不同,可分为初乳、常乳和末乳。初乳和末乳品质较差,一般不宜饮用。常乳,即人们经常饮用的鲜奶,它介于初乳和末乳之间,具有良好的风味品质。

鲜奶的色泽为乳白色或略带微黄色,常温时呈均匀的流体状,无沉淀、凝块和机械杂质,无黏稠和浓厚现象。具有特殊的乳香味,无其他任何异味。若用口尝,则具有鲜乳独具的纯香味,滋味可口而稍甜,无其他任何异常滋味。

炼乳又称浓缩牛奶,是将鲜牛奶浓缩至原体积的40%左右而制成。优质炼乳呈乳白色,有光泽;具有高温灭菌后的纯正乳香味,味甜而纯,无外来的气味和滋味;组织细腻,黏稠度适中,质地均匀,无凝块,无外来夹杂物质。

奶粉是由鲜奶经脱水处理而制成。优质的奶粉具有鲜奶的固有香气,无异味,淡黄色,呈干燥粉末状,无结块现象,水冲调时完全溶解,无团块和沉淀物。全脂奶粉浅黄色,有光泽,粉状,颗粒均匀一致,无结块,无异味,有消毒奶的纯香味,甜度明显。

六、粮食原料的品质鉴定

粮食原料是各类植物性主食原料的总称,主要包括谷类、豆类和薯类等。特别是谷类原料中的大米和面粉,它们是制作主食和点心的主要食材,其感官品质的优劣对于幼儿膳食制品的质量起着决定性作用。豆类及其制品在幼儿膳食中的应用也较广泛。

（一）大米的品质检验

大米又称稻米,是稻谷经脱壳去糠皮所得成品粮的统称,主要有籼米、粳米和糯米3类。

大米的品质检验主要是通过对米的粒形、腹白、硬度和新鲜程度进行感官检验来实现的。就粒形看,以米粒充实肥大、整齐均匀、碎米和爆腰米少为佳。就腹白看,有腹白的米,体积小,硬度低,易碎,蛋白质含量低,品质差。就硬度看,凡硬度大,品质就高;硬度小,品质就差,易成碎米。就新鲜度看,新鲜的大米有光泽,味清香,滑爽干燥;不新鲜的大米暗淡无光亮,无清香味,质感粗糙。

具体地说,籼米粒形细长或呈长圆形,黏性较小,米质较脆,组织细密。一般以透明或半透明,腹白较小,硬质粒多,油性较大,煮后软韧有劲而不黏,食时细腻可口者质量较好。

粳米米粒一般呈椭圆形或圆形,丰满肥厚,横断面近于圆形,颜色蜡白,呈透明或半透明,质地硬而有韧性,煮后黏性、油性均大,柔软可口,但出饭率低。粳米根据收获季节,分为早粳米和晚粳米。早粳米呈半透明状,腹白较大,硬质粒少,米质较差;晚粳米呈白色或蜡白色,腹白小,硬质粒多,品质优。

糯米又称江米,乳白色,不透明,煮后透明,黏性大,胀性小,有籼糯米和粳糯米之分,粳糯米的品质优于籼糯米。

（二）面粉的品质检验

面粉的品质检验主要是检验水分含量、颜色、面筋质、新鲜度4个方面。一般情况下,含水量正常的面粉,用手捏时有滑爽的感觉,如果捏后有形不散,则含水量过多,不宜保管。面粉的颜色是由面粉的加工精度决定的,面粉色白,加工精度高,否则就低。新鲜的面粉有正常气味,白色,新鲜清淡,略有甜味。不新鲜的面粉有霉、酸等不良气味。

在我国,根据加工精度的不同,小麦面粉可分为普通粉、标准粉和特制粉3类。普通粉是提取了少量麦皮,加工精度较低的小麦面粉。含有大量的粗纤维、植酸和灰分,颜色较深,口感粗糙,易影响人体对蛋白质、矿物质等的消化和吸收。

标准粉是提取了绝大多数麦皮,加工精度符合国家规定的标准粉等级的小麦面粉。标准粉清除了绝大部分的麦皮和糊粉层,面筋质不低于24%,灰分不超过 1.25%,制成面团的发酵能力及面筋的弹性和延伸性均较普通粉优,但不如特制粉。

特制粉又称富强粉,是提取了全部麦皮、糊粉层及麦胚,符合国家规定的特制粉等级标准的小麦面粉。特制粉的面筋质含量不低于 26%,灰分的含量不超过 0.75%,加工而成的食品色泽洁白,口感细腻柔和,消化吸收率高,特别适合幼儿食用。由于特制粉中矿物质和维生素的含量较低,幼儿如长期以特制粉为主食,需要适当补充上述营养素。

(三)豆类原料的品质检验

豆类原料主要包括大豆、红豆、绿豆及豆制品等,它们在幼儿膳食中应用较广。

大豆,俗称黄豆、毛豆,在我国普遍种植,通常以粒大、饱满、皮薄、色黄有光泽、脐上有白纹、无病斑、无杂物者为佳,尤以东北出产者品质最好。

红豆与绿豆既可直接用以制作菜肴,也可与米、面掺和调制成主食,还能磨粉制作各种糕点及小吃,如红豆沙、绿豆糕等。除红豆色红紫、绿豆色亮绿外,其品质都以杂质不超过 1%,水分不超过 13.5%,无异味、霉变、虫蚀、病斑,并以颗粒均匀、饱满、皮薄、脐上有白纹者为佳。

豆制品的品质检验主要包括豆腐、豆干(又称香干)、千张(又称百叶、豆腐皮)、腐竹等的检验。优质豆腐色泽洁白、柔嫩细软、质地厚实、富有弹性、清淡爽口。优质豆干表面光洁、豆香浓郁、入口软糯。优质千张色泽洁白、厚薄均匀、质地细腻、久煮不碎。优质腐竹色泽淡黄、有光泽、支条均匀,有空心、无杂质。

七、蔬菜原料的品质鉴定

按照食用部位的不同,蔬菜可分为根菜类(如萝卜)、茎菜类(如莴笋)、叶菜类(如菠菜)、花菜类(如黄花菜)、果菜类(如番茄)和食用菌类(如香菇)等 6 类原料。不同类别的蔬菜,其品质鉴定方法各不相同。

新鲜蔬菜通常是通过检验蔬菜的色泽、质地、含水量及病虫害情况来鉴定原料的品质。

正常的蔬菜都有其固有的颜色。优质的蔬菜色彩鲜艳,且有光泽,如叶菜类、茎菜类蔬菜通常都是翠绿色,果菜类中的番茄为鲜红色、茄子为紫黑色;质次的蔬菜则颜色暗淡,光泽较差。

质地是检验蔬菜品质的重要指标。优质的蔬菜质地鲜嫩、挺拔,发育充分,无黄叶,无伤痕;质次的蔬菜则梗部艮硬,叶片粗老,甚至有枯萎现象。优质的蔬菜保持着正常的水分,表面有润泽的光亮,刀口断面会有汁液流出;劣质的蔬菜则失水较多,外形干瘪,失去光泽。

病虫害是由昆虫和微生物等侵染蔬菜而引起的。优质的蔬菜无霉烂现象,无虫害侵染情况,植株饱满而完整;质次的蔬菜有少量霉斑或受病虫害轻度侵染,挑拣后仍可食用;劣质的蔬菜受病虫害侵染较深,霉烂严重,失去了食用价值。

蔬菜制品是以新鲜蔬菜为原料,经干制、腌制、酱制、泡制等方法制作而成的加工品,主要有玉兰片、榨菜、梅干菜、酱菜、泡菜、芽菜、酸菜等品种。

玉兰片是以鲜嫩的冬笋或春笋为原料,经加工干制而成的蔬菜制品。其品质以色泽玉白、无霉点黑斑,片小肉厚,节密,质地坚脆鲜嫩,无杂质者为佳。

榨菜以干湿适度,咸辣适口,色泽鲜明,外皮完整,无老皮、老筋,不变色,不霉变,香味浓郁醇正者为佳。

梅干菜是用鲜雪里蕻腌制而成,其品质以色泽黄亮,咸淡适宜,质嫩味鲜,香气正常,身干,无杂质,无硬梗者为佳。

酱菜多以根、茎类蔬菜为原料,用酱腌制而成。其品质以菜块匀整,颜色新鲜呈酱色,咸味适口有鲜味,具清香气,口感脆嫩者为佳。

泡菜是一种传统的乳酸发酵食品,其主要原料是蔬菜,如包菜、萝卜、胡萝卜、黄瓜、蒜苗等。以菜质细嫩,脆爽适口,鲜美酸香,风味独特者为佳。

八、水果原料的品质鉴定

按照商品学分类,水果有鲜果、干果和水果制品之分。鲜果通常是指果皮肉质多汁,或柔软或脆嫩的果实,其品种众多,在水果中所占比重最大。如春夏季节收获的桃子、西瓜、李子、杏子等,秋冬季节收获的梨子、柿子、香蕉、菠萝、柑橘、苹果等。干果包括果实果皮自然干燥的干果和鲜果经人工干燥而得的果干。前者如核桃、板栗、松子、榛子等,后者有葡萄干、山楂干、红枣、柿饼等。水果制品是指鲜果经过加工后的再制品,主要有蜜饯、果脯、果酱、糖水罐头等。

水果的品质鉴定以鲜果为主,干果及水果制品的品质也不可忽视。

(一)鲜果的品质检验

鲜果的品质鉴定大多从外形、色泽、成熟度、有无损伤及病虫害等方面来检验。如果水果外形端正、个体较大,则其品质较好;如果个体干缩偏小或因病虫害等引发畸形,则其品质较差。

新鲜的水果成熟完好,色泽鲜艳,如其色泽发生改变,新鲜度降低,则果品品质也随之变低。

成熟度好的水果,风味佳,且耐贮藏;未成熟或过于成熟的水果,则其风味品质及耐贮性能均较差。

此外,微生物、病虫害的侵染会影响水果的外观和耐贮性,降低水果的品质。

(二)干果的品质检验

干果的品质检验应注重核桃、板栗、莲子、花生、腰果、白果、松子等的质量标准。

核桃的质量以个大圆整、肉饱满、壳薄、出仁率高、桃仁含油量高者为佳;桃仁的质量以片大饱满、身干、色黄白、含油量高者为佳。

板栗的质量以果实饱满、颗粒均匀、肉质细腻、味甜而香糯者为佳。

莲子的品质以颗粒圆整饱满,干燥,肉厚色白,口咬脆裂,胀性好,入口软糯者为佳。

花生的质量以粒大均匀,体干饱满,味微甜,不变质者为佳。

腰果的质量以个型整齐均匀,仁肉色白饱满,味香,身干,含油量高,无碎粒、坏只、壳屑者为佳。

(三)水果制品的品质检验

水果制品中的葡萄干、枣干、山楂糕及糖冬瓜在幼儿膳食中偶有应用。

葡萄干主产于新疆,有白葡萄干和红葡萄干之分。白葡萄干无核,色泽绿白,粒小而有透明感,肉质细腻,味甜美;红葡萄干无核或有核,皮紫红或红色,粒大而有透明感,肉质较次,味酸甜。

鲜枣可加工成红枣、乌枣和蜜枣等果干。红枣果皮色红鲜艳,蜜枣果实色黄亮而有透明感,乌枣果皮色乌紫光亮。枣干一般常以粒大核小,肉厚皮薄,口味香甜,质感软糯者为佳。

第三节　幼儿膳食原料储存保鲜

在幼儿膳食调制过程中,烹饪原料的储存与保鲜是托幼园所厨务人员必须完成的经常性任务。膳食原料保藏的好坏,将直接影响到幼儿膳食菜品的风味品质、饮食营养及生产成本。合理选用幼儿膳食原料,除应遵守膳食原料选用原则,把握其品质鉴定方法以外,还需根据烹饪原料品质变化规律,采用合理的操作方法延缓原料品质的变化,以保持其新鲜度。

一、影响膳食原料质量变化的因素

烹饪原料种类繁多,性质各异,要做好储存保鲜工作,首先应了解引起食物原料变质的各种影响因素,针对不同情况,采用相应的储存保鲜措施。

(一)原料自身因素

各种动植物原料在采摘或宰杀以后,时刻都在进行着新陈代谢,进行着各种各样的生理生化反应,有些反应是在酶的催化下进行的,其反应的最终结果是造成原料品质的改变。

1.呼吸作用

呼吸作用是生鲜蔬菜和水果在贮存过程中发生的一种生理活动。新鲜的蔬菜和水果被采摘之后,组织和细胞中所含的化学物质依然在酶的作用下发生着有氧呼吸或无氧呼吸等化学反应。呼吸作用使果蔬中的糖类发生分解反应并释放出能量,消耗了原料内部的营养物质,降低了果蔬的耐贮性能和质量品质。

2.后熟作用

部分果蔬原料(如香蕉、柿子、番茄等)在采摘之后,其细胞中的物质在酶的催化下会发生一系列生理生化反应,如:淀粉水解为单糖而产生甜味;单宁物质聚合成不溶于水的物质而使涩味降低;有机酸类物质被金属离子中和或转化成其他物质而使得酸味降低;淀粉的水解和果胶质的分解使得果实由硬变软[1]。

---

[1]　崔桂友.烹饪原料学[M].北京:中国轻工业出版社,2001:96-98.

完成后熟作用的果蔬原料极易腐烂变质,只有采取合理措施控制其后熟速度,方可达到延长贮存期的目的。

3.发芽和抽薹

土豆、大蒜、洋葱、萝卜等蔬菜在不利环境条件下,其新陈代谢极低,原料品质变化较小。当环境条件适宜时,可解除休眠而重新发芽生长,有的出现抽薹现象。蔬果发芽和抽薹时,其植物细胞的生理生化反应加剧,营养物质向生长部位转移,贮存的养分大量消耗,外部特征出现衰老症状,食用价值大大降低。

4.蒸腾与萎蔫

新鲜的蔬菜含水量高达 65%~96%,在贮藏中容易因蒸腾脱水而引起组织萎蔫,呈现出疲软、皱缩、糠心、光泽消退等失鲜状态。蒸腾萎蔫引起正常的代谢作用被破坏,水解过程加强,植物组织的结构特性发生改变,影响了蔬菜的耐贮性和抗病性。

5.僵直和自溶

宰杀后的畜类原料(如猪、牛、羊等)在自身酶的作用下会相继发生僵直、成熟、自溶和腐败等现象。在自溶和腐败阶段,肉质由硬变软,由富有弹性变为失去弹性,由无异味变为产生腥臭味,由红色变为暗红色。这种变化的速度与温度有关,温度越低,变化越慢;温度越高,变化越快[①]。处于自溶阶段的肉品尚可食用,但其品质已大大降低,一旦被微生物污染,很容易发生腐败现象。

(二)外在理化因素

1.温度

温度是影响烹饪原料储存性能的重要因素。温度过高,可加速动植物原料的呼吸作用、后熟作用及发芽抽薹等生理生化反应,还可以促进微生物的繁殖和生长,加剧原料水分蒸发,使其品质发生改变。控制低温可抑制微生物和酶的活性,有效保持原料的固有品质,但温度过低,会使新鲜水果、蔬菜冻伤,引起腐烂变质。

2.湿度

湿度是影响原料品质的重要因素。环境湿度过低,可使含水量大的原料发

---

① 王向阳.烹饪原料学[M].北京:高等教育出版社,2009:44-45.

生水分蒸发,干枯蔫萎。湿度过高,不仅会增加原料水分,而且还会随着水气的凝集将空气中的大量腐败微生物带入原料,使原料变质。空气湿度过高,还可使原料发生受潮、溶化与干缩结块等变化。如木耳、香菇等干货原料受潮会变质,面粉、食糖等原料受潮易结块①。

3.日光与空气

日光的照射会使原料中的油脂加速酸败分解,使部分原料发生变色反应,引起部分谷物、蔬菜因温度升高而发芽。空气中的腐败微生物会随着空气的流动污染原料,引起原料气味的变化。如蔬菜、豆制品等放入腥臭味浓烈的贮藏间,易发生串味现象。

4.有毒化学物质

影响烹饪原料储存的化学因素主要是指环境中引起食物腐败变质的有毒、有害化学物质,如氧化剂、重金属盐、高浓度的酸和碱等。被有毒、有害化学物质污染后的原料不能食用。

(三)微生物作用

1.腐败

食物腐败多发生在富含蛋白质的原料中,如肉类、蛋类、鱼类、豆制品等。这些原料中的蛋白质经微生物的分解,会产生大量的胺类及硫化氢等,出现胺臭味,以至于失去食用价值。如肉类腐败后会出现发黏、变色、气味改变等变化,有些还会生成有毒物质。

2.霉变

霉变是霉菌在原料中大量繁殖的结果,多发生在含糖量较高的原料中,如粮食、水果、淀粉制品等。由于霉菌能分泌大量的糖酶,故能分解原料中的糖类,使原料出现霉斑,原料的组织变得松软,产生异样的酸味或其他气味,使原料的品质下降,甚至失去食用价值。

3.发酵

发酵是微生物在无氧的情况下,利用酶分解原料中的单糖的过程,其分解的产物中常有酒精和乳酸等。如水果、蔬菜等发酵后产生不正常的酒味,鲜奶、奶酪等发酵则会凝固,产生令人讨厌的气味。

① 邵建华,焦正福.中式烹调师(中级)[M].上海:上海科学普及出版社,1999:18-19.

二、膳食原料的储存方法

在托幼园所及幼儿家庭,通常是根据原料的贮藏性能来确定适宜的储存方法。

(一)低温储存法

低温储存法是指利用低温环境抑制微生物生长,降低烹饪原料自身酶的活性,阻止生化反应速度,达到延长食用期限的目的。此方法有冷却储存和冷冻储存之分。前者将原料置于 0~10℃尚不结冰的环境中储存,主要适合于蔬菜、水果、鲜蛋和牛奶等贮藏及鲜肉、鲜鱼的短时间储存。后者将原料置于冰点以下的低温中进行储存,主要适于肉类、禽类、鱼鲜等原料的储存[①]。

(二)高温储存法

高温储存方法是指利用高温杀灭烹饪原料中的微生物,破坏其酶类,达到延长食用期限的目的。此方法根据加热温度的高低可细分为高温杀菌法和巴氏消毒法两种。前者利用高温加热(温度为 100~121℃)杀灭原料中的微生物,从而达到储存效果,主要适用于鱼类、肉类和部分蔬菜的储存。后者在 60℃下加热 30 分钟即可杀死有害微生物,主要适用于啤酒、鲜奶、果汁等不耐热原料的杀菌储存。

(三)脱水储存法

脱水储存方法是将烹饪原料中的大部分水分去掉,使微生物不能繁殖,自身酶活性受到抑制,从而达到延长食用期限的目的。此方法通常采用日晒、风干、烘烤等手法将原料中的水分脱去。脱水后的原料应存放在通风干燥处,以免吸湿回软,出现霉变。

(四)腌渍储存法

腌渍储存方法包括盐腌储存和糖渍储存两种方法。盐腌储存是在烹饪原料中加入食盐来提高渗透压,以达到延长食用期限的目的。如咸鱼、腊肉等。糖渍储存是在烹饪原料中加入食糖来提高渗透压,以达到延长食用期限的目

① 赵廉.烹饪原料学[M].北京:中国纺织出版社,2008:51—54.

的。此方法多用于果蔬、瓜类、果酱等的储存①。

（五）气调储存法

气调储存方法是通过改变原料储存环境中的气体组成成分而达到储存原料的目的。此法多用于水果、蔬菜、粮食的储存。幼儿家中常用塑料薄膜袋对原料进行密封,利用原料的呼吸作用来自动调节袋中氧气和二氧化碳的比例,从而实现储存目的。

---

① 霍力.烹饪原料学[M].北京:科学出版社,2008:15-16.

第四章　幼儿膳食菜品调制

在餐饮行业里,人们常把烹调加工的饮食品称作菜品。菜品是手工食品的通称,常有菜肴(主料为禽畜、鱼鲜、蛋奶或蔬果)与面点(主料为米、面、豆、薯)之分。

菜肴属于菜品之主体,常由冷菜和热菜所构成。冷菜,又称凉菜,其最大特色是久放不失其形,冷吃不变其味。热菜,是幼儿膳食的主要供餐形式,常有热荤(主料为动物性原料)、素菜(主料为植物性原料)和汤羹(菜品汤汁多于原料)之区分,其最大特色为香醇适口,一热三鲜。

面点,即面食点心。学生餐厅或幼儿家庭所供应的面食点心特色十分鲜明:一是用料大多单一,菜式品种基本固定;二是工艺简便,成本低廉,常与菜肴配套使用。

作为每餐必备的日常膳饮,幼儿膳食通常由托幼园所的厨务人员或幼儿家人负责调制。为使调制出的膳食菜品品质优良、大方时尚,本章将结合幼儿常供菜品实例,分别对凉菜类、热荤类、素菜类、汤羹类及面点类膳食菜品的调制技法和操作要领加以阐述。

第一节　幼儿凉菜类膳食调制

凉菜类膳食,是指运用热制冷吃或冷制冷吃等技法制成的各式膳食菜品的总称。调制此类膳食菜品,熟悉其烹制技法,把握其操作要领,是确保制品品质的关键要素。

一、凉菜类膳食的主要烹调技法

根据烹饪原料在制作过程中是否加热,幼儿凉菜类膳食的制作技法可分为

冷制冷吃法(如拌、腌)和热制冷吃法(如卤、冻)两大类,现就其主要烹调技法概述如下:

(一)拌

拌是指将经过初步整理的烹饪原料加工成丝、条、片、丁等细小形态,再加入适当的调味品,调制拌和成冷菜的一种烹调方法。拌制的凉菜多数现吃现拌,也有的先用精盐或食糖码味,拌时挤出汁水,再调拌供食。

拌是冷菜烹调中应用最广的一种烹制技法,根据食材生熟不同,有生拌(如脆皮黄瓜)、熟拌(如蒜泥白肉)和生熟混拌(如香菜拌牛肉)之区分。拌制菜品的成菜特点是香气浓郁,鲜醇不腻,脆嫩柔韧,清爽利口[①]。

拌的操作要领体现为 4 个方面:一是选择鲜嫩脆爽的动植物原料,加工成片、丁、丝、条等细小刀口,或者剞以花刀,以便充分入味。二是调味要精准合理,即根据复合味的标准,综合利用各种调味料,先确立凉拌菜的味汁,再进行拌制(淋味或蘸味),使复合味的风味特色得以完美体现。三是合理掌控原料的生熟程度。部分生拌的原料,只需腌制拌匀即可,不宜反复搅拌;熟拌的原料,其火候的控制应恰到好处,以确保制品的质地。四是注意饮食卫生。冷热分开,生熟分开;现吃现拌,不宜久放。

(二)炝

炝是指将加工成型的小型原料,用沸水焯烫或用油滑透,趁热加入花椒油、香油、胡椒粉为主的调味品调拌均匀成菜的烹调方法。适用于芹菜、毛豆等蔬菜,虾仁、鱼肉等水产,以及鲜嫩的畜禽类原料,如猪腰、鸭肫等。

根据炝前熟处理方法的不同,炝制工艺可分为滑炝(如油炝虾仁)、焯炝(如海米炝芹菜)和生炝(如乳汁炝虾)3 种。炝制的菜肴一般具有鲜嫩味醇、清爽利口、色泽鲜艳、风味清新等特点,在幼儿膳食中应用较广泛。

炝的操作要领主要表现为 5 方面:一是所用食材应选择新鲜、脆嫩、符合卫生标准的原料。二是原料在加工时,要整齐均匀,大小一致,便于成熟。三是合理掌控火候,断生即可,以保持制品的脆嫩质感。四是特殊炝所用的调味品,以香醋、蒜泥、姜末、白酒等具有杀菌消毒功能的调味品为主。五是菜肴经炝制拌

---

① 冯玉珠.烹调工艺学[M].北京:中国轻工业出版社,2007:201-203.

味后,应待渗透入味后,才能装盘①。

(三)腌

腌是指以食盐为主要调味品,辅以白糖、大蒜或五香料等调料,经揉搓擦抹或浸渍原料,静置以排出原料内部水分,使调味汁渗透入味成菜的制作方法。作为一种独立的烹调技法,腌有盐腌、酱腌、醉腌、糟腌等具体方法,可将黄瓜、莴笋、萝卜、莲藕、虾、蟹、鸡或鸭等原料一次性加工成菜。其成品(如酸辣莴笋、糖醋萝卜、红糟仔鸡、菊花鸭胗等),具有色泽美观、适于储存、醇香味浓、味透肌里、嫩脆爽滑或柔韧适口等特点。

腌的操作要领主要表现为 4 方面:一是腌制含水量少的原料时要加水腌(盐水腌渍法),以便入味;腌制含水量多的原料可以直接用干盐擦抹。二是蔬菜类原料一般是生料直接与调味品的味汁腌制成菜;动物性原料一般要经过熟处理至刚熟,再与调制的味汁腌制成菜。三是原料腌制的时间应根据季节、气候、原料质地及形体大小而确定。四是动物性原料腌制之前要用清水浸漂,以除去部分咸味或异味;蔬菜类原料则要挤去水分以后再制作。

(四)卤

卤是指将经过加工整理或初步熟处理的原料,先投入到事先调制好的卤汁中缓缓加热至成熟,再出锅冷却成菜,赋予其鲜香味浓、酥嫩适口等特色的一种烹调方法。

卤有红卤与白卤之分,适于新鲜的禽类、畜类、蛋类及豆制品等,其制品(如红卤鸡、盐水鸭、卤鸡蛋、卤鸭舌、香卤鸭掌、五香牛肉等),大多具有色泽美观、味鲜醇厚、软熟油润等特点。

卤的主要操作要领是:制作卤菜的原料在正式卤制之前通常要经过焯水或过油等熟处理。卤制时应根据质地的老嫩和成品要求,合理掌控火候。不同原料如同锅卤制,应区分投料次序,注意卤制时间,尽可能做到"七分卤,三分泡"。卤好的成品离火浸在原卤中,让其自然冷却,即吃即取,可最大限度地保持成品的鲜嫩和滋味。老卤的使用,应注意加热存放,并定期清理,勿使残渣聚集形成沉淀。

---

① 邵万宽.烹调工艺学[M].北京:旅游教育出版社,2013:238-240.

（五）酱

酱是指将经过腌制或焯水的半成品原料,放入预先调好的酱汤锅内,旺火烧沸,改用小火长时间加热至成熟入味,再冷却成菜的一种烹制方法[1]。酱制的食品色泽酱红、香气浓郁、质感酥烂、鲜咸味厚、肥而不腻、瘦而不柴。其代表菜品有酱猪肘、酱板鸭、酱牛肉、酱仔鸡等。

酱菜的制作要领主要表现为4方面:其一,禽类、畜肉等动物性原料在酱制之前,应根据需要进行焯水、过油或腌制处理。其二,酱汁的配制要掌握好香料、酱油、白糖的用料比例。香料太少,香味不足;香料过多,药味浓重。酱油过多,酱菜发黑,味道偏咸;酱油太少,则酱香风味不够突出。其三,酱制过程中,先用旺火加热至沸腾,再用小火保持微沸,原料要上下翻动,使色泽均匀,成熟一致。其四,酱制品成熟入味后,可将酱汁收浓淋在酱制成品上,或将酱制品浸泡在酱汁中。

（六）冻

冻是指利用胶质溶胶的胶凝化作用,将烹制成熟的原料与富含胶质的汤汁冻结在一起的一种烹调技法。冻的技法较为特殊,冻制的菜肴晶莹透明、外形美观、软韧鲜醇、清凉爽口。其代表菜品有水晶鸭掌、什锦果冻、水晶虾仁、冻鸡、冻鱼等。

冻的操作要领主要表现为:第一,冻制菜肴应选择鲜嫩无骨、无血腥、无异味的原料。第二,冻制菜肴大多直接利用原料所富含的胶质,经较长时间加热水解后,再冷却凝结成菜。第三,制作冻汁的猪肉皮、琼脂和水的比例要恰当。胶质太稀,结冻不易成型;胶质太稠,成品口感发腻。第四,冻菜口味以清淡不腻为主[2]。

二、凉菜类膳食菜品制作要领

在幼儿常供膳食中,凉菜类菜品远不及热菜(含热荤、素菜、汤菜)和主食应用广泛;但为丰富幼儿膳食品种,提升幼儿进餐食欲,适时(如夏秋时节)配用一些特色凉菜,可兼顾冷热菜式的合理调配,提升幼儿对膳食菜品的满意度。

---

① 周晓燕.烹调工艺学[M].北京:中国纺织出版社,2008:289-290.

② 邵建华,焦正福.中式烹调师(中级)[M].上海:上海科学普及出版社,1999:146-147.

为提升幼儿凉菜类膳食菜品的风味品质,现摘其常供产品数例,对其制作要领进行专门介绍与分析。

凉菜例1:凉拌毛豆

本品以色泽嫩绿、毛茸齐整的鲜嫩毛豆(连荚的黄豆)为主料,先焯水投凉,再调制综合味汁,拌匀即成。成菜色泽淡绿、鲜香微辣、脆嫩爽口,是夏秋两季幼儿喜食的常供凉菜。

制作要领:

①本菜宜选清秀饱满、产自夏秋两季的鲜嫩毛豆。

②毛豆宜浸泡清洗,剪去两端的荚角,以便于入味,便于食用。

③毛豆下沸水锅焯水约3分钟捞起,使用凉开水投凉。沸水锅的水量要宽,可加入适量食盐和色拉油。

④毛豆焯水以断生为度,时间过长,则豆米烂而不爽;时间过短,则夹生半熟。

⑤综合味汁的调制方法:取花椒粒、干红椒用滚油炝香,淋入盛放蒜茸、姜米的小碗中,加食盐、白糖、生抽、鲜汤、香醋、葱花、麻油拌匀即成。

⑥保持色泽嫩绿的措施:一是选用鲜嫩食材;二是控制焯水时间;三是适时投凉,低温散开存放;四是食用之前加醋;五是现烹现吃,避免存放时间过长。

⑦本品食之有味,食时有趣。新鲜毛豆富含卵磷脂和钙、铁等营养素,经常食用可改善脂肪代谢,有效降低血压和胆固醇;可改善幼儿大脑发育,补充儿童铁和钙的吸收。

凉菜例2:香菜拌牛肉

牛腱子肉切大块用清水反复浸漂,用生抽、料酒、花椒盐等长时间腌制后,再入卤锅小火长时间卤至酥烂入味,晾凉后切片调味,拌以香菜即成。成菜色泽红褐油润,质地干实致密,鲜香味透肌里,回味醇厚隽永。

制作要领:

①牛腱子肉去除表面筋膜,改切大块,既有利于快速卤制成熟,又便于卤制品成型。

②牛腱子肉适于与牛骨、猪蹄等鲜香物质含量丰富的原料一同卤制,量越大,卤制品的鲜香味越浓。

③牛腱子肉卤制之前宜用清水反复浸漂,腌制约 10 小时后,放入卤锅卤制,亦可漂洗后焯水投凉,除去血污,放置几小时后,再入卤锅卤制。

④卤水配方:骨汤 5000 克、生抽 300 克、冰糖 200 克、料酒 100 克、八角 50 克、桂皮 30 克、甘草 50 克、丁香 20 克、草果 30 克、沙姜 30 克、葱结 100 克、花椒 30 克、干红尖椒 50 克、罗汉果 3 只、红曲米 60 克、食盐 30 克、味精 20 克。

⑤卤制牛肉宜用小火加热,适时撇去血沫,卤至牛肉完全成熟(插入筷子尝试)后,离火用卤水浸泡 5~8 小时。

⑥卤牛肉晾透后,顺纹理改刀,垂直纹理切片,加香醋、白糖、生抽、蒜茸及卤汁拌制,辅以香菜,淋以香油即成。

⑦卤牛肉的老卤要妥善保存,不可兑入生水,不可触碰污物,不可高温下久放,适时清除锅底碎骨碎渣,适时煮沸存放,以防卤水变质①。

凉菜例 3:皮蛋拌豆腐

本品将内脂豆腐切块、焯水,与松花皮蛋一同拌制综合味汁即成。成菜豆腐白嫩细腻,皮蛋晶莹滑爽,滋味鲜香微辣,外形整齐美观。

制作要领:

①水嫩豆腐切小块焯水,用凉开水投凉,可去除豆腥味,同时便于入味、便于成型、便于食用。

②将菜刀沾凉开水(或食油)后切皮蛋,有利于形整不烂。

③调味时,宜取干红椒用滚油炸至深红,下蒜泥、姜米炝香,一同淋在豆腐和皮蛋上,加食盐、白糖、生抽、鲜汤、香醋拌匀,撒上葱花、淋以麻油即成。

④菜肴的口味调理应突出本味,可加肉松、香菜、蒜泥等提鲜增香。蒜泥一方面可以提味,另一方面也可以杀菌。

⑤本品工艺简捷、成本低廉、荤素互补、营养丰富,具有清热、润燥、益气、解毒等食疗功效。

⑥调制皮蛋拌豆腐应特别注意饮食卫生。豆腐存放时间过长,制品会发酸发黏。皮蛋质量低劣,不但风味不佳,还会损伤幼儿脾胃。

凉菜例 4:香糟带鱼

新鲜带鱼初加工后去刺,改切成段,腌渍码味,下入七成热的油锅中炸酥,

---

① 潘东潮,魏峰.中华年节食观[M].武汉:湖北科学技术出版社,2012:2-5.

冷却后晾凉,放入香糟卤水中浸泡约4小时出锅装盘即成。本品色泽红亮、鱼肉酥嫩、咸鲜回甜、糟香浓郁。

制作要领:

①主料宜选成色一致的新鲜带鱼,每条带鱼400克左右为佳。带鱼太小,不利于去刺,不便于幼儿食用。

②初加工时,应刮去带鱼表面银色细膜,去头尾、内脏、腹内黑膜,取中段使用。

③带鱼中段去刺应防止鱼肉散碎,去刺后的鱼肉改切成段,宜用食盐、香醋、料酒、葱结、姜片腌渍30分钟。

④香糟卤水配方:香糟卤1000克、生抽200克、白糖500克、美极鲜100克、味精100克、姜块100克、葱结200克、水1500克、香料袋(八角、桂皮、丁香、香叶、草果、甘草等配成)1只。

⑤腌渍的带鱼段拍匀生粉,用七成热的油温炸酥,冷却后放入熬好的香糟卤水中浸约4小时。

⑥带鱼肉质肥嫩细腻鲜美,味甘、性温,具有暖胃、补虚、泽肤、补钙等功效,其油脂中含有多种不饱和脂肪酸,能有效降低血液中胆固醇的含量。

凉菜例5:水晶肴蹄

取猪前蹄膀治净、去骨、腌制,入香料锅中小火加热至肉酥汁浓,取出置入盆中,注入加工处理的汤卤,放阴凉处冷却凝冻即成。成菜肉色鲜红、皮色晶莹、瘦肉香酥、肥肉不腻、清醇鲜香、油润滑爽。

制作要领:

①猪前蹄膀刮洗干净,逐只剖开,剔骨,用铁杆在瘦肉上戳一些小孔。

②腌制蹄膀时,先用食盐揉匀,再用冷水浸泡,以除净污物,去掉涩味。

③卤煮蹄膀的用料配方:清水5000克、粗盐400克、葱姜袋1只、香料袋(八角、桂皮、丁香、花椒等)1只。

④卤煮:微火加热约4小时,汤汁保持微沸状态。卤时蹄皮朝上,逐层相叠,整齐排列,重物压实,中途上下换动,令其成熟一致。

⑤汤卤加工处理:汤卤烧沸,撇去浮油,添清水250克烧沸,再撇去浮油即可。

⑥汤卤舀入蹄盆，要淹满肉面，放阴凉处冷却凝冻。天气热时，凉透后放入冰箱凝冻。

⑦肴蹄改刀装盘，要排列整齐，食时佐以姜丝、香醋，风味更佳。

凉菜例6：蒜茸拌三丝

莴苣切丝腌制，红椒切丝焯水，卤猪耳焯水切丝。三丝拼配，拌以蒜茸味汁即成。成菜碧绿、黄亮、金红三色相映，清新亮丽；口味咸鲜微辣，蒜香浓郁；质感脆嫩爽口，深受幼儿青睐。

制作要领：

①莴苣宜选外形完整、颜色翠绿、质感脆嫩的上品。红椒宜选色泽鲜红、成色一致的甜菜椒。卤猪耳选用色泽黄亮的卤制品。

②莴苣、猪耳、红椒全都切成规格相近的二粗丝（长约7cm），用量比例为4：2：1。

③莴苣撒梅花盐腌制15分钟后，挤干水分。红椒以水油沸水锅焯水，断生为度，不宜长时间加热。

④卤猪耳焯水投凉，取用耳尖和耳中部，切成整齐划一的猪耳丝。

⑤蒜茸宜用滚油冲香，兑入鲜汤、白糖、生抽、香醋、葱油和芝麻油，调成蒜茸味汁。

⑥本菜现拌现吃，不宜长时间存放。香醋和芝麻油可临近食用时加入。

凉菜例7：姜汁菠菜

本品以鲜嫩菠菜为主料，先焯水投凉，控干水分，再用姜汁（综合味汁）拌制而成。成菜色泽翠绿光洁，鲜甜微有酸辣，姜汁味浓，爽口助餐[①]。

制作要领：

①取新鲜嫩绿的整棵菠菜，摘除老叶，保留根部，先浸后漂，清洗干净。

②姜汁综合味汁调制：净生姜100克捣烂取汁，加精盐4克、热油辣椒30克、味精6克、生抽30克、白糖20克、香醋20克、芝麻油10克、鲜汤20克，拌匀即成。

③沸水锅内加入葱结、姜块、食盐和色拉油，下菠菜焯水至断生为度，立即用凉开水投凉，摊开低温放置。

---

① 王子辉.中国菜肴大典（素菜卷）[M].青岛：青岛出版社，1997：549-550.

④保持菠菜翠绿和脆爽的关键是焯水时间不宜过长,断生为度;凉开水投凉后低温摊开存放,温度在30℃以下;拌综合味汁后应尽快食用,不宜长时间存放;临食时加入食醋,以防变色。

⑤菠菜含草酸较多,与含钙丰富的食物(如豆腐)共食,易形成草酸钙。如焯水食用,既可除去苦涩味,又可减少草酸钙的形成。

凉菜例8:白斩鸡

本菜以三黄嫩鸡为原料,经白煮后剔骨切块,浇综合味汁即成。成菜色白清丽,鲜香味醇,皮酥肉嫩,食之爽口①。

制作要领:

①本菜宜选重约1000克的三黄嫩鸡,加工洗净后,沥干水分。

②综合味汁调制:姜末5克、蒜茸10克,用滚油15克冲香,加精盐5克、味精1克、鲜汤10克、香醋10克、芝麻油5克拌匀即成。

③三黄嫩鸡入沸水锅中稍烫、提起,连续烫过几次,再入汤锅煮约20分钟翻身,再煮10分钟至鸡浮起水面。煮时水量宜宽,小火加热,不断以水浇淋鸡身,随时撇去泡沫。煮至断生,趁热入冰水浸泡,使表皮脆爽。

④白煮鸡的最大特点是煮时不加盐,煮后较长时间焐制,以确保鸡肉鲜嫩。

⑤母鸡从汤锅中取出后,用白净布抹干水分,全身抹匀芝麻油,以防干裂。

⑥整鸡剔除胸骨、脊骨等(熬汤另用),将鸡肉切长条块,整齐摆入餐盘中,淋以综合味汁。

⑦白切鸡肉质细嫩,滋味鲜香,但煮时一定要加热至熟透,否则易感染劳氏肉瘤病毒和EB病毒等。特别是臀尖、翅尖等淋巴集中的部位,不宜让幼儿食用。

凉菜例9:海米炝香芹

本菜以香芹为主料,配以蒸透的海米,调制综合味汁,经焯水炝拌而成。成菜色泽油绿光泽,质地嫩脆爽口,滋味鲜咸香醇,条形齐整不乱。

制作要领:

①本菜宜选淡干无盐的正宗金勾海米。水泡、清洗、上笼蒸透,切成粒状。

②鲜嫩芹菜择去根、叶,洗净,沸水锅中焯水,凉开水投凉。

---

① 王子辉.中国菜肴大典(禽鸟虫蛋卷)[M].青岛:青岛出版社,1995:286-287.

③芹菜焯水后切成规格一致的芹菜段,既整齐美观,又减少营养损失,但必须注意清洁卫生。

④蒜茸、姜米用滚花生油炝香,加精盐、味精、白糖、海米、蒸汁、生抽、香醋、芝麻油拌匀成综合味汁。

⑤芹菜焯水以断生为度,时间过长,会失去脆爽的质感,嫩绿的色泽也会受到影响。海米必须泡洗干净、蒸透,蒸汁用来拌制芹菜。

⑥芹菜焯水、拌味之后不宜久放,以现吃现拌为最佳。

凉菜例 10:蜜汁红枣

干红枣涨发,去核,加白糖、蜂蜜和清水用小火熬煮至糖水浓缩成糖浆,出锅装盘,晾凉即可。成菜色泽鲜红光亮,外形饱满齐整,滋味香甜不腻,质感柔滑软润。

制作要领:

①红枣是我国特产,南北地区皆有栽种,素有"木本粮食"之称。本菜宜选色正质优、规格一致的地方名品,如山东金丝小枣、河南灵宝圆枣、山西相枣、陕西晋枣。

②本菜适于小批量生产,每1000克干红枣,配用白糖300克,蜂蜜200克。

③红枣加白糖和清水宜用小火煮至糖水浓缩,形成糖浆。如果旺火加热,会使水分蒸发过快,产生焦煳现象,影响菜品色泽和口味。

④待红枣加热至熟透时加入蜂蜜。因为,蜂蜜适于60℃~70℃温度加热,如果长时间煮沸,会使风味物质分解,影响菜品色泽和滋味。

⑤红枣营养价值较高,民间自古就有"一日食三枣,终生不显老"的说法。

⑥本品对小儿便秘、贫血具有显著疗效。患有热症、湿痰、积滞、齿痛的幼儿不宜过量食用。

第二节　幼儿热荤类膳食调制

热荤类膳食,是指幼儿膳食中以动物性原料为主料,运用烧、焖、炒、炸、蒸、熘等技法制成的汤汁较少或没有汤汁的各式热菜的总称。此类膳食经常充当中餐和晚餐(正餐)的主菜,生产成本较高,其烹调技法及操作要领值得幼儿膳食制作者潜心研究与灵活掌握。

一、热荤类膳食的主要烹调技法

根据热传递方式的不同,适于热菜(含热荤、素菜及汤菜)制作的烹制技法可细分为以水传热的烹制技法,如烧、焖、扒、烩、煨、煮、炖、汆、涮等;以油导热的烹制技法,如炸、炒、爆、熘、烹、煎、贴、塌、油浸、油淋等;以水蒸气、干热空气或其他介质传热的烹制技法,如蒸、烤、盐焗、石烹、铁板烹、拔丝等。

为更好地揭示幼儿膳食菜品的调制要领,这里分类阐述热菜的主要烹调技法,将烧、焖、蒸、熘、爆、烤等技法安排在热荤类膳食调制中加以概述,将炒、炸、烩、煎等技法安排在素菜类膳食调制中加以介绍,将煨、煮、炖、汆、涮等技法安排在汤羹类膳食调制中加以总结。其实,热荤与素菜的制作技法并无严格界限,只有汤羹类膳食的烹制技法相对独立。

(一)烧

烧是指将经过初步熟处理的原料,加入适量调味品和汤(水),用旺火烧沸,改中、小火烧透入味,再用旺火(或勾芡)收汁成菜的烹调方法[①]。烧是幼儿膳食中应用最广的烹调技法,适于烹制各种类别的烹饪原料。根据操作手法和成菜特色的不同,烧有红烧、白烧、干烧、酱烧、葱烧之分。红烧的菜品,如红烧肉、红烧鳝桥,色泽红润、汁浓味醇、细嫩熟软、明油亮芡。白烧的菜品,如鸡汁烧鱿鱼、金钩烧冬笋,色白素雅、明亮光洁、咸鲜味醇、质地柔嫩。干烧的菜品,如干烧岩鲤、干烧牛筋,色泽金红、咸辣微甜或咸鲜香辣、口感浓郁、汁紧油多。酱烧菜色泽金红,酱香味浓,葱烧菜用葱量大,葱香浓郁,代表菜品分别为酱烧茄子、葱烧海参等。

制作烧菜,要掌握好原料质地、添水量、烧制时间、火力大小与菜肴质感之间的相互作用。切忌使用增加汤汁、加大火力的方法来缩短烧制时间。红烧的菜肴要一次性加入汤汁,收汁前要合理调剂汤汁用量,以免汁干粘锅。白烧的菜肴宜选色泽鲜艳、质地细嫩、滋味鲜美、易于成熟的原料,使用奶汤烧制,勾芡宜薄,使其色白淡雅,清爽悦目。干烧的菜肴要掌握好调味料的合理投放,收汁

---

① 国内贸易部饮食服务业管理司.烹调工艺[M].北京:中国商业出版社,1994:206-207.

应在基本符合成菜要求时收自然芡。

（二）焖

焖是指将经过初步熟处理的原料加汤水及调味料后加盖,先用旺火烧开,再用小火长时间加热至酥烂入味,最终收汁成菜的一种烹调方法。焖多用于胶原蛋白含量丰富、质地较为紧实的动植物原料,如牛肉、猪蹄、鸡、鸭、甲鱼、冬笋、茭白、莴笋等,主要有红焖、黄焖和酒焖等类型。红焖菜肴色泽金红,汁浓味醇,质地酥烂,如红焖牛尾、红焖羊肉。黄焖菜肴色泽浅黄,酥嫩味醇,如黄焖肉圆、黄焖鸡块。酒焖菜肴色泽红亮或金黄,酒香浓郁,酥烂入味,如啤酒鸭等。

焖菜的操作要领主要表现为:第一,焖菜的原料一般要经过走红或走油等初步熟处理,注意掌握上色的深浅及保色的效果。第二,焖菜加热时间较长,焖时盖严锅盖,尽量减少揭开锅盖的次数,以保证菜肴的色、香、质和味。第三,焖菜的汤汁要一次性加准,添汤量以淹没原料为宜,经较长时间加热,成菜时汤汁要浓,口味要醇。第四,在口味调理上,黄焖以醇厚香鲜的咸鲜味为主,红焖以浓厚微辣的家常味为主,油焖以清香、鲜美的咸鲜味为主[①]。

（三）蒸

蒸是指以水蒸气为传热导体,将经过初步加工和调味处理的原料加热至成熟或酥烂入味的一种烹调技法。蒸法在幼儿膳食调制中应用极广,主要有清蒸（如清蒸鲩鱼）、粉蒸（如粉蒸排骨）和干蒸（如干蒸全鸡）等类别。清蒸的菜肴一般不用有色调料,不经挂糊、上浆或煎炸处理,直接蒸制成菜。成品具有本色本味、汤清汁醇、清淡爽口的特点。粉蒸的菜肴需将原料加工成片状或块状,先腌渍码味,再拌上熟米粉,最后入笼蒸制成菜。成品具有软糯滋润、醇香浓厚、油而不腻的特点。干蒸的菜肴必须预先腌渍码味,不必添加汤汁,直接蒸制成菜。其制品香气浓郁,形态完整,质感鲜嫩或软熟。

蒸菜的操作要领主要表现在三方面:一是适于蒸制的食材以动物性原料为主,各种原料必须新鲜。二是质地较嫩的原料适于旺火沸水速蒸,以鲜嫩断生为度;质地老、体形大的原料适于旺火沸水长时间蒸,直至原料酥烂为止;部分花色菜肴需经中小火沸水徐徐蒸,以保持其色形美观。三是多种菜肴同时蒸制

①　冯玉珠.烹调工艺学［M］.北京:中国轻工业出版社,2007:178-179.

时,有汤汁的放在下层,干蒸的菜肴放在上层;有色的放在下格,无色的放在上格;不易成熟的放在上面,易于成熟的放在下面。

（四）熘

熘是指先将初加工的菜肴原料油炸、滑油或蒸煮至成熟,再沾裹或浇淋卤汁的一种烹调方法。根据原料成熟方式的不同,熘可分为脆熘、滑熘和软熘三类。脆熘又称焦熘,先将加工成型的小型生料用调味品拌腌,再挂水粉糊,放入油锅中炸至焦脆,最后淋上卤汁或投入卤汁中翻拌成菜。例如糖醋咕噜肉,酥脆甜酸,外酥内嫩。滑熘,是指先将小型无骨原料腌渍上浆,再滑油至熟,最后与熘汁一起翻拌成菜。例如滑熘鱼片,滑嫩鲜香,清淡味醇。软熘则是先将鲜嫩原料蒸或煮至刚熟取出,再淋以卤汁成菜。例如西湖醋鱼,鲜嫩滑软,汁宽味美。

熘菜的操作要领有三:一是熘菜质感多样,有的滑软,有的鲜嫩,有的外焦内嫩,其操作技法要因料而异。二是熘菜汁宽芡亮,必须合理掌控芡的浓度。三是熘制大型原料,需要剞以花刀,先用调味料腌渍码味[①]。

（五）爆

爆是指将无骨的脆性原料以油作为主要导热体,在旺火高油温中快速烹调成菜的一种烹调方法。爆有油爆（如油爆双脆）、芫爆（如芫爆鱿鱼丝）和酱爆（酱爆海鲜）之分,主要适用于脆性、韧性较强的原料,如猪肚尖、鸡肫、鸭肫、鱿鱼、墨鱼、猪腰等,成菜脆嫩爽口,芡汁紧包原料,有"见油不见芡"之评述。

爆菜的操作要领有三:一是选用质嫩脆爽的小型原料,急火热油快速烹调,确保制品质地。二是原料大多经过花刀处理,以便快速成菜,充分入味。三是提前调制综合味汁,注意调味品的用量比例。

（六）烤

烤是指将烹饪原料腌渍入味后,利用柴、炭、煤等的辐射热能或电能及远红外线的辐射热,直接将原料加热成熟的一种烹调方法。烤的加热形式是将已经调味的原料直接放在明火上烤或放进烤箱里烤,根据烤炉设备及操作方法的不同,烤可分为暗炉烤和明炉烤两类。前者使用封闭型的烤炉烤制,如北京烤鸭、

---

① 邵万宽.烹调工艺学[M].北京:旅游教育出版社,2013:300-301.

烤叉烧肉等;后者是将原料放在敞口的火炉或火盆上烤,如烤羊肉串、烤乳猪等。烤制的菜肴具有外表香脆,内部肥嫩,肉质紧实,越嚼越香等特点。

为激发幼儿的进餐食欲,确保膳食制品质量,供应幼儿膳食时,可适时安排少量的烤制食品,灵活掌握其操作要领:第一,烤制的原料大多要腌渍码味,其底味不宜过咸。第二,烹饪原料经火烤后颜色容易变深,故原料调味时要慎用酱油和食糖等。第三,使用暗炉烤制时,要掌握好火候,烤前应将烤炉烧热。第四,烹饪原料在烤制过程中注意经常变换原料的位置,使之受热均匀。第五,明炉烤的火候掌控应因原料而异,烤至外表焦脆里边正好成熟为度。

二、热荤类膳食菜品制作要领探析

在幼儿日常饮食中,热荤类菜品规格档次较高,工艺难度较大,菜式品类丰繁,应用极为广泛。为确保幼儿膳食菜品品质,揭示其调配制作规律,现摘选常供热荤类膳食菜品数例,对其制作要领进行专门介绍与分析。

热荤例 1:板栗焖仔鸡

本菜以仔公鸡为主料,配以新上市的板栗,黄焖而成。成菜色泽黄亮光泽,滋味鲜香醇浓,鸡肉酥嫩适口,板栗绵糯粉润,适于秋冬季节食用①。

制作要领:

①主料宜选江汉平原上的土仔鸡,重约 1000 克,其他地区的三黄鸡亦可。仔公鸡最好,仔母鸡次之,杂交鸡更次,肉用鸡不适合制作本菜。

②板栗以中国板栗之乡——湖北罗田县当年出产者为最佳,既粉糯而又香甜。板栗去壳的方法是:先用刀根轻砍十字形,再放沸水锅中煮约 3 分钟,最后用冷水投凉;也可使用专门的器械去壳。

③仔鸡宰杀治净,剁成 4 厘米见方的块,清洗滤干,置旺火滚油锅中炒约 4 分钟,可去毛腥味,有利于鲜香风味形成。如不作炒炸处理,直接水煮,则其鲜香风味难以呈现。

④本菜注重投料顺序。仔鸡肉块炒香后加水烧沸,先焖约 30 分钟至鸡肉松软,再下板栗及味料,继续以小火焖约 10 分钟至板栗粉糯,最后勾芡收汁即成。

---

① 王子辉.中国菜肴大典(禽鸟虫蛋卷)[M].青岛:青岛出版社,1995:297-298.

⑤一次性清水加足。通常情况下,以水淹没鸡块,并高出 2~3 厘米为佳。

⑥火候特点:先旺火爆炒鸡块,加清水旺火烧沸,再改小火较长时间加热,最后以旺火勾芡收汁。

⑦本品具有补虚、健脾、强筋、活血等功效,特别适合体质虚弱及营养不良的幼儿食用,食时防止碎骨伤喉。

热荤例 2:黄焖肉圆

本菜取猪前夹肉剁成米粒状肉茸,取青鱼(或草鱼)肉绞制鱼茸,分别加入精盐、水淀粉和葱姜汁拌和成肉茸和鱼胶。肉茸和鱼胶拌匀后加荸荠丁、姜米、鸡蛋调和成糊,挤成肉圆,入油锅炸制定型。取肉圆配以水发木耳及黄花菜,黄焖而成。成菜色泽黄亮,圆润饱满,肉圆泡酥柔润而富弹性,滋味咸鲜香郁而带微甜。

制作要领:

①主料以猪夹心肉(位于前腿上部)为最佳,半肥半瘦,肉老筋多,持水力强,出品率高。上脑肉,瘦肉夹肥,肉质较嫩,出品率也高。纯瘦肉制肉圆,质感柴老,成本昂贵,最不可取。

②制作肉圆,鱼肉与猪肉的比例为 3:7;猪肉的肥瘦比为 2:8。

③猪瘦肉部分剁米粒状,肥肉部分切黄豆粒大小,鱼肉必须绞成手感细腻的鱼茸。

④鱼茸必须加精盐顺向搅拌至发粘上劲,调成鱼胶,再与肉茸及调配料拌和成糊状。

⑤肉圆泡酥而富弹性的关键是鱼肉糊形成胶状网络,最大限度地吸附水分。上乘的肉圆受热即光润饱满,冷后即凹陷皱褶,切开致密无蜂窝,食时泡酥有弹性。

⑥调制鱼肉糊时,加水过量,因茸胶破坏而致成品松散;加水过少,制品板结,食用效果不佳,出品率低。

⑦挤肉圆应注意手法,尽量做到整齐划一;炸肉圆使用 6~7 成油温,成品成色一致;焖肉圆要求用小火加热至肉圆泡酥透味。

⑧调制幼儿膳食,可将肉圆成品入蒸柜蒸透,另调卤汁浇淋在肉圆上即成。

热荤例 3:红烧鳝桥

本菜以中粗黄鳝为主料,配以独头蒜,烧制而成。成菜色泽红亮油润,滋味鲜香回甜,肉质细嫩柔滑,芡汁紧包鳝桥。

制作要领:

①主料以小暑时节出产的中粗黄鳝为最优。江南民间有"小暑黄鳝赛人参"之说。

②鳝鱼宰杀治净,剁去头尾,用菜刀平拍松骨,改切成6厘米长的段(曲如桥状)。

③鳝鱼的传统烹法是带血烹制,滋味虽然鲜美,但色泽不雅,卫生堪忧。现今多是洗净血污,再作熟处理。

④黄鳝质嫩味鲜但腥味较浓,处理措施为:第一,旺火滚油快速翻炒(或过油);第二,姜块炝锅,去除腥味;第三,配以拍松的独头蒜(或蒜苗)一同烹制;第四,适时添加酱油、料酒、胡椒粉和葱花;第五,趁热食用,一热三鲜。

⑤幼儿园学生餐厅可先将五花肉烧至半熟,再与鳝桥一同烧制;也可使用猪油烧制鳝鱼,则其口味特别鲜醇。

⑥红烧鳝桥的火候掌控方法是:先旺火爆炒,加水烧沸,再中小火烧至入味,最后旺火勾芡收汁。

⑦施水量以清水平过鳝桥为度;加热时间约10分钟,以鳝鱼熟嫩为准;调味标准是咸鲜而带微甜。

⑧勾芡必须在原料已熟,菜品的色泽、汤汁和口味调准之后进行,力争做到"油包芡、芡包油"。

热荤例4:豉汁蒸鲩鱼

本菜以鲜活大鲩鱼的肚档(鱼腩)为原料,先顺剁切成长条块,用豉汁等调料腌渍码味,再入笼蒸熟,淋以葱油即成。成菜鱼肉滑软柔嫩,凝润爽口;滋味咸鲜微甜,豉香浓郁。

制作要领:

①本品宜选鲜活大鲩鱼(每尾重约5千克)的肚档(鱼腩)制菜,刮除黑色内膜,漂洗干净。古语云:若要鱼好吃,洗得白筋出。

②为避免鱼刺伤及幼儿,本菜应将鲩鱼肚档顺剁切成长条块,长约10厘米,宽约5厘米。

③选用面豉、食盐、白糖、香醋、葱结和姜片腌渍鱼肚档,底味不宜过重,时

间约20分钟。夏秋时节加色拉油,春冬时节加熟猪油,可使制品更滑嫩。

④在鲩鱼下面垫上大葱或生姜条,可避免鱼肉紧贴盘底,加速空气流通,缩短蒸制时间。

⑤蒸鱼之前,蒸笼或蒸柜应旺火满汽;蒸制过程中,不得开盖,以免蒸汽外泄,影响菜品质感。

⑥相同条件下,竹制蒸笼蒸鱼,耗时约15分钟;不锈钢蒸笼蒸鱼,耗时约12分钟;而蒸柜蒸鱼只需约10分钟。

⑦蒸鱼的火力为:先旺火,后中火。旺火热汽可使鱼肉表层迅速凝固,减少水分溢出,保持鱼肉鲜嫩;中火可避免加热过急,鱼肉逬裂。

⑧清代美食家袁枚品鉴鱼馔时说:"鱼临食时,色白如玉、凝而不散者,活肉也;色白如粉,不相胶粘者,死肉也"。

热荤例5:香干回锅肉

本菜以猪坐臀肉(卤煮至断生)和香干为主料,配以青蒜,熟炒而成。成菜滋味咸鲜微辣带回甜,质地柔软酥嫩而肥美。

制作要领:

①香干切斜刀切片,焯水投凉,可去豆腥味;猪肉入卤锅或水锅以小火煮至断生,可去脂解腻、提鲜增香。卤煮的猪肉放冷水中浸泡至凉,有利于切片成型(厚约0.2厘米)。

②按照传统制法,回锅肉宜选带皮的猪坐臀肉。现今一些学生食堂则多选猪五花肉,以肥四瘦六宽三指的新鲜者为最佳。

③配青蒜(切菱形块)烹制,有助于去腻、增香、配色,提高制品的营养价值。如青蒜断供,可用香芹替代。

④豆瓣酱宜选四川郫县豆瓣,色红、亮泽、香浓、味醇。酱油选老抽,炒出的回锅肉红亮润泽。

⑤火候把控:肉片先用五成热的色拉油炒出油脂,加豆瓣酱、酱油同炒,烹入料酒,再下香干同炒,注意适时点水,防止干结。青蒜在临近起锅时下入,断生为度,保持青、脆。

⑥豆瓣、老酱等调料含盐量较高,调味应合理把握精盐的用量,以防菜品口味过重。若配以甜面酱,则其风味更佳。

⑦如用卤牛肉替代猪肉,本菜则为香干回锅牛肉,制作方法大同小异。

热荤例6:红烧鱼肚档

本菜以肉质肥厚的青鱼肚档(鱼腩)为原料,红烧而成。成菜色泽红亮油润,质感滑嫩胶稠,口味咸鲜微甜,条块齐整不散。

制作要领:

①鲜活青鱼(或草鱼)取肉以后,其肥厚的肚档、鱼尾是制作红烧鱼块的上好材料(胶质丰富,细嫩鲜醇)。选用鱼尾、鱼唇与鱼肚档一同烧制,鲜香滋味浓烈(幼儿只吃鱼肚档)。江南民间有"鳙鱼吃头、青鱼吃尾、鳝鱼吃背、田鸡吃腿"之谣谚。

②鲜活青鱼(或大草鱼)的肚档应刮去黑衣,顺腹刺改切为长约9厘米、宽约4厘米的长条块,漂洗干净。

③烧制鱼肚档,必须将其煎至两面微黄。防止鱼块粘锅的方法:一是炒锅烧滚,以油滑锅,加生姜炝锅;二是底油适量,轻巧晃锅;三是旺火加热,适时翻锅。

④调汁的要领:注意一次加足清水,待汤汁浓稠、鱼块熟嫩入味后旺火收汁,汤汁约为原料的1/4时勾糊芡。

⑤调色的要领:一是除净鱼肚档黑衣,漂洗干净;二是选择糖色(白糖熬成)或上乘老抽作调料,确保菜品色泽红亮油润;三是适时使用旺火勾芡,实现"油包芡、芡包油""明油亮芡"的调制效果。

⑥调味的要领:一是选用新鲜食材,避免使用污染鱼;二是鱼块经过煎制处理,去除腥味;三是待鱼块烧至七成熟时调味,鲜香物质使之出,咸鲜味料使之入;四是确保菜肴口味鲜咸而微甜,避免使用豆豉、豆酱等调料。

⑦调质的要领:一是烧制鱼块的火候要做到:一次性加足清水,以旺火烧开,改用中火烧至熟嫩透味,后用旺火收芡。二是用熟猪油烧制鱼肚档,质感更柔润醇和,鲜味更浓郁。

⑧为确保进餐安全,保幼教师应将鱼肚档的腹刺剔除,再分给幼儿食用。

热荤例7:肉末蒸蛋

本菜以新鲜鸡蛋为主料,配以肉末和虾皮,蒸制而成。成菜色泽黄亮,凝如豆脑,质地滑嫩,鲜咸香醇。

制作要领：

①主料宜选新鲜的土鸡蛋，蛋白稠密，鲜香味浓。虾皮宜选成色一致、干香味醇之上品。制作肉末的猪肉宜肥瘦相间，排剁成细末，入锅煸酥。

②鸡蛋与水的比例一般为 1∶1.5~1∶2。肉末和虾皮量不宜多，点缀而已。

③清《调鼎集》介绍蒸鸡蛋时说："鸡蛋去壳，放碗中，将箸打一千回，则蒸之，绝嫩"。打一千回，没有必要，但是蛋液必须顺向反复搅拌，随后下入开水、配料及精盐搅匀。

④搅拌蛋液时，要徐徐兑入热开水，蒸出的水蛋才嫩若豆腐脑。兑入冷水，蒸出的水蛋不够嫩滑；兑入滚开水，则易将蛋液冲成蛋花。

⑤蛋液入笼时，蒸笼应水沸汽满。蒸制的火力为中小火沸水徐徐蒸。火旺汽足时，应轻轻掀起笼盖，以免蒸出的水蛋起蜂窝。

⑥蒸蛋的时间与蛋液的量相关，一般为 12 分钟左右。《调鼎集》说它"一煮而老，千煮反嫩"，不知是何原理！

⑦本品富含蛋白质、维生素 C 及铁、磷、钾等矿物质，成本低廉，简便易行，特别适合幼儿食用。

热荤例 8：豉椒炒牛柳

本菜以牛里脊肉片为主料，配以豆豉、红椒，滑炒而成。成菜色泽黄亮，软嫩滑爽，鲜咸微辣，豉香味浓。

制作要领：

①主料宜选牛里脊肉，清除筋络，切长条片（柳叶片），漂去血水。

②为确保制品软嫩、爽滑，质老的牛肉必须添加致嫩剂（如嫩肉粉）进行腌渍处理。其用料配比是：每 1000 克牛里脊肉，加嫩肉粉 6 克、清水 80 克。

③牛肉上浆最佳配比是蛋清∶淀粉∶食盐∶水∶色拉油∶牛肉为 1∶4∶1∶6∶1∶150。牛肉上浆后冷藏 20 分钟（4℃以下），烹制效果最佳。

④上浆标准：浆好的牛柳光洁明亮，筋络分明（淀粉粒清晰可见），持水充足，干稀适度；久放不吐水，滑油不脱浆。上浆关键：加食盐顺向搅拌至牛肉发粘上劲，最大限度地吸附水分[1]。

⑤浆制的牛柳适于四成热的油温滑油，慢慢滑散，稍一变色即出锅，尚不到

---

[1] 贺习耀.试谈牛肉上浆[J].烹调知识，1989(9)：16-17.

"断生为度"的成熟标准。

⑥调制要领：第一，牛肉配用豆豉、辣椒、青蒜或葱头，鲜香味浓，相得益彰。第二，豆豉爆炒出香气，加配白糖、蚝油或生抽，有助于形成鲜香风味。第三，牛肉腌渍时已经码味，豆豉、生抽、蚝油等含盐量大，牛肉滑炒时慎加食盐。第四，用大锅滑炒牛肉，若使用综合味汁，可缩短受热时间。

⑦防止牛肉色泽过深的措施：一是牛柳腌渍前，漂去血水；二是腌渍、上浆及滑炒尽量控制有色调料（如豆豉、蚝油、生抽）的用量；三是牛肉上蛋清浆，滑炒时明油亮芡。

热荤例9：香菇蒸鸡翅

本菜以肉鸡鸡翅为主料，配以水发香菇，蒸制而成。成菜工序简捷，朴实大方，经济实惠，美味适口。鸡翅滑嫩醇美而不失鲜香，香菇浓香馥郁而蕴含鲜醇。

制作要领：

①肉鸡鸡翅去翅尖，顺关节斩断，防止斩碎翅骨，不便于幼儿食用。

②鸡翅用姜片、葱结、精盐、料酒、香醋腌渍30分钟取出，拍干淀粉，下入7~8成热的油锅中炸至金黄。

③腌渍鸡翅的底味不宜过重。鸡翅加入食醋腌制后再经油炸，格外红亮。

④水发香菇宜选上品，洗净滤干，片切成厚片，加底盐、白糖和味精，拌湿淀粉，与鸡翅一同入笼蒸约40分钟至酥嫩。

⑤一些餐厅将鸡翅腌渍之后直接入笼蒸制，省去了油炸这一工序。腌渍鸡翅时要加入蚝油，拌以水淀粉，兑入食用油，与香菇一同拌匀蒸制。此法即为香滑鸡翅。

⑥蒸好的香菇蒸鸡翅宜撒葱花和白胡椒粉，趁热食用。

⑦幼儿园餐厅制作此菜可使用蒸柜蒸制，批量生产，简便易行。

热荤例10：东坡肉

本菜以带皮猪五花肉（肋条肉）为原料，初加工后切方块，先走红，后煨制即成。成菜色泽酱红，汤肉交融，肉质酥烂软糯，滋味鲜咸香甜。因由北宋文学家苏轼所创，故名。

制作要领：

①本菜主料宜选新鲜的带皮猪五花肉，以自然养殖的土猪最好。

②猪五花肉宜大块取下,初加工,焯水,切成边长约 5 厘米的正方块,走红。

③制作东坡肉以选用陶质的坛罐、砂锅,小火煨制为最好,一些地区常将走红的东坡肉置入笼中蒸炖至酥烂软糯,也有将五花肉用老抽炒香,下入高压锅中加热至酥烂,此法虽快,但风味较差。

④煨制东坡肉的关键是小火慢煨,用水适当。苏轼曾总结道:"净洗锅,少著水,柴头罨烟焰不起,待它自熟莫催它,火候足时它自美。"

⑤近千年来,东坡肉一直风行于中华大地,湖北黄州、浙江杭州、四川眉山、广东潮州皆将本菜视作当地名菜。制法稍有不同,风味大同小异。

⑥幼儿园制作东坡肉以使用蒸柜蒸制较为合理:嫩绿光洁的菜心,烘托红亮齐整的东坡肉,置于餐盘中,亮丽明快,惹人食欲。

热荤例 11:葱爆猪肝

本菜以新鲜猪肝为主料,配以洋葱、红椒,爆炒而成。成菜光泽亮洁,滑嫩爽口,咸鲜微辣,葱香浓郁。

制作要领:

①本品宜选色泽淡红的新鲜猪肝,现切现烹,现烹现吃。民间有"腰不撕衣,肝不去胆"之说。

②猪肝质嫩味鲜、营养丰富、物美价廉,但残存的杂质和细菌很多。初加工时应取新鲜猪肝洗净,切片后放淡盐水中浸泡约 3 分钟,换水后漂至水清。

③洋葱、红椒配猪肝爆炒,可祛腥增香,杀菌消毒,调配色泽。切洋葱时,去其头尾,一切两半,用清水泡约 5 分钟,可防挥发物刺激泪腺。

④净猪肝片临近烹制时加生抽、精盐、干淀粉拌匀,勿使底味、底色过深。

⑤爆炒猪肝宜以 7~8 成热的滚油加热约 12 秒钟至猪肝片变色后盛出。先将洋葱、红椒煸香,再下综合味汁,芡汁浓稠时下猪肝,旺火速成。注意底油不宜过重,猪肝受热时间不宜过长。

⑥调制综合卤汁有利于缩短正式烹制时间,可确保菜品质地滑嫩。味料的比例、芡粉的浓度及卤汁的用量值得关注。

热荤例 12:青豆炒虾仁

本菜以河虾虾仁为主料,先上浆、滑油,再与青豆、红椒一同滑炒而成。虾仁洁白光润,质地细嫩柔滑,滋味咸鲜香醇,颗粒饱满整齐。

制作要领：

①主料宜选规格齐整的新鲜虾仁，除去虾肠、清洗干净。

②新鲜虾仁上浆，先挤干水分，加精盐拌至发黏，再用干淀粉、鸡蛋清拌匀；冰冻虾仁上浆，待自然解冻后，须用净纱布包裹，挤干水分，再上蛋清浆。

③红椒切菱形小丁，与青豆一同焯水，投凉。青豆、红椒配色而已，量不宜多。

④虾仁滑油，宜选用猪油（夏秋季节用调和油），热锅冷油（三成热）下锅，中火加热，缓缓推散，徐徐晃锅，加热至断生为度。

⑤上浆的虾仁易粘锅，炒锅须滑净：第一，用清水将炒锅洗至光洁；第二，空炒锅烧至锅面产生青烟，让残存物充分碳化；第三，用清油将炒锅滑净，倒出余油，即为净锅。

⑥滑炒虾仁要注意确保虾仁光洁、滑嫩、淡雅。不添加任何有色调味料，口味清鲜淡雅，受热时间约 1 分钟，防止虾仁失水。

⑦为突出食用效果，本菜可加配姜醋味碟（嫩姜切丝，加入滚开水，下精盐、味精、生抽、陈醋拌匀）。

热荤例 13：宫保鸡丁

本菜以嫩公鸡的鸡脯肉（或腿肉）为主料，切丁、码味、上浆，入油锅炒散，配油炸花生仁，烹综合兑汁，滑炒而成。成菜色泽棕红油亮，鸡丁滑嫩爽口，花生松脆鲜香，滋味鲜咸香辣而酸甜[①]。

制作要领：

①本菜为四川传统风味名菜，现南北各大都市皆有供应，遍布城乡居民之家。

②主料宜选嫩公鸡的鸡脯肉或腿肉，先用刀背拍松，再在鸡肉上轻剞十字花刀，以便吸收水分，渗入味汁。

③鸡肉切成 2 厘米见方的肉丁，加老抽、精盐、料酒码味，上水粉浆，兑入色拉油（便于滑散）。

④鸡丁上浆时一定要加入底盐和水，并强力搅拌，使之发粘上劲。搅拌的手法有抓捏上劲、跌撞上劲、顺向拌和上劲及擂溃上劲 4 种；搅拌的目的是使鸡

---

① 任百尊.中国食经[M].上海：上海文化出版社,1999:471-472.

肉中的亲水基团大量外露,与水以氢键的形式相结合,最大限度地吸收水分,从而保证制品的嫩度。

⑤花生仁用开水泡约2分钟后滤干,再以3~4成热的油温氽炸至酥脆取出,冷后用净纱布一搓,很快就能去掉表面的红衣。

⑥综合兑汁以鲜肉汤作底料,下精盐、老抽、白糖、香醋、味精、蒜蓉、葱白和湿淀粉而调成。注意调味料的比例及湿淀粉的浓度。

⑦干红椒和花椒用净油锅炒至棕红,再下鸡丁炒散,兑入综合味汁,下花生仁同炒,至鸡丁断生即可起锅。幼儿食用此菜,必须控制干红椒和花椒的用量,滋味以咸鲜酸甜而微带香辣为佳。

热荤例14:粉蒸牛肉

本菜以质嫩味鲜的牛脯肉为主料,切片,腌渍,拌蒸肉米粉,配老藕(或芋头、山药),入笼蒸制而成。成菜肉质酥烂软嫩,滋味鲜香醇浓。

制作要领:

①本菜主料宜选品质优良的黄牛牛脯肉。牦牛肉质更佳,但制作成本较高,水牛及退役的耕牛不适合制作本菜。

②牛肉剔除筋膜,垂直纹路切片(长约5厘米、宽约3厘米、厚约0.4厘米)。民间有"横切牛羊、斜切猪,顺纹直切鸡和鱼"之俗语。

③牛肉片漂净血水,用葱、姜、料酒、食碱(或嫩肉粉)、食盐、生抽腌约30分钟,有利于提升制品品质。

④幼儿园餐厅批量生产粉蒸牛肉应尽可能使用自制的蒸肉米粉(大米洗净沥干,与八角、丁香、桂皮、食盐等用小火炒黄,冷后磨成粗粉)。购买的蒸肉米粉要防止咸味过重。

⑤拌匀米粉的牛肉加配老藕(或芋头、山药)同蒸,荤素互补,相得益彰。

⑥蒸制时间需视牛肉老嫩及蒸制设备而定。使用品质相同的食材,幼儿园食堂用蒸柜蒸制,耗时约40分钟;幼儿家庭用蒸笼蒸制,则耗时接近1小时。

热荤例15:珍珠圆子

本菜取猪前夹肉剁成米粒状肉茸,取青鱼(或草鱼)肉绞制鱼茸,分别加入精盐、水淀粉和葱姜汁拌和成肉茸和鱼胶,调和成糊,挤成肉圆,滚粘上泡透的糯米,入笼蒸制而成。成菜糯米色泽晶莹光洁,犹如粒粒珍珠,肉圆酥嫩而富弹性,滋味咸鲜兼具脂香①。

制作要领:

①糯米宜选新鲜的优质糯米,洗净后以温水泡约 2 小时,浸泡至湿心为准。浸泡未透,食时糯米"夹生半熟";浸泡时间过长,"珍珠"不晶莹,颗粒不坚挺,失香糯而显软烂。

②本菜制作肉圆的材料和技法与制作黄焖肉圆基本相同,只是混合后的鱼肉糊较黄焖肉圆的鱼肉糊更有筋力,其干稠度要保证肉圆粘裹糯米后,呈圆球状。

③鱼茸必须加精盐顺向搅拌至发粘上劲,调成鱼胶,再与肉茸及调配料拌和成糊状。调制鱼肉糊时,加水过量,易伤水而致松散,挤出的肉圆不呈圆形;加水过少,成品板结艮硬,出品率低。

④鱼肉糊挤肉圆(直径约 3 厘米)粘糯米时,手法要精准而轻巧,挤出的肉圆要圆润齐整,粘裹糯米要粘匀适度。

⑤蒸制珍珠米圆时,要旺火满汽,一气呵成。幼儿家庭用蒸笼蒸制,时间约 10 分钟,幼儿园餐厅用蒸柜蒸制,时间约 8 分钟。

⑥珍珠米圆适于幼儿园用蒸柜批量生产,工艺简洁,成本低廉,色、香、味、形、质及营养皆受幼儿欢迎。

热荤例 16:油爆双脆

本菜以新鲜的猪肚尖和鸡肫为原料,先剞花刀,加精盐、湿淀粉拌匀,后以热油油爆,配以综合味汁,爆炒而成。成菜色泽红白相间,质地脆嫩爽口,滋味咸鲜清香,外形美观雅致。

制作要领:

①本菜是山东传统风味名菜,正宗的制法是以猪肚尖和鸡胗片为原料,经花刀处理后,沸油爆炒而成。现今可用猪腰替代肚尖,用鸭胗替代鸡胗。有时"双脆"泛指两种脆性原料。

②猪肚尖初加工时应剥去脂皮、硬筋,剞花刀时先斜剞(深度 2/3),再交叉直剞(深度 3/4)。鸡胗(鸭胗)批去筋皮,剞菊花花刀,刀距及深度要一致。

③猪肚尖和鸡胗剞花刀后无须加盐搅拌至发粘上劲,只撒底盐,加湿淀粉

---

① 谢定源.新概念中华名菜谱湖北名菜[M].上海:上海文化出版社,1999:471~472.

拌匀即可。

④油爆猪肚尖和鸡胗之前,应调好综合味汁,以缩短原料受热时间,保持脆嫩爽口的质感。综合味汁以咸鲜为基准,突出蒜香,湿淀粉的浓度要合理。

⑤本菜对火候要求严苛,其传统制法是:用八成热的滚油将原料爆至断生。餐饮行业夸张地说它"欠一秒钟则不熟,过一秒钟则不脆"。袁枚在《随园食单》论及此菜时亦强调:"滚油爆炒,加佐料起锅,以极脆为佳"。

⑥幼儿园餐厅制作本菜需要2位厨师配合操作,一位师傅开油锅油爆,另一师傅快速爆炒(调味)成菜。

⑦本菜对刀功技术、烹制技术及调制技术要求较高,其制成品要求芡汁紧包原料,花型美观雅致,质地脆嫩爽滑,滋味鲜咸香郁。

热荤例17:烤羊肉

本菜以鲜嫩的绵羊肉为主料,切片、腌渍,入烤箱暗炉烤制而成。成菜色泽深红,鲜咸香辣,肥而不腻,香而不膻,外酥里嫩,柔和适口。

制作要领:

①烤羊肉属新疆传统风味名菜,其正宗制法是把羊肉切成薄片,腌渍后用铁杆穿上,撒辣面子、精盐和孜然粉,放在燃烧着的无烟煤上烤至酥嫩即成。

②烤羊肉串之所以风味独特,一是选用了内蒙古或新疆等地出产的优质绵羊;二是运用新疆特产的调味品——孜然粉调味;三是烹制技法独到,火候控制得当。

③幼儿学生食堂(或家庭)则是将羊肉腌渍后使用电烤箱烤制,风味虽然不及明炉烤制,但无须使用铁杆穿制,简便易行,安全卫生。

④烤羊肉应选择经卫生检验合格的羊后腿肉,剔除筋膜、瘀血、碎骨、血管、残毛等,压去水分,切成薄片。

⑤嫩羊肉片用料酒、精盐、酱油、花椒、小茴香粒、姜片、葱段腌渍2小时,拣去姜、葱,拌匀孜然粉、辣椒粉,再入烤箱烤制。

⑥腌渍的羊肉片摆放在烤盘中(烤盘上放好锡箔纸,均匀刷上油),入电烤箱用200℃高温烤约12分钟,翻面再烤8分钟即成。注意电烤箱事先调至220℃预热,再调至200℃烤制。

⑦幼儿家庭或学生食堂制作此菜要防止:菜品底味过重;孜然粉、辣椒粉用

量过多;烤制的温度过高,时间过长。

热荤例 18:香酥鸡腿

本菜以嫩母鸡(三黄鸡)鸡腿为主料,先腌渍、蒸制,再出骨、挂糊,后经油炸而成。成菜色泽金黄亮光,外形饱满完整,外酥脆而内酥嫩,味鲜醇而香浓郁,深受广大幼儿青睐。

制作要领:

①本菜主料宜选嫩母鸡(三黄鸡)鸡腿(生鲜超市批量出售)。为节省开销,幼儿家庭可取用鸡翅(分翅尖、翅中和翅根三部分)的翅根替代。

②为去毛腥、增香鲜,嫩鸡鸡腿宜用料酒、精盐、花椒、肉桂、丁香、八角、葱段、姜片腌约 1 小时,再入蒸笼蒸至酥烂。

③幼儿园餐厅常以蒸柜蒸制鸡腿,应防止气压太强,时间太长,将鸡腿蒸至散烂。

④鸡腿蒸酥后取出,除去鸡骨,保持鸡腿原形。幼儿家长为图简便,大多省去了去骨这一工序。

⑤全蛋糊用整只鸡蛋与面粉、淀粉、清水、精盐拌制而成。其配方是:面粉45%、干淀粉35%、蛋液和水20%。

⑥鸡腿宜用净纱布揩干,再裹全蛋糊,入七成热的油锅炸至定型,后重油复炸至色泽金黄。

⑦本菜食时可另配花椒盐蘸食。鸡腿如未去骨,则应注意饮食安全。

第三节　幼儿素菜类膳食调制

素菜类膳食,是指幼儿膳食中以植物性原料为主料,运用炒、炸、烹、煎、烧、焖等技法制成的汤汁较少或没有汤汁的各式热菜的总称。此类食品不是传统意义上的纯素食品(清素),烹制时往往兼及荤腥(花素),常与热荤类膳食配用,充当中餐和晚餐(正餐)的主菜,其烹调技法及操作要领不可忽视。

一、素菜类膳食的主要烹调技法

素菜类膳食的制作技法与热荤类膳食的制法并无严格界限,继烧、焖、蒸、溜、爆、烤等烹制技法之后,这里对炒、炸、煎、烩等常用技法加以概述。

（一）炒

炒是指将鲜嫩小型原料,以油和金属锅为主要导热体,用旺火中油温快速加热至成熟的一种烹调方法。根据原料品种及加工工艺的不同,炒可分为生炒、熟炒、滑炒、煸炒等类别。生炒的菜肴脆嫩爽口,咸中有鲜;熟炒的菜肴咸鲜爽口,醇香浓厚,柔韧或嫩烂,见油不见汁;干炒的菜肴咸鲜为主,色泽较深,干香酥脆,不带汤汁;滑炒的菜肴口味多样,汁紧油亮,柔软滑嫩,清爽利口[①]。

炒在幼儿膳食制作中应用极广,其操作要领主要表现为:第一,炒制菜肴的操作时间较短,所以,加工膳食原料要厚薄一致,粗细均匀。第二,炒制一些质地脆嫩的蔬菜,如莴苣、黄瓜等,必须热锅快炒,旺火速成,以确保制品的风味品质。第三,不同的原料,适于不同的炒法,其火力的大小和油温的高低应视具体情况而确定。第四,炒制菜肴时要勤于翻拌,使原料受热均匀。

（二）炸

油炸是指将经过加工整理的烹饪原料置于较高温度的多量油中进行加热,使成品达到或焦脆或软嫩或酥香等不同质感的烹调方法。

炸是油烹法的基本技法之一,其主要特色是使用旺火加热,用油量大,油温较高,加热时间较短,应用比较广泛。根据成品质感的不同,油炸可分为清炸、干炸、软炸、酥炸和脆炸等[②]。清炸的菜肴外脆里嫩,口味清香;干炸的菜肴外脆里嫩,干香可口;软炸的菜肴外表略脆,内里软嫩,口味淡雅鲜香;酥炸的菜肴外层饱满、松酥香绵,或质地肥嫩,酥烂脱骨;脆炸的菜肴口味咸鲜干香,外脆而内嫩。幼儿膳食虽不提倡经常使用炸、烤、熏、焗等高温加热的烹调技法,但适时安排一些中高油温短时间加热的炸菜,有助于丰富菜式的花色品种。

油炸的操作要领主要表现为:第一,制作炸菜的食油宜选清新的色拉油或调和油,不能长时间多次使用,以免影响幼儿身体健康。第二,油炸时用油量多,一般为原料的三至四倍。第三,不同的油炸方法,分别选用不同的油温和加热时间,以确保菜品的质感。第四,油炸菜肴加热前码味要清淡,因油炸时大量失水,易使菜品口味过重。第五,部分菜肴需重油复炸,操作时应因原料的特性

---

① 冯玉珠.烹调工艺学[M].北京:中国轻工业出版社,2007:131-133.

② 周晓燕.烹调工艺学[M].北京:中国纺织出版社,2008:296-298.

和制品的要求灵活掌握。

（三）烩

烩是指将经过刀工处理的鲜嫩小型原料,经初步熟处理后入锅,加入多量汤汁烧沸调味,用湿淀粉勾米汤芡,制成羹菜的一种烹调技法。烩菜一般选用熟料、半熟料或容易成熟的原料,旺火加热,使用鲜汤调味,勾以薄芡,如清烩口蘑、烩什锦等。成菜汤宽汁厚,汤菜各半,汤色乳白,鲜香味醇。

烩菜的主要操作要领有五:一是烩菜所选原料为鲜香细嫩,易熟无异味的各类食材;二是原料大多加工成丝、条、片、丁等小型形状,大小一致,整齐美观;三是对本身无味或含有少量异味的原料,如冬笋、蹄筋、鱿鱼等,先用鲜汤预热处理;四是部分原料焯水或滑油应以刚熟为度;五是用作烩菜的汤汁要求鲜浓味醇,尽量不用清水代替①。

（四）煎

煎是指以油与金属作为导热体,用中火或小火将扁平状的原料两面加热至金黄并成熟,成菜鲜香脆嫩或软嫩的一种烹调方法。这一烹调方法常以动物性原料为主,植物性原料中往往嵌、夹或包裹泥状动物性原料。其最大特点是因为油与铁锅同时作为导热体,所以能在很短时间内使原料表层结皮起脆,以阻遏原料内部水分的外溢,使菜肴达到外表香脆或松软,内部鲜嫩的特色要求。

煎的操作要领主要表现为:第一,原料加工成扁薄形状,厚薄必须一致。第二,部分肉类原料,如猪排、牛排等,在刀工预处理时,要将肌肉结缔组织拍敲至松散。第三,煎菜大多经过挂糊处理,上糊应厚薄均匀。第四,煎制泥茸状的原料,加粉不宜过多,搅拌必须上劲,以免影响菜肴质感。第五,大多数煎菜调以咸鲜味,口味以清淡为主,所用调味料主要有葱姜汁、食盐、料酒、胡椒粉等。第六,煎菜要严格掌握断生即好的原则,不可使原料在锅中长时间停留。煎时油不宜多,只煎一面至香脆,让另一面始终露在油表面,保持柔软的质感。

二、素菜类膳食菜品制作要领探析

俗语说:宁可食无肉,不可馔无蔬。在幼儿日常膳饮中,素菜类膳食常与热

---

① 邵万宽.烹调工艺学[M].北京:旅游教育出版社,2013:164-166.

荤、汤菜、主食、水果等合理组配,用以保证幼儿饮食营养供给。为揭示幼儿膳食调制规律,现摘选常供素菜数例,对其制作要领进行介绍与分析。

素菜例1:蒜茸炒青菜

本品以鲜嫩的小白菜为主料,配以蒜茸,清炒而成。成菜碧绿油亮、脆嫩鲜香、清淡爽口,是幼儿膳食中不可或缺的"营养食品"。

制作要领:

①本菜宜选土肥种植、自然成长、鲜嫩亮绿的时令佳品。所谓"农家鲜蔬香",即是提倡选用绿色天然的田园时蔬。

②绿叶蔬菜容易残存农药、粪便、虫卵及杂物,初加工时应先择后洗,先浸后漂,先洗后切。幼儿园食堂常以2%的淡盐水浸泡小白菜,以确保饮食卫生。

③烹炒加工的要领:热锅、冷油、旺火、快炒、速成。

④烹炒加工时忌加盖久焖,忌下盐过早,忌用盐过量,忌投放食碱。要求现烹现吃,一热三鲜;香脆淡雅,清鲜为本。

⑤冬春低温时节,用熟猪油炒青菜,口感柔和,鲜香味醇。夏秋时节,偶用蚝油炒菜心,别有一番风味。

⑥幼儿园食堂使用大锅制作蒜茸炒青菜,可选一位师傅焯水,另一师傅同时炒制。这种分批次炒制的方法,有利于提高制品的质量。

⑦本烹制技法适于众多的绿叶蔬菜,但是菠菜、汤菜、芹菜等炒前多要焯水,萝卜缨、莴苣叶等还可调制成鲜香辣味。

素菜例2:肉丝炒菜梗

本品以鲜嫩的竹叶菜梗为主料,加配猪肉丝,炒制而成。

制作要领:

①竹叶菜梗宜选应时当令的新鲜食材,嫩绿、脆爽、鲜香味浓;炒前拍松,切段,加盐稍作搓揉,去其青涩味。

②配料猪肉丝宜加食盐拌和至发粘上劲,上水粉浆,先煸至断生,再与竹叶菜梗同炒。

③调料强调选用独头蒜,拍松,煸香;如果不忌辣味,最好是先将干红尖椒煸香,再下蒜瓣同炒。口味浓厚者,用油稍宽,风味更佳。

④烹制时宜旺火快炒,断生为度,勾以薄芡,便于着味。

⑤一些幼儿家庭喜用猪五花肉炒菜梗,先将猪肥膘肉切片炼油,去掉油渣后,下干红尖椒及短而粗的五花肉丝煸香,再下蒜瓣与菜梗同炒,断生时加精盐和白糖,最后收以薄芡即成。

⑥本品还可改用卤牛肉、熟牛肚、腊肉或香肠切丝,再与菜梗同炒,风味各异。

素菜例3:酸辣土豆丝

本品以土豆丝为主料,配红椒丝,清炒而成。成菜白中映红,细丝齐整,鲜嫩脆爽,酸香适口,是冬春蔬菜淡季的常备菜品,物美价廉,南北皆宜①。本菜的主料土豆富含淀粉、蛋白质、磷、铁、钙及多种维生素,兼具蔬菜、粮食双重优点,在欧美地区被誉为"第二面包"。

制作要领:

①主料宜选表面光滑、个体均匀、无伤痕、无虫眼、无病斑、无青皮的土豆。

②土豆削皮、切细丝后,应泡在水中洗去淀粉,既避免变黑,又能保持白嫩、爽脆。

③青皮或长有芽眼的土豆,含有超量的有毒成分——龙葵素,使用前必须刨去青皮、挖去芽眼,漂洗干净。溃烂的土豆不宜使用。

④烹制酸辣土豆丝如先焯水投凉,再烹炒,可防止土豆丝呈糊状。炒时宜用蒜粒、红椒丝炝锅,下土豆丝炒至八成熟,再加入精盐、味精调味炒匀,最后淋以香醋,撒上葱段和胡椒粉。

⑤煸炒过程中适时淋水,可防止土豆丝炒干、炒老。

⑥调味应以咸鲜为底味,突现酸辣味。供幼儿食用的酸辣土豆丝不宜过辣过酸,咸鲜中微带酸辣,最适于幼儿佐餐。

素菜例4:腊肉炒豆米

选夏秋两季鲜嫩的毛豆豆米,配以腊肉丁,清炒而成。成菜嫩绿、火红相映,脆嫩、酥爽相衬,鲜香味美,粥饭皆宜。本品的主料毛豆豆米是鲜食豆类蔬菜,富含植物蛋白、维生素和多种矿物质;特别是毛豆中的卵磷脂和铁,有助于幼儿改善大脑记忆,提升智力水平,补充铁的吸收。

---

① 王子辉.中国菜肴大典(素菜卷)[M].青岛:青岛出版社,1997:572-573.

制作要领:

①选用夏秋两季清秀、饱满的毛豆择取豆米,现择现烹,不宜长时间浸泡。

②腊肉宜鲜香味正、肥瘦相间;断货时可用火腿、香肠或猪五花肉替代。

③毛豆豆米嫩脆爽口,宜快炒速成。若长时间烹炒煮焖,则易枯黄疲软,失其营养与本味。

④毛豆豆米不易入味,宜先下精盐烹炒;调味宜清鲜淡雅,以突现其鲜香风味。

⑤瘦猪肉、虾仁等鲜嫩的动物性原料亦可与豆米配用,先上浆,再滑炒,但风味不及豆米炒腊肉。卤牛肉切丁与豆米同炒,成本较大,性价比不高。

⑥在中西部地区,人们先用猪肥膘肉炼油,去掉油渣后下干红尖椒煸香,再下腊肉丁、蒜瓣与豆米同炒,最后用煮粥的米汤收芡,风味特佳。

素菜例5:鸡蛋炒丝瓜

选鲜嫩丝瓜切粗条,配以鲜鸡蛋,炒制而成。成菜色彩艳丽,鲜香味醇,柔嫩适口。本品荤素互补,组配协调,老幼咸宜,尤以夏令食用最佳。

制作要领:

①丝瓜以光鲜嫩绿、完整无痕、果肉饱满、鲜嫩结实、无籽无络者为上品。盛夏是其最佳食用节令。

②丝瓜频繁移动或者风吹日晒,会使皮色油黄,瓜皮干皱,瓜肉松软,甚至局部变黑,不适于制作本菜。

③丝瓜脆嫩多汁,清香淡雅,宜现切现烹,现烹现吃。操作时,可先将蛋液下油锅煎至微黄捞起,再以蒜茸炝锅,下丝瓜快速翻炒,最后加鸡蛋、味料及鲜汤炒至入味。

④以大锅烹制此菜,应防止丝瓜变色:一是丝瓜切好后,放入清水中浸泡,避免与空气接触而氧化变色;二是烹制丝瓜时,热锅冷油,旺火快炒;三是临近成熟时放盐,入味即出锅。

⑤丝瓜炒鸡蛋,至清至醇,不可使用酱油、豆瓣酱等色味浓厚的调料烹制。

⑥在中部地区,人们将鲜嫩丝瓜切厚片,先用干红椒、独头蒜炝锅,再下丝瓜片以旺火翻炒,调咸鲜香辣味,至丝瓜断生即成。本品鲜香脆嫩,风味极佳。

素菜例6:油焖双冬

本菜以冬笋和水发冬菇为原料,使用鲜汤、蚝油焖制而成。成菜嫩黄深褐相间,光泽油润,脆爽软嫩相映,鲜香适口。

制作要领:

①本菜主料常选玉兰片(以鲜嫩冬笋或春笋加工干制而成),其品质以色泽玉白、片小肉厚、节密、坚实脆嫩、无黑斑无杂质者为佳。香菇则以味香浓,肉厚实,面平滑,大小均匀,菌褶紧密细白,柄短而粗壮,面带白霜者为佳。

②市售的水发冬笋漂洗、切片、焯水,可去碱水涨发的苦涩味。香菇宜用温水或冷水泡发,剪掉菌柄,漂净泥沙。用泡发香菇的汁水制菜,鲜香味浓。

③工艺流程:炒锅用油滑净,加姜米炝锅,下冬笋片、香菇片以旺火爆炒出香味,加鲜汤(肉汤或鸡清汤)烧沸,改小火焖约5分钟,加酱油、白糖、精盐、蚝油焖至入味,改旺火勾芡即成。

④本菜的烹制技法为油焖(即黄焖),其工艺特色为:原料加工处理后,加鲜汤先以旺火烧开,再以小火焖烧至酥嫩入味,最后以旺火收汁(勾芡)。

⑤本菜的鲜香滋味既有赖于香菇、冬笋的自然之味,又有赖于鲜汤和蚝油的外加之味,通过小火焖制,使之融为一体。

⑥本菜的加热时间应由原料自身属性和菜品质感要求来确定,成菜以冬笋脆嫩爽滑、香菇柔软酥嫩为标准。

⑦油焖双冬清鲜雅致,清香浓郁,底味宜轻,鲜香为本。由于酱油、蚝油本身咸味较重,故调味时应慎重用盐。

素菜例7:炒滑藕片

本菜以新鲜嫩藕为原料,切片漂净,炒制而成。成菜洁白亮光,脆嫩滑爽,鲜咸微甜,清香悠悠。

制作要领:

①莲藕应选江南地方名品,品质以藕身肥硕、肉质脆嫩、汁多味甜、清香浓郁者为佳。本品虽然四季供应,但以秋冬两季为最佳节令。同一枝莲藕,又以藕头(带有藕尖的一节)香甜脆嫩,最宜清炒。

②新鲜莲藕应去节、去皮,切成厚薄均匀、整齐划一的薄片,以清水漂去淀粉,白白净净,浸于水中,防止氧化变色。红椒切片,与藕片同炒,可起点缀映衬作用。

③炒锅以清油滑净,下姜片炝锅,下藕片以旺火快速翻炒。至断生时加精

盐、白糖炒匀,撒葱花、白胡椒粉即成。注意以旺火加热,快速翻炒,边晃锅,边淋清水,让锅中微有浆汁,让藕片快速成熟入味。

④防止藕片变黑的方法:一是选择白嫩的鲜藕,品质要优;二是切后漂净淀粉,以防氧化变色;三是铁锅用油滑净,快速翻炒,减少藕与铁锅接触时间;四是避免使用任何有色调料。

⑤有人先将藕片焯水,再入油锅快速翻炒,成菜色泽特别白亮,但其鲜香滋味锐减。有人炒出的藕片干枯僵硬,如在翻炒晃锅时徐徐淋以清水,勾奶汤芡(或稀粥米浆),加以清油,则其色泽更光洁,质感更柔和。

⑥炒藕片以咸鲜微甜为其基本口味,下入少量香醋,既可使莲藕更加脆爽,又能增加酸香风味,但应在临近起锅时加入,注意用量,防止伤及本味。

⑦酸辣藕丁、香滑藕带与本菜同属一类,制作原理相同,操作手法大同小异。

素菜例8:麻婆豆腐

本菜为四川传统风味名菜,以嫩豆腐为主料,配以牛肉末和青蒜,烧制而成。成菜色泽红亮,豆腐白嫩,形块完整,具有麻、辣、鲜、香、烫的风味[1]。

制作要领:

①主料宜选以石磨加工、用石膏点浆而制成的嫩豆腐。切小方块,焯水投凉,去豆腥味和涩味。

②牛肉末宜用五成热的花生油煸酥,下入剁碎的豆豉、郫县豆瓣煸至香气浓郁、红油溢出,再加鲜汤及豆腐烧制。幼儿家庭常以猪五花肉切末,替代牛肉末。沿海地区制作虾米烧豆腐,弃豆豉、豆瓣酱、花椒和辣椒,调成鲜味,风味亦佳。

③炒酥的牛肉末加鲜汤、豆腐块烧开后,加酱油、白糖改用中小火烧约5分钟至入味,加入青蒜,旺火勾芡,收稠卤汁,最后撒上葱花及花椒面。

④供幼儿食用的麻婆豆腐不宜太过麻辣,建议不用辣椒面,少用花椒面,仅豆豉和郫县豆瓣所提供的香辣味即可。

⑤突现麻婆豆腐的鲜香风味,除用牛肉末及豆瓣酱等提鲜、增香之外,最好使用肉汤烧制豆腐,即便是普通的毛汤,也比清水好。青蒜也可增香,还能调配

---

① 任百尊.中国食经[M].上海:上海文化出版社,1999:471-472.

颜色。

⑥以大锅烧制豆腐,要防止豆腐散碎;勾糊芡后,注意晃锅,以防粘锅。

⑦豆腐含大豆蛋白及钙质丰富,有益气和中、生津润燥、清热解毒之功效。存放豆腐时,宜冷水浸泡,低温贮存,防止变酸。

素菜例9:海米焖冬瓜

本菜以新鲜的青皮冬瓜为主料,配以海米和肉末,焖烧而成。成菜汁浓味鲜、清香适口、瓜肉酥嫩、形整不烂。

制作要领:

①本菜主料宜选新嫩、紧实的青皮冬瓜。如果瓜肉松泡,则不宜制作此菜。配料海米宜选色亮味淡、体形弯曲、大小匀称、鲜而微甜之上品。肉末以肥瘦相间的猪五花肉(或腿肉)剁碎即可[1]。

②冬瓜去皮、去囊,切成厚约1厘米的长方块。海米用温水泡软,漂洗干净。肉末及海米的用量约为净冬瓜的1/10。

③工艺流程:净油锅下姜米炝香,下猪肉末煸酥,再放虾米、冬瓜同炒,待香气浓郁时,加精盐、白糖和清水烧沸,改小火焖约6分钟至瓜肉熟嫩入味,勾芡淋明油,撒葱花即成。

④本菜常以白色为主色。如果煸炒猪肉末时使用老抽调色,则其菜品呈花红色。

⑤清水的用量以刚好淹没冬瓜为准;加热时间以冬瓜熟嫩入味为度,过则致其散烂。

⑥本菜的主要特点是汁浓味鲜,清香适口。如用肉汤替代清水烧制冬瓜,则其鲜香滋味更为浓烈。

素菜例10:腊肉炒菜薹

本菜以新鲜脆嫩的红菜薹为主料,配以腊肉,煸炒而成。成菜腊肉醇美柔润,菜薹鲜香脆嫩,腊香与清香交汇,紫红、淡绿与亮晶相衬[2],富有浓郁的乡土气息。

---

① 吴穗.幼儿园实用菜谱精选[M].南昌:江西科学技术出版社,2011:42-43.
② 谢定源.新概念中华名菜谱湖北名菜[M].上海:上海文化出版社,1999:136-137.

制作要领：

①正宗的腊肉炒菜薹首选湖北武昌洪山特产的红菜薹。皮薄、肉厚、质脆、微甜、色紫红而光洁，形粗短而壮实，清香浓郁而不苦涩，口感柔嫩而无筋络。

②红菜薹属冬令时菜，开春之后可选白菜薹。初加工时茎叶兼取，手工折断（长约5厘米，不用刀切），粗者去其外皮，太粗者从茎的中间切开，一分为二。

③腊肉以肉身干爽结实、腊香浓郁而富有弹性者为上品。若肉色灰暗无光、脂肪发黄、无弹性，有黏液，则是次品。咸味过重的腊肉宜用淡盐水浸泡，然后改用清水漂洗。太过干硬的腊肉应先蒸后切，切成厚约0.3厘米的长方片。

④腊肉炒菜薹宜热锅、冷油、旺火、快炒、速成。姜米下热锅炝香，下腊肉以旺火煸炒至腊油渗出、腊香四溢，下蒜草和菜薹同炒，待菜薹柔润后加精盐、白糖翻炒，下味精、撒胡椒粉起锅。耗时不到3分钟。

⑤幼儿园食堂以大锅炒菜薹，可在临近出菜时选2位师傅配合烹制，一位师傅负责菜薹焯水，另一位师傅以煸香的腊肉合而烹炒。现烹现吃，一热三鲜。

⑥此菜虽是冬令时菜，但口味不宜过重，应以咸鲜香甜为正宗。凡无鲜甜回味者，要么是菜薹品质不好，本身的苦涩味重，要么是加盐过量（腊肉的咸味也重），人为造成咸苦味。

⑦西南及华中地区的居民嗜辣，幼儿家长如不用腊肉，可直接烹制酸辣菜薹：先加干红尖椒入油锅炝香，临近起锅时烹入香醋，此即酸辣鲜香味型。有条件的单位可选藜蒿与腊肉同炒，制作方法与腊肉炒菜薹相同。

素菜例11：肉末烧茄子

本菜以鲜嫩的长茄子为主料，配以肉末、豆瓣酱，烧制而成。成菜色泽金红，明油亮芡，滋味咸鲜香辣微甜，质感软嫩柔滑适口。

制作要领：

①茄子以表皮光洁、结实嫩脆、形体匀称者为佳。曝晒、挤压或贮藏过久的茄子容易变黑，选料时应注意甄别。

②紫色细长的茄子去头尾，在其表面浅剞花刀，改切成长条块，以清水浸泡，可避免茄子变色，除去涩味。较老的茄子，可用盐水稍腌，挤去黑水。

③幼儿园以大锅烧制茄子，可将茄块拍匀干淀粉，用七成热的花生油炸至

表面收缩,再与炒酥的肉末和豆瓣酱一同烧制。幼儿家庭则直接将茄子煎酥,注意底油要宽,火力要旺。

④豆瓣酱以四川郫县豆瓣为最佳,使用时先要剁细,入油锅炒酥煸香。如将猪五花肉切末,与剁细的郫县豆瓣一同煸酥,再与茄子同烧,则其风味更佳。

⑤烧茄子加水宜适量,约2分钟后,调准口味,以旺火收汁。茄子直接下锅走油,烧制时不易变色;加入少量食醋,烧制时不易变黑;重用大蒜和豆瓣酱烧制,风味更佳。

⑥因豆瓣酱和酱油含盐量较高,故在定性调味时应减少食盐的使用量。

⑦紫色茄子的表皮含有丰富的维生素E和维生素P,能增强毛细血管的弹性,防止微血管破裂出血,所以,烹制茄子不宜去皮。

素菜例12:五花肉焖豆角

本菜以肥硕豆角为主料,配以猪五花肉焖制而成。成菜淡红浅绿相映,滋味咸鲜香醇,豆角柔润适口,猪肉酥嫩不腻。

制作要领:

①主料以肥硕饱满、应时当令的胖豆角为最佳,配料宜选肥瘦相间的新鲜猪五花肉。

②本菜是荤素搭配的典型代表,莴苣、萝卜、冬笋、芋头、土豆、茭白、四季豆、老藕、板栗、梅干菜等皆可与五花肉同焖,成菜肉中有菜香,菜中有肉味。

③豆角净处理后,掰成小段;去皮猪五花肉切成长条型厚片。取适量肥肉切片炼油,再与豆角同炒,可使豆角口感更柔和,脂香更浓郁。

④豆角加水焖制之前,应先将炒锅滑净,以肥肉炼油(去掉油渣),下五花肉煸香,再下豆角、蒜瓣、食盐同炒。此工序可去除豆腥味,并产生香气。如主料是四季豆、萝卜等,炒前还需焯水。

⑤本菜使用焖法烹制,其用水量以水面平齐原料为度,先旺火烧开,再盖上锅盖,改用小火加热约8分钟,最后调准口味,以旺火勾芡。芡汁稠浓,明油亮芡。

⑥豆角难以入味,煸炒时可提前加入精盐和白糖,用量以菜品咸鲜略有回甜为度。

⑦为防止菜品颜色过深,煸炒五花肉时,宜用生抽,而不选老抽;焖豆角时,

时间不宜过长。有些家庭用豆酱和肉与豆角同焖,酱香虽浓,但脂香和清香被抑制,且颜色难看。

素菜例13:鸡丝炒韭黄

本菜以韭黄为主料,配以鸡丝、红椒,炒制而成。成菜黄、白、红三色相映,和谐悦目,韭黄脆嫩,鸡丝滑润,滋味鲜咸,香气浓郁。

制作要领:

①韭黄,全国各地均有栽培,以冬春两季出产者品质最佳。本菜宜选浅黄亮泽、叶肉肥厚、清香淡雅、形整不烂的鲜嫩韭黄。

②取新鲜鸡脯肉切丝,加精盐拌和至发粘上劲,加鸡蛋清、水淀粉上蛋清浆。注意鸡脯肉顺纹切二粗丝,规格一致。鸡丝拌和至发粘上劲,可吸附足量水分,既使制品光洁滑嫩,又能提高其出品率。

③韭黄以清水浸漂洗净,防止搓揉挤压,以免损伤质感;先洗后切(长约7厘米),可避免水溶性维生素大量流失。红椒切丝,焯水投凉。

④烹制工艺:炒锅滑净,以三成热的熟猪油将鸡丝滑油至断生后捞起。锅内留底油下红椒丝以旺火炝香,下韭黄快速翻炒,烹入调料,加鸡丝炒匀即成。

⑤炒韭黄应热锅、冷油、旺火、快炒。民谚"韭菜十八铲",意谓炒韭菜只有快速成菜,才能确保脆嫩的质感和浓郁的香气。

⑥本菜忌讳口味浓厚,忌用深色调料,配色和谐、滋味鲜香、清醇雅致。

⑦幼儿园食堂制作此菜常以鸡丝和红椒为配料。鸡丝滑嫩的关键是上浆时吸足水分,滑油时以断生为度,避免长时间加热。红椒仅作点缀之用,过量则显杂乱。

第四节　幼儿汤羹类膳食调制

汤羹类膳食,是指幼儿膳食中运用煨、煮、炖、汆、熬、涮等技法制成的以汤羹为主体、汤汁多于主料的各式热菜的总称。此类食品常与热荤及素菜类膳食合理组配,充当中餐和晚餐(正餐)的主菜。掌握其烹调技法及操作要领,有助于提升幼儿膳食质量水平。

一、汤羹类膳食的主要烹调技法

(一)煨

煨是指将经过炸、煎、煸炒或水煮的原料放入锅中,加入水或汤汁,旺火烧沸,改用小火或微火长时间加热至酥烂,再调味成菜的一种烹调方法。煨法是加热时间最长的烹调技法之一,适用于质地粗老、鲜香物质含量丰富的动物性原料,如牛肉、母鸡、老鸭、排骨、老鳖、土鱿等,能将原料中的鲜香物质溶解于汤中,使汤味鲜香醇美,更具营养、滋补功效。煨制的菜肴,如瓦罐煨鸡汤、排骨煨藕汤、红煨牛肉、冬笋火腿煨老鸭等,酥烂软糯、汤宽而汁浓,口味鲜醇肥厚[①]。

煨的操作要领主要表现为:第一,煨法适于肌肉纤维比较粗老、胶质较多、鲜香物质含量丰富的动物性原料。第二,煨制的原料一般不需腌渍调味或上浆挂糊,有的只需焯水,除去血污和异味。第三,煨菜的炊具多选用陶质器皿,如陶罐、砂锅等。第四,煨法的火候特点是原料经煎、炸或煸炒处理后,加汤水用旺火烧开,立即转入小火或微火长时间加热。第五,煨菜的加热时间及下料时机应因原料特性而定,以原料酥烂入味为度。第六,煨制的菜肴注重原料本味,调味宜清淡。

(二)煮

煮是指将加工处理的原料放入多量的汤汁或清水中,先用旺火烧沸,再用中、小火较长时间加热成菜的烹调技法[②]。煮法在幼儿膳食调制中应用极广,可细分为水煮、汤煮、奶油煮、白煮等类别,适于果蔬类、豆制品、肉类、鱼鲜等各式新鲜原料,尤以动植物原料配合烹制最为常见,其制品特点是:汤菜各半,汤多汁浓,汤味鲜醇,清爽利口。代表菜品有鸡火煮干丝、鱼头豆腐汤、萝卜丝煮鲫鱼等。

煮的操作要领是:第一,煮菜的烹饪原料一般选用纤维短、质地细嫩、异味小、蛋白质含量丰富的新鲜原料。第二,用以煮制的蔬菜类原料大多经过初步熟处理,再加热至断生即可。第三,煮制菜肴的火力以中、小火为佳,加热时间应因具体原料而异。第四,煮制菜肴要掌握好汤菜的比例,以汤多于料或汤菜各半为佳。第五,煮菜以咸鲜味为主,少数有异味的原料必须经过初步熟处理,

---

①　冯玉珠.烹调工艺学[M].北京:中国轻工业出版社,2007:169-171.
②　国内贸易部饮食服务业管理司.烹调工艺[M].北京:中国商业出版社,1994:208-209.

以确保制品的品质。

(三)炖

炖是指将经过加工整理的较大形状的原料放入陶钵、砂锅、铁锅、瓷盅或海碗等盛器中,加入汤水和调料,大火加热至水沸后,改用小火长时间进行加热,使原料酥烂或软烂入味的一种烹调方法。根据加热方式的不同,炖又分为隔水炖和不隔水炖两种。前者将原料初步处理后放入陶钵等盛器中,加汤水及调料,盖上盖(或用桑皮纸封口),置水锅内旺火炖至原料酥烂或软烂即成。也可将原料置陶钵等盛器内入蒸笼(或蒸柜)蒸制成熟,此法即为"蒸炖"。如花菇红枣甲鱼盅。后者将初步处理的原料放入砂锅等盛器中,加汤水及调料,旺火烧沸,改微火加热至原料酥烂或软烂。华南地区称此法为"煲",如萝卜炖牛腩。

炖菜具有汤清、汁宽、料大、味醇,酥烂或软烂入味等特点。其操作要领是:第一,炖制法适用于肌纤维较粗老的禽类、畜类及水产原料。第二,炖菜原料在炖制之前,必须经过初步熟处理,以排除血污和腥臊味,保证汤清、味醇。第三,炖菜原料放入陶钵、砂锅等盛器后,先加清除异味的调味品,如生姜、料酒等,不宜一次性加足咸味调味料,待原料炖至酥烂后,再调准口味。第四,炖制时,要先用旺火烧开,改用小火或微火长时间加热,以保证汤质清醇。第五,菜肴原料置入盛器炖制时,要一次性加足汤水,不宜中途加水,不得使用有色调味料[①]。

(四)汆

汆是指将经过初加工的原料放入汤锅中,旺火加热,快速调味成菜的一种烹调技法。汆是制作汤菜常用的烹调方法之一,所选原料多为质地脆嫩、无骨、形小的新鲜原料,如猪肝、鸡片、肉丝、虾仁等;火候特点是旺火加热,时间极短,沸水汆因与油爆相似,故又称作"汤爆"。汆制的菜肴具有汤清、味鲜、原料脆嫩或细嫩等特色,如双圆鲜汤、平菇汆肉片。

汆的操作要领是:第一,汆的加热时间极短,宜选质地脆嫩的动植物原料。第二,用于汆制的原料宜加工成薄片或细丝,也有剞以花刀,或制成茸胶挤成圆球,再行汆制。第三,汆制动物性原料,多数要上浆,上浆的目的是使原料更加细嫩。第四,要根据原料的性质掌握好下锅时的水温。有的汆菜,如汆双脆,宜

---

① 邵万宽.烹调工艺学[M].北京:旅游教育出版社,2013:281-283.

沸汤下锅,再旺火氽制;有的氽菜,如鸡茸豆花汤,宜热汤下锅;有的氽菜,如氽汤丸子,宜温水下锅。第五,氽的菜肴不需勾芡,保持汤的清醇①。

二、汤羹类膳食菜品制作要领探析

供应幼儿日常膳饮,特别注重冷热干稀及膳食营养的合理调配。为提升幼儿膳食菜品的制作工艺水准,现从幼儿膳食菜品中摘选常供汤菜数例,对其制作要领进行介绍与分析。

汤羹例1:三鲜汤

本菜以三种鲜嫩原料为主料,辅以鲜汤或清水,氽制而成。成菜汤汁清醇,调配和谐,鲜咸而香,滑嫩爽口。

制作要领:

①"三鲜",泛指三种鲜料,最常见的是猪肉片、猪肝片和平菇,档次稍高的有鸡脯肉片、鸽脯肉片、虾肉片、鳜鱼肉片、鸡内金、蘑菇片、鲜笋片、竹荪等。

②三鲜汤的主料一般要求荤素兼备,质地脆嫩,其中,荤料多数要上浆,素料只需加工成净菜。其配料主要是菜心,有时也加配粉丝。

③肉片要加盐顺向搅拌至发粘上劲,上水粉浆。猪肝切片,漂洗干净,码味后加淀粉拌匀。鲜嫩平菇撕开成片,不用焯水。

④氽制三鲜汤最好使用鲜汤,平常多用清水。汤宽料精,不用勾芡。

⑤本菜的烹制技法为氽,投料顺序是:先以姜米炝锅,加清水(或鲜汤)烧开;再下平菇和菜心,调准口味;最后下猪肉片和猪肝片,汤沸即出锅。操作要领是:汤滚料嫩,瞬间制成。

⑥制作本菜,一忌原料不鲜,失鲜香滑嫩之风味;二忌用料过量,杂乱无章;三忌口味过重,偏离清鲜香醇之本味;四忌加热时间过长,影响菜品脆嫩滑爽的质感。

⑦三鲜汤在幼儿家庭或学生食堂应用极广,其食材供应有保障,操作流程很简捷,调制时可因地制宜,因人而异,灵活变通。

汤羹例2:瓦罐煨鸡汤

本菜以华中地区的黄色老母鸡(土鸡)或其他地区的三黄鸡为主料,选用陈

① 周晓燕.烹调工艺学[M].北京:中国纺织出版社,2008:280-281.

年瓦罐,以微火长时间加热而煨成。正宗的瓦罐煨鸡汤汤色清澈,原汁原味,汤稠料烂,鲜香浓郁,具有汤滚、肉烂、骨酥、味鲜、气香等特色,是江汉平原地区逢年过节、亲友团聚的家常菜品,素有"陈年瓦罐味、百年吊子汤"之美誉。

制作要领:

①煨汤的原料多选用农户人家自然放养的土母鸡,以育龄 3 年左右、重量 1.2~1.4 千克的老母鸡最为理想。人工豢养的肉鸡不适宜煨汤。

②煨制鸡汤的理想炊具是陈年瓦罐。因为陶质的瓦罐有利于微火加热,可使汤汁长时间保持"微滚状态",使土鸡的鲜香物质充分溶解到汤汁中。此外,陈年瓦罐的罐壁积累了足量的生物碱,有利于鲜香风味的形成。

③煨制鸡汤最宜选用甘甜清澈的清泉(限于条件,可选用自来水)。清水与土鸡的用量之比以 3:1 较为适宜。汤多一口,则味淡一分。

④调制时应一次性加足清水,不宜中途添加冷水,更不能使用其他鲜汤来煨汤。

⑤煨汤火候特点:旺火爆炒(鸡块),加清水烧沸,改用微火加热 3~4 小时,使汤汁长时间保持微滚状态[1]。

⑥调味要领:食盐的用量要精准,清鲜为本,以突现鸡汤本身的鲜味。调味时,可分两次放入食盐,即鸡块下锅爆炒时加入用盐量的 1/3,鸡汤离火前 30 分钟加入另外的 2/3,此法有利于鲜香物质充分地溶于汤汁中。

⑦传统的瓦罐煨鸡汤本无配料,汤清汁浓,质肥不腻,滋味鲜香,清清醇醇。如用作幼儿膳食,可加配白萝卜,或香菇,或红枣,制成萝卜煨鸡汤、香菇煨鸡汤或红枣煨鸡汤,以降低膳食成本。如果母鸡肥壮,还可将粉丝泡透垫底,食之不腻。

⑧清彻鲜醇的鸡汤汆鲜菌,即野菌鸡汤;汆鱼丸,即清汤鱼丸;烩四样,即鸡汁四宝;烩什锦,即"全家福"。民间常说"戏子靠腔,厨子靠汤",意谓鸡汤的调鲜功能极强。

⑨瓦罐煨鸡汤不但鲜香味美,还是滋补佳品。中医认为:鸡肉味甘性平,益五脏,补虚损,健脾胃,强筋骨。本品特别适于体弱多病的幼儿滋补之用。

汤羹例3:清汤鱼圆

本菜以鳡鱼或白鱼鱼肉制鱼圆(鱼丸),使用鸡清汤汆制而成。成菜鱼圆洁

---

① 贺习耀,王婵.加热方式对鸡汤风味品质影响的研究[J].食品科技,2013(10).

白、光润、细腻、筋道、味鲜,鸡清汤清彻、鲜醇、香浓、滚烫,品格高雅,营养丰富。

制作要领:

①制作鱼圆,通常选用肉质细致紧密、洁白少刺、持水力强、异味较轻的淡水鱼鲜,如鳡鱼、白鱼、青鱼、草鱼、鳜鱼等。

②鱼茸制作:鲜鱼治净—分档—取白色鱼肉(鱼红另作他用)—改切成条—清水浸漂—置电机内绞至手感细腻。

③清水浸漂的作用是除去鱼肉中的血色素和杂质,减少肌浆蛋白和蛋白分解酶的含量,增强制品的品质。

④鱼胶制作:鱼茸置入瓷钵中,加葱姜汁化成粥状,加食盐顺向搅拌至发黏上劲,形成胶状(可在清水中浮起);再加入鸡蛋清、凝固的熟猪油、湿淀粉及味精拌匀①。

⑤每100克新鲜鳡鱼肉或白鱼肉可持水130~140克;每100克新鲜青鱼肉或草鱼肉可持水100~110克。鱼肉的持水能力越大,鱼圆的嫩度越好,弹性越强,同时出品率也越高。

⑥湿淀粉是鱼胶成型的生成剂和黏合剂,用量过多,则制品质感硬结,色泽发暗。鸡蛋清可提高鱼茸制品的弹性和嫩度,熟猪油可增强制品的光洁度和滑润性,如果用量过多,会使制品外表不光洁,里面多网孔(蜂窝状),食之既有粗涩感,又具油腻味。

⑦挤制出的鱼圆,状如荔枝,入滚水中以小火慢慢加热至成熟定型,取出投凉,置冷水中低温保存。

⑧清汤鱼圆宜选新鲜鸡汤汆制,清鲜为本,一热三鲜。橘瓣鱼汆、空心鱼圆、三色鱼圆汤等,成型手法不同,成菜机理一致,均可参照此菜的调制方法。

汤羹例4:番茄鸡蛋汤

本菜以新鲜的鸡蛋和番茄为原料,煮制而成。成菜汤清汁醇,鲜香酸甜,鸡蛋嫩滑,番茄柔润;黄色的蛋片(状如海带)漂浮于红色的番茄周边,缀以青色的葱花、亮晶的油珠,美观大方,惹人食欲。

制作要领:

①本菜是一款制法简易、滋味鲜香、营养丰富、物美价廉的家常菜。番茄宜

---

① 贺习耀,万玉梅."鱼茸糊"的品质控制[J].餐饮世界,2009(10).

选色泽红艳、果形端正、饱满结实、柔嫩多汁、酸中带甜的时令佳品。鸡蛋则以新鲜的土鸡蛋为最佳。

②番茄皮薄,皮与肉相连紧密。如果将洗净的番茄用沸水烫泡约1分钟,很快会使皮肉分离。

③番茄宜切块,形如大型橘瓣;鸡蛋去壳后将蛋液搅匀,不加食盐和湿淀粉。

④烹制工艺:净油锅下姜米以旺火炝香,下番茄及精盐、白糖煸出汁液,再加清水烧开,改小火煮约1分钟,徐徐淋入鸡蛋液,随即加味精,撒葱花、白胡椒粉,淋以香油即成。

⑤番茄用精盐、白糖以旺火煸出汁液,可使汤汁鲜醇而微带酸甜。有人直接将番茄切片下入沸水中煮,汤汁寡薄无味。

⑥新鲜土鸡蛋的蛋液下锅时用小火(或微火)稍煮,则状如黄色的海带,呈飘逸状,且质地滑嫩。火力过大,易将蛋液冲散,既失其形,又损质感。

⑦本品是幼儿夏秋时节最喜爱的菜式之一。无论是滋味、质感、色泽,还是营养,都很适合幼儿,况且食材充沛、制法简易、成本低廉,故而应用相当广泛。

汤羹例5:芸豆肚片汤

本菜以新鲜猪肚为主料,配以芸豆,炖制而成。成菜汤白醇浓,肚片酥烂,芸豆粉糯,鲜香微甜。

制作要领:

①本菜主料宜选新鲜猪肚,去油脂后,先以盐醋搓洗、里外翻洗、清水冲漂等方法去除黏液和杂物,再下冷水锅焯水。

②净猪肚应使用清水焯水,水锅内可加姜片、花椒和料酒,但不能加食盐同煮,否则,猪肚紧缩僵硬,不易炖烂,出品率低,且不便食用。

③猪肚焯水后,冷水投凉,斜刀切成长条片,炖制之前始终浸在水中,防止变黑。

④芸豆用温水泡发,洗净沥干。加配少量红枣,可配色、提鲜,但量不宜多,仅作点缀。红枣用冷水洗净,待至肚片炖烂后加入,过早加入,会影响汤汁的色泽。

⑤烹制工艺:先用姜米炝锅,下入猪肚片炒香,一次加足清水烧开,转入砂锅,以小火炖至猪肚熟嫩以后加入泡发的芸豆同炖,待猪肚酥烂、芸豆粉糯时,

加入精盐和白糖,调准口味。

⑥炖猪肚的关键一是清水用量准确,不得中途添加冷水,不得用水过量;二是控制加热时间,以小火慢慢将猪肚"焐"至酥烂。

⑦调理时不得过早加入食盐,不得使用酱油、辣椒油等有色调味料,不得将口味调得过重,不得滥用装饰物料,影响菜品清醇。

汤羹例6:萝卜炖羊肉

本菜以羊肉为主料,配以萝卜、大蒜,用砂锅炖制而成。成菜汤汁醇浓,羊肉酥烂,滋味鲜咸香辣而微甜,是幼儿深秋冬令的滋补佳肴。

制作要领:

①本菜主料宜选肉质紧实、颜色浅红、肌纤维细软、膻臊味较小的绵羊肉。内蒙古、新疆等地出产的绵羊臀部肌肉丰满,质嫩味鲜膻味小,是制作本菜的首选。

②萝卜宜选个体匀称、皮薄汁多、新鲜脆嫩、口味微甜的白萝卜。民间有"秋冬萝卜赛人参"之说。

③冰冻的羊肉宜用冷水解冻,切块后泡去血水,焯水备用。萝卜炖制之前宜焯水(或爆炒),去除苦涩。本菜还可加配少量红萝卜配色,不存在"红白萝卜同烹相克"的现象。

④解除羊肉膻味的方法,一是洗净后焯水;二是配用干红辣椒、花椒爆炒;三是配萝卜、大蒜去除膻味;四是使用白糖及腐乳卤去膻味;五是趁热食用。

⑤羊肉焯水后入炒锅用猪油或羊油爆炒,可使制品汤汁醇浓;加配干红辣椒、花椒及陈皮(橘子皮)同烹,有利于去除膻味,增添香气。

⑥羊肉炒香后加水烧沸,转大型砂锅以小火炖约90分钟后,加萝卜块炖至熟嫩入味。水的用量是羊肉的4~5倍,汤过宽,则味寡薄。

⑦幼儿园食堂选用大型不锈钢桶炖羊肉,应防止沸汤的余热将羊肉和萝卜焐得过烂。调味时,干红辣椒、花椒和食盐的用量不宜多,防止口味过咸过辣。

汤羹例7:萝卜鲫鱼汤

本菜以鲜活鲫鱼为主料,配以白萝卜丝,煮制而成。成菜汤汁浓酽似奶,质地细嫩柔滑,口味鲜咸微甜,外形完整不烂。

制作要领:

①本菜主料宜选鲜活的大鲫鱼(每尾重约500克),配料宜选新鲜脆嫩、口

味微甜的白萝卜,调料宜选熟猪油或大豆色拉油。污染水域出产的鲫鱼、次新鲜或不新鲜的鲫鱼、形体太小的鲫鱼均不适合制作本菜。

②鲫鱼初加工时注意刮净鱼皮上的污物及内腹上的黑膜,漂洗干净。萝卜丝适时焯水,再与鲫鱼同煮,可确保汤色乳白,汤味醇正。

③油锅烧滚,下姜块(拍松)炝香,下鲫鱼以旺火煎至两面微黄,加清水烧开,改中火煮约15分钟至汤汁奶白浓酽,再下萝卜丝及食盐和白糖,煮至柔嫩即可。

④汤汁乳白鲜香浓酽的条件:一是选用富含胶质及鲜香物质的鲜活大鲫鱼;二是取用富含卵磷脂等具有乳化性能的调味料(如猪油、大豆色拉油);三是旺火加热,汤汁滚沸,有利于乳化液的形成;四是杜绝使用具有异色异味的各种调味料;五是不能提前加入过量的食盐。

⑤本菜汤汁稍宽,味料宜轻,口味以鲜咸微甜为标准,要求趁热及时品鲜。民末清初戏曲家李渔说"鱼之至味在鲜,而鲜之至味又只在初熟离釜之片刻"(见《闲情偶寄》),道出了其中的奥妙。

⑥幼儿园学生食用此菜,应由保幼老师剔除鱼刺,以杜绝安全隐患。鱼头豆腐汤调制方法相近,食用方法同理。

汤羹例 8:芋头煲牛腩

本菜以新鲜牛腩为主料,配以芋头,用砂锅煲至酥烂入味,收稠汤汁即成。成菜绵软酥烂,汤鲜汁浓,鲜香微辣,回味悠长。

制作要领:

①主料宜选新鲜、干爽的正宗牛腩,切长条块(长4厘米、宽3厘米、厚2厘米),泡去血水,滤干。芋头用沸水浸泡后剥皮(防止黏液粘手,否则奇痒难受),切成大小相近的滚刀块。

②炒锅滑净,老姜、干红椒炝锅,下牛腩,加精盐、老抽、白糖炒香,加水烧开后转至砂锅,以小火煲约90分钟,至牛肉酥嫩。水要一次加足,不得中途添加冷水;火以小火加热为佳,使汤汁保持微沸状态。

③为增强制品鲜香滋味,部分地区在炒制牛腩时,另加八角、桂皮、猪肉皮等一同煲炖,待牛肉熟嫩以后将其择除。

④幼儿家庭制作此菜,可将牛腩放入卤锅内卤至酥嫩,取出切块,另取汤汁

与芋头一同煲制。或是直接购买卤牛肉成品,切块后与芋头拼配煲制。

⑤牛肉煲炖至酥嫩后,加芋头继续煲约 30 分钟,调准口味,加入青蒜(马蹄状),收稠芡汁。

⑥以砂锅煲牛腩的最大好处就在于砂锅的密封性和保温性,能使牛腩的鲜香物质通过较长时间加热,逐渐溶于汤中,同时避免了营养素的大量损失。使用高压锅煲汤,速度虽快,但风味欠佳。

汤羹例 9:排骨煨莲藕

本菜以新鲜猪排骨为主料,配以老莲藕,煨制而成。成菜莲藕粉糯,排骨酥烂,汤汁醇厚,鲜香味浓。

制作要领:

①本菜主料以山乡正宗土猪的直排为最优,新鲜是其前提条件。配料莲藕应选江南地方名产,以野生老藕煨汤,易于熟烂,质感粉糯,香味浓郁。

②排骨煨莲藕的传统制法是使用大砂吊子(砂铫,陶质炊具)煨制,表面粗糙,不上彩釉,使用的年数越久,煨出的汤越香,并且藕不变黑。

③本菜制作流程是:先将排骨(斩长条块)炒香,转砂铫加水烧沸,以小火煨约 1 小时下藕块,再煨 1 小时至排骨、老藕酥烂,加精盐、白糖调味,继续煨约 20 分钟至鲜香入味即成。

④防止莲藕变黑的方法:一是莲藕去皮后切滚刀块,冷水漂净,撒盐稍腌;二是莲藕不用铁锅烹炒,甚至不用铁勺搅拌;三是使用砂锅或其他陶质炊具煨制;四是一次加足清水,掌控煨制时间,现烹现吃。

⑤防止莲藕不烂的方法:一是选择江南盛产的野生老藕;二是一次性加足清水,火力恒定,使汤汁保持微滚状态;三是食盐不得过早加入。

⑥此菜以砂铫煨炖,火功足,火力匀,排骨软烂,莲藕粉糯,汤味香浓,菜含肉味,肉含菜香,余味无穷。

⑦排骨煨莲藕最宜冬春两季趁热食用,其他节令可用冬瓜排骨汤、萝卜煨排骨、葫芦炖排骨等替代,烹制原理相近。

汤羹例 10:冬瓜老鸭汤

本菜以老鸭为主料,配以净冬瓜,炖制而成。成菜汤清色白,鲜香味浓,鸭肉软烂,冬瓜熟嫩,是夏秋时节的滋补佳肴。

制作要领：

①本菜主料宜选育龄2年以上肥壮的土老鸭。冬瓜宜选新鲜、结实的青皮冬瓜。

②本菜的炊具以陶质的砂煲为最佳,普通的陶钵、瓷盆(蒸炖)亦可,钢铁器皿则较差。如用高压锅烹制,则其风味品质更差。

③老鸭治净,斩切成块,以清水漂去血污,下沸水锅中,加料酒、姜块、葱结焯水,洗净沥干。此工序有助于去除毛臊味。

④净炒锅加姜块炝香,下鸭块以旺火爆炒,烹入料酒、精盐,炒至鸭油溢出、香气浓郁时,转入砂煲中加足清水烧沸,改小火炖(煲)至鸭肉软烂。有些餐厅以长时间焯水来替代爆炒鸭块,则其鲜香风味不甚明显。

⑤炖(煲)老鸭的火力为小火或微火,使汤汁保持微沸状态,时间约2小时,直至鸭肉软烂。下冬瓜后下精盐、白糖调味,改中小火炖约4分钟起锅。

⑥本菜具有去暑、清热、补脾、开胃之功效。盛夏时节若配以荷叶同烹,则其风味更佳。

⑦幼儿食用此菜应在保幼老师或家长的帮助下进行,以免斩碎的鸭骨伤及幼儿咽喉。

汤羹例11：牛骨萝卜汤

本菜以牛骨为主料,配以白萝卜,煨炖而成。成菜汤汁醇浓,鲜香微辣,牛肉酥烂,萝卜软润,一热三鲜,回味悠长。

制作要领：

①牛骨宜选新鲜的黄牛大骨,附带足量的牛肉、牛筋、脆骨更好。

②牛骨斩大块,连同碎肉、牛筋用清水浸漂1小时(注意换水),漂去血污。

③牛骨等入水锅焯水,冲净浮沫,下炒锅,加姜块、干红尖椒、八角、绍酒,用旺火炒香,转入大砂锅,加足清水烧开,改用小火(或微火)煨炖约5小时,至汤汁浓稠,牛肉、牛筋酥烂。

④熬牛骨汤讲究牛骨、碎肉、牛筋的用量。料鲜量足,汤汁才醇厚。幼儿家庭制作此菜,可将牛骨等炒香后,转入高压锅烹制,也可使用电饭煲煲汤,但其鲜香滋味远不及大砂锅熬制的好。

⑤熬牛骨汤不可过早加入食盐,不宜中途添加冷水,不得加入酱油等深色

调料,不能使用旺火速成,注意及时撇去浮沫和油污,防止牛肉、牛筋黏附锅底。

⑥幼儿园餐厅制作牛骨萝卜汤可取牛骨原汤烹制。剔去大骨,保留牛肉、牛筋和原汤,下入焯水的白萝卜(长条块),加精盐、白糖,炖约20分钟至萝卜熟烂入味。

⑦牛骨汤油厚汤稠,鲜香浓郁。有条件的单位可一次熬上一大锅,然后分次使用。炖萝卜、烧土豆、煲芋头皆可,煮原汤粉、下牛肉面、充当火锅底料也行。

⑧本菜于冬春低温季节趁热食用则风味最佳。供幼儿食用时,不宜咸辣味厚,不要太过油腻,不得特别滚烫,不留细碎牛骨,以确保食用安全。

汤羹例12:翡翠白玉羹

本菜以小白菜叶焯水切丝喻翡翠,以嫩豆腐切条喻白玉,配以鲜汤,勾奶汤芡即成。成菜汤汁清莹亮晶,翠绿、玉白相映,滑润适品,鲜香可人。

制作要领:

①本菜命名雅致,朴实宜人。翡翠,泛指翠绿亮晶的食材,如焯水的小白菜叶、嫩绿的小丝瓜条、新鲜的嫩菠菜心;白玉,则是光洁色白的原料,如白嫩的水豆腐、白亮的鸡蛋清。

②制作本菜必须选用新鲜的鸡汤、骨汤或肉汤,以鸡清汤最为纯正。幼儿园食堂如用浓缩鸡汁制作此菜,亦无可厚非;如用开水兑味精制作此菜,则其风味大打折扣。

③新鲜、厚实、脆嫩、油绿的小白菜以沸水锅焯水,冷水投凉,卷切成细丝。白嫩的水豆腐切细条,焯水投凉,去除豆腥味。

④烹制工艺:取净锅留底油加姜米炝香,下清汤、豆腐以旺火烧沸,下精盐、白糖、味精调味,下湿淀粉(绿豆淀粉)收米汤芡,加小白菜丝拌匀,撒白胡椒粉、淋香油起锅。

⑤有些餐厅以菠菜焯水,切末,或直接将香菜切末,替代焯水的小白菜丝。用鸡蛋清取代嫩豆腐:鸡蛋清搅匀(不能加盐),徐徐淋入米汤芡汁中(改用小火加热),形成白玉状的鸡蛋白(柔润滑嫩)。

⑥本菜工序简短,成菜快捷,色泽明快,清新滑润。调味时口味宜清淡,但鲜香风味不能减;芡汁宜淡薄,以刚好能托住豆腐和菜叶为标准。

汤羹例13:银耳莲子羹

本菜以银耳、莲子为主料,配以糖桂花,煮制而成。成菜汤羹亮泽黏稠,银耳绵软润泽,莲子软糯滑润,淡淡桂花飘香,具有滋阴、润燥、清肺之功效。

制作要领:

①本菜主料银耳宜选耳大、肉厚、色白之上品。莲子以颗粒圆整饱满、胀性好,入口软糯者为佳。

②取干银耳以温水泡发,择净去蒂,撕成小朵,涨发至透(涨发率为800%);莲子(去芯)用温水泡约1小时,洗净。

③水发银耳倒入盆中,加清水、莲子入蒸柜以旺火蒸约1小时至银耳胶化黏稠取出,加冰糖、枸杞(点缀)继续蒸炖约10分钟,勾薄芡即成。

④蒸炖银耳要一次性加足清水,水发银耳、水发莲子、清水、冰糖的用量比为10:3:30:2。

⑤蒸炖银耳莲子羹,以银耳融软润泽黏稠为度。也可使用净锅煮制,最后勾以薄芡。

⑥配用枸杞或红枣,有配色之功效,不宜过早加之,以免影响色泽。

⑦冰糖比白砂糖甜润,过则生腻。

汤羹例14:氽丸鲜汤

本菜以猪夹心肉剁米粒状制肉茸,以净青鱼肉绞至极细腻,加盐和葱姜汁调制成鱼茸糊,两者混合调制成鱼肉糊,挤成小肉丸,配以蘑菇(口蘑)和菠菜心,以鲜汤氽制而成。成菜汤清味醇,鲜香浓郁,肉圆滑嫩,蘑菇柔润,组配和谐,朴实大方。

制作要领:

①主料以猪夹心肉为最佳,肥瘦相间的猪五花肉亦可,纯瘦肉不适宜制作本菜。

②以鱼肉糊制作氽丸汤比纯肉茸糊风味更佳。鱼肉与猪肉的比例以3:7或4:6较为合理。

③鱼茸必须加精盐顺向搅拌至发粘上劲,调成鱼胶,再与肉茸糊及调配料拌和成鱼肉糊。

④将蘑菇置于鲜汤烧开,直接将鱼肉糊挤成小肉丸,下入锅中(停止加热、汤汁微滚),加入菠菜心,旺火烧开,调准口味,快速出锅。此法制成的氽丸格外鲜醇、滑嫩。

⑤挤制小肉丸应使其规格一致,大小与口蘑相近。鲜汤必须是新近调制的原骨汤或鸡汤,幼儿园食堂常用清水替代。菠菜心应临近起锅时加入。

⑥鲜汤氽肉丸(主料仅有肉丸),称为氽丸汤;鲜汤氽鱼丸和肉丸(主料2种),称为双圆汤;鲜汤氽鱼丸、肉丸和小番茄,称为三圆鲜汤(实为双圆汤、三鲜汤),原理相同,制法相近。

第五节 幼儿面点类膳食调制

学龄前儿童饮食的调制与供应离不开面点类膳食。就面食点心的主要制作工艺而言,通常有面团调制、馅心制作、面点成型和面点熟制等工艺流程。认识面团调制的工艺条件,熟悉馅心制作的基本技艺,掌握各种成型技巧,灵活运用面点熟制技术,有助于提升幼儿膳食制品的风味品质。

一、面点类膳食的主要调制工艺

(一)面团调制

面团是指将面粉、米粉或杂粮粉掺入适量的水、油、蛋、糖等调配料,经调制使粉料相互黏结而形成的均匀混合团浆(即坯料)。常有水调面团、膨松面团、油酥面团、米粉面团和其他面团等类别。

1.水调面团

水调面团指面粉掺水直接调制不经发酵的面团。按所用水温的不同,可细分为冷水面团、热水面团、温水面团三类。其主要特点是面团质地坚实,体积不膨松,但富有劲力、韧性和可塑性[1]。

水调面团在幼儿膳食中应用较广。冷水面团要求使用30℃以下的水与面粉调制成团,水与粉的比例应视具体原料及制品品质要求而定,注意饧面的时间与方法,掌握面团的质量标准。热水面团(即烫面)要求使用80℃以上的水与面粉调制成团,调制时应控制好掺水比例,注意洒上冷水揉团,适时散发面团热气,防止面团上劲。温水面团要求使用50℃~79℃的水与面粉调制成团,掺

---

① 邵建华,焦正福.中式烹调师(中级)[M].上海:上海科学普及出版社,1999:179-181.

水比例及和面的方法要得当,注意合理散热,以确保制品品质。

2.膨松面团

膨松面团在面团调制过程中加入适量辅助原料,或采用适当调制方法,使面团产生或包裹大量气体,通过加热,气体膨胀,使制品膨松,呈海绵状结构。

按照膨松方法的不同,膨松面团可细分为生物膨松面团、化学膨松面团和物理膨松面团 3 种,以生物膨松面团(即发酵面团)最为常见。

影响面团发酵的因素很多,其中,酵母用量和环境温度是面团发酵的关键。一般来说,酵母最适宜的生长温度为 25℃~28℃,活性干酵母的用量为 0.5%~0.7%,面肥的用量则为 10%~20%。实际生产中,面团发酵的温度主要依据气温和水温进行调节,春秋季节多用温水,冬季用温热水,夏季用凉水。此外,面团的酸度、面粉的质量、加水用量、发酵时间也对发酵面团的质量具有较大影响。要使发酵面团取得良好效果,必须综合考虑上述各种因素,切不可顾此失彼。

3.油酥面团

油酥面团以面粉、油、水为主要原料而制成,成品具有外形膨胀、口感酥松等特点。

油酥面团制品种类较多,其调制方法应因具体品种而确定。干油酥面团的调制要领是将面粉与油拌匀后用手掌根部将面团在案板上向前推擦,如此反复多次,至面团擦匀擦透为止,面粉与猪油的比例一般为 2∶1。水油面团的制作要领是将油与水及少许面粉拌和后,再与剩余面粉拌和均匀,最后用手掌根部擦匀擦透。面粉、油、水之间的比例为 5∶1∶2。酥皮面团开酥的比例应根据制品的形态和成熟方法来确定。如炸制酥点中干油酥与水面之比为 4∶6 或 3∶7;烤制酥点中干油酥与水油面之比多为 5∶5。开酥的操作要领是:包酥前应将干油酥面团回软;包酥时注意水油酥厚薄均匀,擀片时用力要均匀,尽量少用面粉;折叠宜均匀,次数不宜过多;卷筒应卷两头、带中间、卷紧搓牢;切剂后应用湿布盖好,防止坯剂表面起壳[1]。

4.米粉面团

米粉面团是指以稻米磨成的粉加水及其他辅助原料调制而成的面团。根

---

① 国内贸易部饮食服务业管理司.烹调工艺[M].北京:中国商业出版社,1994:253-256.

据加工方法的不同,可分为干磨米粉、湿磨米粉和水磨米粉。不同质地的米粉按不同比例掺合使用,可形成各式米粉面团。如糯米粉与粳米粉混合,其制成品软糯、韧滑,适于制作汤团、松糕等;将适量面粉和米粉混合,因面粉中含有面筋质,故其制品糯滑、有劲,适于制作油糕、麻球等;糯米粉、粳米粉加部分面粉混合,其制成品糯而实,不易失形。也有在磨粉前先将几种米按比例掺合再磨成三合一细粉①。

米粉配伍以后,有先成型后成熟和先成熟后成型 2 种烹制方法。前者先将米粉加工成粉粒状(如松糕)或团状(如汤团),再加热成熟。后者将米粉按一定配比掺和,加水拌和成粉粒状后蒸熟,倒入拌和机内搅透拌匀成团,再按需要摘下熟粉团剂坯,包熟馅即成。如冷麻团等。

（二）馅心制作

动植物原料加工成丁、粒、丝、末、茸或泥后,再经拌制或熟制,即可包入面皮内,充当馅心。根据原料性质及成品口味的不同,馅心既有荤馅与素馅之分,又有甜馅(如泥茸馅、果仁蜜饯馅、糖馅等)与咸馅(如生肉馅、熟肉馅、菜肉馅等)之别。

咸味馅的原料大多加工成细碎的小料,其口味比一般菜肴的口味稍淡,重馅品种的口味更加清淡。生馅的调制应注意馅心的黏度,掺水与掺冻比例要合理,搅拌时一定要发粘上劲,形成胶状。熟馅的调制应注意合理着芡,芡的比例与浓度应因制品品质而确定。

甜味馅用糖、油和经过加工后的豆类、果仁、干果、蜜饯等配制而成。在黏度的掌控上,要使馅心既捏得拢又搓得开。如果馅心黏度过大、质地硬结或黏度不足、质感松散,都不利于制品成型。在口味的调理上,必须做到甜度适中、甜而不腻。如果馅料过多,口味过浓,易产生浓而发腻的感觉。

（三）面点成型

面点成型是指将各种调制好的面团、馅料等,按照制品的质量要求,通过一定的加工方法,制成形式多样的成品或半成品的过程。

面点成型是一项技艺性较强的工序,从总的工艺流程看,它居于面点熟制

① 任百尊.中国食经[M].上海:上海文化出版社,1999:624-626.

之前,涵盖搓条下剂、制皮包馅、加工成型等内容。具体的成型方法主要有手工成型和模具成型两类。

手工成型的技法很多,常用的手法有搓、卷、包、捏、抻、切、削、拨、擀、叠、摊等,具体的操作方法应根据制品的成型要求灵活运用。模具成型包括印模成型、套模成型、盒模成型、内模成型等。其操作手法简便,制品形态规格一致①。

(四)面点熟制

面点熟制是指对已成型的生坯或半成品,运用蒸、煮、炸、煎、烤等技法进行加热调制,使其成为色、质、味、形俱佳的熟食品的过程。

为赋予熟制品良好的颜色和光泽,实现外形饱满、完整,质地或膨松柔软或爽滑有筋或酥松爽脆的质量要求,调制幼儿面食制品时,必须高度重视其熟制技艺,灵活掌握每一操作要领。

面点的蒸制法熟制有蒸汽蒸制和水锅蒸制两种。其操作要领是:蒸汽蒸制开气阀时应先小后大,以免汽水冲坏制品。水锅蒸制应火大气足,沸水上屉,注意适时换水。一般情况下,蒸汽蒸制比水锅蒸制的时间稍短,有馅品种比无馅品种的蒸制时间稍短,重馅品种比轻馅品种的蒸制时间稍短。

面点的煮制法熟制是指利用水加热后产生的热能,以对流的方式导热,使生坯变成熟制品。水煮的操作要领是:第一,待水烧开之后再将制品下锅,以防制品相互粘连,并可防止糊汤。第二,水面要宽,保持"沸而不腾",有利于制品成熟,且保持形态完整,有些制品的煮制需反复掺入少量冷水。第三,制品成熟后应即时出锅,以防煮得过软;制品出锅的动作要轻快,以免捅烂制品。第四,低水温下锅煮制部分面食制品时,应经常搅动,以防粘锅焦煳②。

炸是指用多量的热油将制品生坯浸入其中加热成熟的一种方法。油炸的主要操作要领是:合理掌控火候,防止火力过旺、油温过高,造成制品外焦内不熟的现象。一般情况下,要求酥脆的制品,油温较高,要求酥松的制品油温较低;面团较软、水分较大时,油温稍高,面团较硬、水分较少,则油温稍低。

面食品的煎制与菜肴的煎制相类似,主要有油煎和水油煎两种方法。其操作要领是:油煎法多用于酥点制品及要求质地酥脆的制品。中小火煎制,经常

---

① 李文卿.面点工艺学[M].北京:高等教育出版社,2006:162-167.
② 国内贸易部饮食服务业管理司.烹调工艺[M].北京:中国商业出版社,1994:272-274.

调整锅及制品的位置,适时翻面,观察色泽的变化,掌控加热时间。水油煎法多用于水调面团及发酵面团制品的制作。中火煎制,淋油后将锅边置于炉口中央受热;经常转动平锅,让其受热均匀。

烤制面食品时常用电烤箱进行暗炉烤。其操作要领是:第一,烤制品一般受热温度在150~270℃之间,炉温的选择要根据制品的质量要求而定,炉温的调节宜先高温后低温。第二,不同的烤制品对底、面火的要求不一样,应根据制品品质要求适当调节。第三,烤制的时间应根据其具体品种及体积大小来确定。

二、面点类膳食菜品制作要领探析

面点类膳食的风味特色除取决于原料自身的品质之外,还与制作者的烹制技艺联系紧密。为使幼儿膳食更加美味适口、大方时尚,现摘选其常供面食点心数例,对其制作要领进行介绍与分析。

主食例1:白米粥

本品以新鲜的优质稻米为原料,配以清水,煮制而成。制品稻香悠悠,干稀适度,质地软润,健脾养胃。

制作要领:

①稻米有籼米、粳米与糯米之分。本品宜选粒形细长、半透明、腹白少、胀性高的新鲜稻米。陈米,特别是霉变米,不适宜煮粥。

②淘米最好用温水,以2~3遍为宜。淘米水温越高,搓洗次数越多,浸泡时间越长,营养素损失就越多。

③煮米粥强调用米量,《随园食单·多寡须知》有"非斗米则汁浆不厚,且须扣水,水多物少,则味亦薄矣"之说。因此,在同等条件下,幼儿园以大锅煮米粥,比幼儿家长以小锅煮粥更好吃。

④米粥(稀饭)的稀稠度应根据稻米的品质和个人的嗜好而确定,一般情况下,清水与大米的比例以6:1~8:1较为合理。清水要一次性加足,不得中途添加冷水。

⑤民谚说:"大火煮粥,小火炖肉"。即谓煮粥应以大火煮至米粒开花,再改用小火熬至米质软润,粥汤略稠。煮米粥应一气呵成,不可煮煮停停,使米粥

糜烂。

⑥使用电饭煲或高压锅熬粥，勿使加热时间过长，以免伤其软润稠滑之质感。更不能为使米粥稠润而添加食碱，否则，维生素 B 等营养素将损失殆尽。

⑦以劣质稻米煮粥，水少则干煳糙口，水多则寡不稠浆，水量合宜，亦不能"水米融洽，柔润如一"。

⑧稻米为五谷之首，享"得谷者昌"之美誉。幼儿常食米粥，可健脾养胃、清肺通络、止烦止渴、聪耳明目。

主食例 2：三鲜饺子

本品以小麦面粉调制面团，搓条、揪剂、擀皮，包三鲜肉馅成饺子，煮制（或蒸制）而成。成品色白亮光，形整如一，皮软韧而馅滑嫩，味鲜香而不油腻。

制作要领：

①三鲜，泛指三种鲜料，常见的食材有虾仁、猪肉、韭菜、鸡蛋、虾皮、海米、香菇等，高档的包括蟹肉、海鲜等，低档的兼及白菜、大蒜和香干。本品选用猪五花肉、水发香菇和青菜作馅料。

②调制饺子馅，应先将猪肉剁米粒状，加食盐、清水顺向搅拌至黏稠上劲，兑入鸡蛋和水淀粉，再加水发香菇丁和青菜末拌匀。

③制作馅料的猪肉肥瘦兼备（肥 3 瘦 7），饺子成品的口感才柔润。猪肉末拌至黏稠上劲，才能吸附足量的水分。青菜末撒盐稍腌，挤去菜汁，可避免煮时露馅。

④作为主食，三鲜饺子的馅料必须新鲜、清淡，以鲜咸略有回甜为标准。

⑤面粉与三鲜馅料的用量比以 4∶3 较为合理。面粉以温水和成光润的面团，以湿布盖住，醒一醒面，则更有筋力。

⑥擀饺子皮应四周薄、中间稍厚，软硬适度，整齐划一。包饺子应馅料居中，成型得体。

⑦煮饺子应水宽微沸，稍许加盐，防止饺子粘在一起；要让饺子受热均匀，里外成熟一致，防止不当操作方法致其破损。蒸饺子亦应注意旺火满汽，防止气压过大，致使饺子胀破。

⑧幼儿家庭或学生食堂有时直接使用速冻的三鲜水饺，最好的方法是提前让其自然解冻，夏天可放在冰箱 4℃ 左右的环境下解冻。如使用热水解冻，欲速

则不达。

主食例 3：皮蛋瘦肉粥

本品以精白米饭为主料，配以皮蛋、瘦肉和青菜，煮制而成。制品粥稠芡亮，色泽和谐，米粥温润，皮蛋柔软，肉丝滑嫩，鲜香味醇，营养全面。

制作要领：

①本品主料宜选干稀适度的精白米饭。配料皮蛋宜选褐黄亮晶、富有弹性、香味浓郁的地方名品；瘦肉宜选色泽淡红的新鲜猪腿肉；青菜宜选亮绿、脆爽、清新的白菜心。

②猪肉切细丝，加精盐搅拌至黏稠上劲，加水淀粉浆匀。皮蛋切丁，青菜洗净，切碎条。以菜刀切皮蛋可在刀的两侧抹上食油，直切而开；也可另取缝纫线，将皮蛋拉锯式地分割开。

③净锅以姜米炝香，下米饭及清水用旺火烧开，改小火熬煮至稠，先下皮蛋，再下肉丝，最后下青菜，调准口味，稍煮至浓稠，撒上葱花即成。清水与米饭的用量比以 5∶1 较为合理。

④将米饭煮稠的最佳火力是小火加热，汤汁微沸，熬煮约 10 分钟。煮时防止米粥糊底，注意适时搅拌。投放配料应注意先后顺序，以确保肉丝滑嫩，青菜碧绿。

⑤本品调味应以鲜咸回甜为主，底味不宜重，忌用辛辣调味品及有色调味品。

⑥皮蛋瘦肉粥精选主粮、肉品、禽蛋及蔬菜合烹，工艺简捷，成本低廉，风味独特，营养丰富，故深受幼儿及其家长青睐。

主食例 4：桂花红薯饼

本品以红薯蒸熟制成饼坯，包入桂花豆沙馅，炸制而成。成菜色泽金黄油亮，质地外酥内软，滋味香甜不腻，饼形圆润齐整。

制作要领：

①主料红薯(又称甘薯、山芋、红苕或番薯)为粮菜兼用的廉价食材，其形状、大小、皮肉颜色等因品种和栽培条件不同而有差异。选料时，避免使用带有黑斑的烂红薯(含黑斑病毒，高温不易使之遭到破坏)。

②蒸红薯应于旺火沸水满汽时将红薯放入笼屉，改小火蒸约 30 分钟至熟

烂;去皮后,捣碎成泥。

③红薯泥加面粉揉和成面团,其用料配比以面粉为红薯泥的1/5较为合理。调制红薯面团必须揉和均匀,使之光润上劲;调制的红薯饼坯应均匀一致,整齐划一。

④豆沙、蜜桂花、蜜橘饼、冬瓜糖和白糖按10:1:2:2:4的比例调配,可使制品甜而不腻。蜜橘饼、冬瓜糖剁碎后,与豆沙、蜜桂花、白糖一同调制成豆沙糖馅。

⑤豆沙馅应置于红薯饼坯中央,包捏成直径约7厘米的红薯饼;防止包馅不紧,炸时漏馅,影响质量。

⑥红薯饼下入5~6成热的花生油锅中炸约3分钟至色泽金黄时起锅装盘。炸时油量要宽,以中火加热,让红薯饼均匀受热,使其成色一致。

⑦红薯有补虚乏、益气力、健脾胃、强肾阴等功效,民间用其治痢疾、黄疸症、湿症等,特别是治疗小儿疳积疗效明显。

主食例5:骨汤炖鱼面

本品取青鱼(或鲩鱼)鱼茸与精白面粉及清水调制鱼茸面团,搓条,摘剂,擀成薄皮,入笼蒸熟,切成面条,晒干成鱼面;食时以猪原骨汤炖制而成。制品汤汁清醇,鲜香味美,鱼面银白,质地柔软,富有韧劲,富含营养。

制作要领:

①本菜主料宜选新鲜的青鱼(或鲩鱼),取出鱼肉,漂去血水,加工成极细的鱼茸。面粉宜选精白的高筋粉。猪原骨宜选新鲜的筒子骨。

②鱼茸加入精盐和清水(葱姜汁),搅拌至黏稠上劲,加入精白面粉和水,揣揉均匀,兑入淀粉,调制成鱼茸面团。面粉、鱼茸、淀粉及食盐的用料配比为100:60:30:1.5[①]。

③鱼茸面团搓条,摘剂,擀成薄皮,入笼蒸熟,取出晾凉,刷上香油,卷成筒,切成面条,晒干即成鱼面。鱼茸面皮放入蒸笼,以旺火蒸约3分钟即可。

④正宗的鱼面色白如银,形细如丝,质地柔软,富有韧劲,鲜香味美,风味独特。本品用作炖制的鱼面面皮厚约0.2厘米。

⑤幼儿家庭或学校食堂可直接选购食品加工厂生产的鱼面成品。本品可

---

① 贺习耀,曾习.云梦葛粉鱼面用料配比研究[J].食品科技,2014(11).

冷冻贮存,随用随取。

⑥鱼面适于鲜汤(鸡汤、排骨汤、原骨汤)炖制。本品取新鲜猪骨漂净,下锅旺火爆香,加清水烧沸,撇去油沫,转高压锅内加热至骨酥肉烂,摘去原骨及碎骨,加入泡透的鱼面小火炖约 20 分钟,调准口味即成。

⑦进购成品鱼面,选用原骨汤炖制,工艺简便,成本低廉,风味独特,营养全面(鱼肉、面粉、汤骨合烹),可供幼儿家长及学生食堂适时选用。

主食例 6:萝卜丝煎饼

本品以面粉加水调制面团,下剂、擀皮,包萝卜丝馅料制成饼坯,煎制而成。成品色泽黄亮,面饼齐整,滋味鲜香,酥脆可口。

制作要领:

①面粉宜选面筋质含量较高、麸皮含量较少、新鲜、色白的高筋面粉。萝卜宜选新鲜脆嫩、口味微甜的白萝卜。面粉与白萝卜的用量比以 1:1 较为合适。

②白萝卜去皮切丝,加精盐腌渍,挤去水份,加水发香菇丝、白糖、味精、葱白及熟猪油,拌匀成馅。

③萝卜丝馅料的口味以咸鲜微甜为佳,咸味不宜过重。为使鲜香味浓,可配以少量香菇丝和火腿丝。加熟猪油调制,口感更显柔和。

④使用清水与面粉调制面团应注意水与面粉的用料比例。面团和匀揉光,下成大小一致的剂子。

⑤取剂子擀成薄面皮,包入萝卜丝馅料,制成圆形饼坯。面皮要均匀一致,馅料要置于面皮中央,饼坯要整齐划一。

⑥将饼坯放入煎锅煎至两面金黄。煎制饼坯应注意底油稍宽,小火煎制,勤于晃锅,适时翻面,使其受热均匀,两面煎至黄亮,成熟一致。

主食例 7:老面馒头

本品以小麦面粉为主料,配以老面、食碱,调制成发酵面团,摘剂、制坯,入笼二次发酵,蒸制而成。成品白亮小巧,整齐划一,酥松而有嚼劲,香鲜而带回甜。

制作要领:

①小麦面粉宜选新鲜、色白的高筋面粉,老面必须味正香浓,发酵适度。

②老面加清水稀释成面浆,加面粉揉成光滑的面团,盖上湿布,放温暖处发

酵。冬季应使环境温度保持在25℃以上。

③碱面用清水化开,逐次揉入面团和至均匀,盖上保鲜膜醒30分钟。检查发面(酵面)是否发好,一是观察酵面是否黏手,如不黏手,即视为发好;二是观察刀切面是否有蜂窝状小孔,以小孔密而均匀为佳。

④识别发面酸碱度的方法:一是用手拍打发面,如有"嘭嘭"声,则酸碱适度,如有"空空"声,则放碱太少,如有"叭哒"声,则放碱过多;二是观察刀切面,如有芝麻状小孔,则放碱合适,如小孔细长,面色发黄,则放碱过多,如孔不均匀,面色发暗,则放碱太少;三是嗅发面原味,如有酸味,则放碱太少,如有碱味,则放碱过多,如有香味,则放碱合适。

⑤将面团分成均匀的剂子,揉光制成馒头生坯,放入蒸屉,二次发酵20分钟。此法可弥补面团发酵不佳的缺点,使蒸出的馒头酥松可口。

⑥馒头生坯以旺火满汽蒸约15分钟后停止加热,揭开笼盖,停放3~5分钟,再翻扣到案板上,则其光洁、酥松,不粘屉布。

⑦现今大型幼儿园食堂蒸制馒头直接使用酵母发酵,用搅拌机和面,用碾面机制坯,使用蒸柜批量蒸制,工艺虽然先进,但其制品不及老面馒头香甜,并且缺乏嚼劲[1]。

主食例8:地菜春卷

本品以小麦面粉制春卷皮,包地菜肉馅,炸制而成。制品色泽金黄,外脆内嫩,滋味鲜香,形整如一。

制作要领:

①春卷皮成品应色白光洁、厚薄均匀、面皮完整、新鲜柔润。可用小麦面粉加清水调制面团放在专用的平锅上摊成,也可直接从生鲜超市进购成品。

②地菜又称荠菜,清香柔嫩,具有和脾、利水、止血、明目等食治功效。去黄叶、根须后,洗净切碎,加盐稍腌,挤去水分。

③猪五花肉剁米粒状,加精盐和清水搅拌至发粘上劲,加水淀粉和鸡蛋拌匀成肉茸糊。猪肉茸搅拌至发粘上劲,有利于吸附更多水分,使质感滑嫩。水淀粉和鸡蛋的用量以肉茸糊干稀适度为宜。

④地菜肉馅主要由地菜和肉茸糊调制而成,以地菜为主。地菜肉馅的口味

---

① 赵树,墨峰.家庭食品全书[M].天津:天津科技翻译出版社,1991:5-6.

应鲜咸回甜,切忌底味过重;地菜肉馅与春卷皮的用量比以4:3较为合理。

⑤包春卷应将地菜肉馅置于春卷皮正中偏后方,左右翻折后,轻轻卷成圆柱形,松紧适度,并以小碗调水淀粉蘸汁封口,防止油炸时馅料外露。

⑥包好的春卷先用5~6成热的花生油炸至外皮浅黄,再重油复炸,使其成色一致。炸时油温过低,易使制品干枯僵硬,馅料外露;油温过高,则春卷焦枯味苦,颜色深褐。

⑦地菜春卷多用于春冬时节。如在其他季节炸春卷,可用青菜、蒜叶、水发香菇等替代地菜。

主食例9:三鲜豆皮

本品以粳稻米和绿豆磨浆,摊制豆皮,抹上蛋液烧熟,包糯米饭、三鲜料制成三鲜豆皮初坯,以小火煎至两面金黄,切成方块即成。成菜色泽金黄,口感软糯,鲜香味醇,块形方正。

制作要领:

①三鲜豆皮的三鲜料一般为香菇丁、香干丁和鲜肉丁,须以五香卤汤炒焖至成熟入味。也可灵活加配火腿丁、虾仁丁、榨菜丁、冬笋丁等鲜香脆嫩的原料。

②糯米需提前泡约30分钟,加少许色拉油,可使煮出的糯米饭更香更糯更油亮。

③调制三鲜馅需突出鲜香风味,底味不宜过重;带有适量的汤汁,有利于糯米吸收,可使制品滑糯软嫩、鲜香适口。

④粳稻米、绿豆分别泡透(绿豆去皮),以3:1的比例调配均匀,磨成浆糊,注意干稀适度。

⑤炒锅滑净留底油,倒入浆汁摊成豆皮,表面抹上一层蛋液,以小火烧熟,翻面,码上熟糯米,再放三鲜料,制成三鲜豆皮初坯。摊制豆皮的火力不宜过大,烧出的豆皮需厚薄均匀;码放熟糯米和三鲜料需适量而均称。

⑥煎制三鲜豆皮时底油适度,小火加热,灵活晃锅,适时翻面,使煎出来的豆皮金黄光亮,香气浓郁。

⑦油煎豆皮注意适时撒上葱花,使香葱的香气散发出来,滋味更加诱人。

主食例10:菜肉小包

本品以面粉加酵母、清水调制面团,使其发酵;加碱面稍饧,摘剂、擀皮,包入菜肉馅,入笼蒸熟即成。成品色白形巧,鲜香味醇,面皮酥松有咬劲,馅心软嫩而油润。

制作要领:

①菜肉馅以鲜肉、青菜、水发香菇而制成。鲜肉(肥三瘦七)剁米粒状肉茸,加精盐拌和至发黏上劲,加水淀粉拌匀,兑入青菜末(盐腌后挤水)及水发香菇丁。口味以咸鲜回甜为标准。

②面粉加酵母、温水揉至光滑,盖上湿布,发酵约1小时。面粉与酵母的比例为100∶2。

③饧好的面团揉匀,搓条,摘剂,按成饼状,擀成圆形面皮,包以馅料,制成包子生坯。馅料用量要合理,置于面皮中央,收口包严。褶花要均匀,褶数不少于12个。

④包子生坯摆放笼格内,醒约10分钟;置中火满汽的蒸笼内蒸约10分钟,关火停放约5分钟再开笼盖。蒸制时间因包子大小和蒸制设备而定。火力不宜过猛,以防包子冲裂。

⑤大型幼儿园食堂制作本菜,宜选新鲜、色白的高筋面粉,使用和面机调制面团,制成包子面皮。幼儿家庭则可将幼儿厌食的食材稍作处理后兑入馅料中,既纠正偏食的习惯,又能提升其进餐食欲。

⑥超市现有速冻的鲜肉包子出售,品类繁多。幼儿园食堂供应菜肉包子应以现场制作的新鲜制品为佳。特别是以酵母制作的菜肉包子,酵香浓郁,暄软适中,有益健康,有助消化。

主食例11:米酒煮汤圆

本品以水磨糯米粉加水揉制成面团,擀皮、包馅,配以糯米酒,煮制而成。成品色白光亮,圆润饱满,皮薄馅足,滑糯香甜。

制作要领:

①汤圆既是元宵佳节的节庆食品,也是春冬两季的传统美食;可荤可素,可煮可蒸,风味各异。

②本品主料宜选米粒光洁、软粘甜润、香味浓郁的新鲜糯米。馅料多以芝麻、豆沙、核桃仁、果仁、枣泥等组成。

③糯米宜用清水浸泡约10小时,带水磨成粉浆,滤尽水分,压榨成汤团粉。

④制作馅料时,黑芝麻宜炒干碾成粉,加入猪板油末、白糖、豆沙、果仁末等,拌匀揉透,搓捏成馅心。

⑤糯米粉团搓剂、擀皮,包入馅料,制成汤圆生坯。糯米与馅料的用量比为2∶3。

⑥煮汤圆的操作要领是"开水下,慢火煮"。即汤圆入沸水锅中煮至浮起后,再以小火煮约3分钟。注意适时添加冷水,确保汤圆不粘锅底。待汤圆完全成熟,盛碗,加煮沸的米酒、白糖,撒上糖桂花即成。

⑦汤圆名品众多,著名者如宁波汤圆、成都赖汤圆、长沙姐妹汤圆、苏州五色汤圆、山东枣泥汤圆、上海擂沙汤圆等,制法大同小异,风味各不相同。

⑧汤圆煮熟后温度较高,且不易冷却,幼儿如囫囵吞下,会有烫伤口舌的危险。

主食例 12:双色蛋糕

本品以鸡蛋、低筋面粉为主料,配以白砂糖、蛋糕油,烤制而成。成品黄白相间,形块整齐,酥松绵软,香甜适口。

制作要领:

①本品主料宜选新鲜鸡蛋和低筋面粉。

②低筋面粉、鸡蛋、白砂糖、蛋糕油的用量比例为20∶40∶20∶1。每千克面粉,宜配约80克红果酱[①]。

③蛋清、蛋黄分别装入两个容器中,搅拌均匀。面粉、白砂糖及蛋糕油亦均分为两份,分别兑入蛋清和蛋黄,用搅拌机以中速各自搅拌15分钟。先搅兑有蛋清的蛋面糊,注意保持色泽洁白。

④将拌好的蛋面糊分别放入铺上油纸的蛋糕盘内,入烤炉(温度设定为200℃)烤约15分钟。兑有蛋清的蛋面糊与兑有蛋黄的蛋面糊用量相同,每盘盛入的蛋面糊厚度不宜过高。

⑤黄色、白色蛋糕烤熟后取出稍凉。白色蛋糕上涂上红果酱,盖上黄色蛋糕,成型后切三角块,使其整齐划一。

⑥为增强制品风味,可在蛋面糊中兑入总用量4%的上乘奶粉,既具奶香,又可补充钙的供应量。

---

① 吴穗.幼儿园点心荟萃[M].南昌:江西科学技术出版社,2011:2-5.

⑦本品现制现吃,则其风味最理想。具体的投料用量应根据幼儿人数合理确定。

主食例13:虾仁蛋炒饭

本品以米饭为主料,配以虾仁、鸡蛋、火腿和菜心,炒制而成。成品白色为主,多色相映;荤素搭配,营养均衡;米饭酥松,虾仁滑嫩;多料相配,鲜香味醇。

制作要领:

①本品主料宜选质感干爽的新鲜米饭。配料鸡蛋选用新鲜的土鸡蛋,虾仁选用鲜嫩河虾虾仁,火腿、菜心均应取用优质。缺火腿时可用胡萝卜替代。

②鲜虾挑去虾线,剥去外壳,取出虾仁,切成丁状,洗净沥干,加精盐搅拌至发粘上劲,上蛋清浆。上浆底味宜清淡,防止加水过量,影响上浆效果。

③火腿、菜心切丁,鸡蛋打散,香葱切葱花,香蒜切末。

④烹制时,取净锅下油烧至四成热时加虾仁滑油,捞出备用。锅内留底油烧热,下蒜末、火腿丁炒香,加鸡蛋炒匀捞起备用。下米饭,加精盐翻炒,再加鸡蛋、虾仁和菜心炒匀,撒上葱花和胡椒粉起锅。

⑤烹制本品宜分次投料,以确保虾仁、鸡蛋质感滑嫩。为避免米饭粘锅,炒锅一定要光洁,底油不宜过少,米饭不宜过软,受热时间不宜过长。

⑥本品多料相配,营养均衡,朴实大方,简便易行。选料时应注意食材新鲜,调味时应注意底味鲜淡,食用时应要求幼儿趁热品鉴。

第五章 幼儿饮食卫生与安全

幼儿膳食是幼儿摄食养生的主要食物来源,其基本功能是满足幼儿饮食需求,提供膳食营养与能量,保证幼儿生长发育,调节幼儿生理功能。幼儿膳食是否安全,与食物的土壤及水质等环境因素、养殖及烹制等人为因素、饮食习惯及食用方式等消费因素有关。幼儿膳食调制与供应作为食物链的终端环节,在防止病从口入,保证饮食消费安全上起着决定性作用。托幼园所的厨务人员及幼儿家长不仅要掌握膳食菜品的制作要领,充分发挥其美食营养功能,还需关注幼儿饮食卫生与安全,确保幼儿健康快乐地成长。

第一节 食物中毒及预防

俗话说:民以食为天,食以质为本,质以安为先。大量事实证明,饮食不洁已成百病之源[1]。

现实生活中,健康的幼儿食用一定量的含有有毒物质的食物,有时会在短时间内暴发以急性胃肠炎为主要症状的非传染性疾病。这类食用了被有毒有害物质污染或本身含有有毒物质的食品后出现急性、亚急性疾病的现象即为食物中毒。学龄前儿童容易发生的食物中毒主要有细菌性食物中毒、有毒动植物中毒,此外,真菌性食物中毒、化学污染物中毒和酸败油脂中毒等也不可忽视。

一、细菌性食物中毒及其预防

据相关统计资料分析,细菌性食物中毒居各类食物中毒的首位,中毒人数占总中毒人数的 60% 左右,尤以幼儿出现食物中毒所造成的社会影响最大。

---

[1] 张志健.食品安全导论[M].北京:化学工业出版社,2016:15-16.

（一）细菌性食物中毒的病原菌

1.沙门氏菌属

沙门氏菌普遍存在于家畜、家禽肠道内。当畜禽有患病、疲劳、体温升高或宰前应激等因素存在时,沙门氏菌可以从肠道进入血液,随血液进入机体组织,造成肉品带菌。

2.蜡样芽孢杆菌

此菌极易污染米饭、馒头、面条、包子等淀粉类食品,尤其是剩饭或剩面条,夏天留作下顿或次日食用,容易引起食物中毒。

3.肉毒梭状杆菌

此菌为厌氧性细菌,毒性最强。其食物中毒多因缺氧保藏食品(如罐头、灌肠)及自然发酵食品(如面酱、豆瓣酱)而引起。

4.致病性大肠杆菌

此菌主要寄居于人及动物肠道内,随粪便排出,自然界中分布广泛。加工灌肠食品,烹制畜禽内脏,拌制熟肉凉菜时,如操作方法不当,易使食品受到污染。

此外,变形杆菌、葡萄球菌、副溶血性弧菌等也是诱发食物中毒的病原菌。副溶血性弧菌又称嗜盐菌,在海鱼、虾、蟹、贝壳类海产品中带菌率很高。改切熟肉、冷菜、奶油蛋糕等操作环节多或卫生状况较差的食品时易受变形杆菌、葡萄球菌等的污染。

（二）细菌性食物中毒发生的原因

细菌性食物中毒大多发生于每年的 5—10 月,适宜的细菌源、相应的温度与湿度以及不合理的加工方法是病原菌滋生与繁殖的必备条件。

1.食品腐败变质

食品腐败变质引起的食物中毒,多数是因为食用了一定量的轻度变质的食品。因为轻度变质食品即便含有多种类型的致病菌,但其外观变化不明显,检查时不易被发现,或虽被发现却难以判定是否腐败变质,由于疏忽大意,食后易引起食物中毒。

2.菜品加热不充分

菜品加热不透而引起食物中毒的现象主要表现为:第一,肉类食品切块太大,加热不够充分,菜品内部温度未达到70℃以上;第二,贪图生鲜质感,采用旺火快炒等技法加热,出现半生半熟现象;第三,为求外焦里嫩,使用油炸或烘烤技法烹制,致使食品外焦里生,侵染在食品深部的细菌没有全部被杀死;第四,外购熟食或隔夜食品,再加热时未将污染在食物中的细菌杀死,食后出现中毒症状。

3.操作污染

烹调操作不当引起食物中毒主要表现为4个方面:一是膳食加工的菜刀、砧板、抹布、盛器等存有安全卫生问题,致使加工工具上的细菌污染食品而引起中毒;二是熟食品与生食品混淆放置,造成生熟交叉污染;三是操作者缺乏食品安全卫生意识,接触食品时不注意卫生,致使食品重新受到污染,引起食品变质;四是食品从业人员患有某种传染病(如病毒性肝炎),虽未出现临床症状和体征,但在菜品制作时向体外排菌或排毒。

4.食品储存不当

膳食菜品在储存过程中,一旦污染上致病菌,在室温条件下只要放置3~4小时,食后就有可能发生食物中毒。尤其是在适宜环境温度(30~40℃)下,放置时间越长,发生细菌性食物中毒的可能性就越高。

5.误食病死牲畜肉

牲畜患病时,病菌随血液进入机体组织,致使畜肉含有大量致病菌。特别是胃肠娇嫩、抗病能力较差的幼儿,应坚决杜绝食用此类食物。

(三)细菌性食物中毒的预防措施

预防细菌性食物中毒,多围绕隔离细菌源与防止二次污染、调节温度与时间延缓细菌生长、消灭病原体三方面加以构建。[①]

1.注意食品质量

幼儿膳食原料的选用必须严格控制食品质量。生鲜食材务求新鲜卫生;半成品(含部分成品)食物,应经过充分加热处理,再供食用。在操作过程中,如发现安全卫生隐患,应采用合理加工措施,如割去不新鲜部位,运用烧、焖、煮等方法烹制,彻底灭杀细菌。

---

① 蒋云升.烹饪卫生与安全学[M].北京:中国轻工业出版社,2008:28-29.

2.加热必须充分

作为幼儿膳食的肉食原料,避免切块过大,以增加加热灭菌效果。实验表明,不同的细菌对高温的抵抗力有一定的差异,例如肉块深部温度达76℃时2~3分钟可杀死猪霍乱沙门氏菌,经8~10分钟可杀死都柏林沙门氏菌;肉块深部温度达80℃,经10分钟方可杀死鼠伤寒沙门氏菌。又如,肉块在1公斤以下,持续煮沸2.5小时,蛋类煮沸8~10分钟,即可杀灭沙门氏菌[①]。

3.确保食品加工安全卫生

托幼园所的厨务人员及保幼人员应定期进行身体检查,对患有相关疾病及带菌、带毒者应调离食品加工岗位。制作直接入口的食品应在专间内进行;所用菜刀、砧板、抹布等炊事工具要分开存放;制作熟食品的工具应合理保管,每次用后清洗干净,用前再消毒;凡接触直接入口食品的物品,应在清洗的基础上进行消毒;操作人员工作前、便后应洗手消毒,操作时应穿戴清洁的工作衣帽及口罩;不对着食品咳嗽或打喷嚏,防止口腔或鼻腔的细菌污染食品。

4.尽量缩短食品存放时间

加工烹调好的幼儿膳食,最好做到现烹现吃。菜品经烧煮加热,虽然杀灭了食品中的绝大多数细菌,但在出锅后与盛器接触的过程中,随时都有重新受到污染的可能。为控制细菌的繁殖,应尽量冷藏保存或在10℃以下低温环境中存放。外购或隔夜熟食务必回烧后再食用。

二、有毒动植物中毒及其预防

自然界中,不少动植物组织中存在着天然毒性成分,如毒性生物碱类、苷类、毒蛋白及毒肽类等。调制与供应幼儿膳食,必须做好相关安全卫生工作,严防此类食物中毒发生。

(一)有毒动物中毒

1.河豚鱼中毒

河豚鱼种类很多,大多含有毒性极强的河豚鱼毒素。此类中毒病人一开始就出现神经系统症状(少数病人出现肠胃炎症状),嘴和舌发麻、头晕、头痛,继而全身无力,四肢麻痹,呼吸困难,昏迷,最后因呼吸中枢麻痹而死亡。

---

① 国内贸易部饮食服务业管理司.烹饪基础[M].北京:中国商业出版社,1994:247-248.

为防止误食河豚鱼而引起食物中毒,幼儿家长及托幼园所的厨务人员应正确识别河豚鱼的独有特征:鱼体粗大,呈亚圆筒形,体表无鳞,无腹鳍;背部色深,腹部乳白色有花纹;头小尾尖、背鳍呈三角帆状,口有小牙,眼大位高①。应尽量避免使用河豚鱼制菜。

2.含高组胺鱼类中毒

鲐鱼、金枪鱼、沙丁鱼等青皮红肉的海产鱼,自死的鳝鱼、鳗鲡等淡水鱼,其肌肉中含有较多量的组胺酸。当鱼体受到含组氨酸脱羧酶较多的细菌污染时,组氨酸脱羧形成组胺。食用这种含有大量组胺的鱼肉,易引起过敏性食物中毒,表现为面部潮红,眼结膜充血,头痛,皮肤出现斑疹或荨麻疹,血压下降,心跳加快。

防止组胺中毒的措施主要是保持鱼肉新鲜,烹调时充分加热,采用食醋腌渍鱼肉。发现不新鲜的青皮红肉鱼类及自死的鳝鱼、鳗鲡等,绝不能选作幼儿膳食原料;对暂时不吃或吃不完的新鲜鱼肉,应及时放入冰箱或冷库低温贮藏。

3.贝类麻痹性毒素中毒

香螺、织纹螺等贝类在摄取了足量的有毒藻类以后即被毒化。人们食用这种贝类 $0.5 \sim 3$ 小时以后,就会发生麻痹性神经症状:唇、舌、指端麻木,继而腿、臂和颈部麻木,头痛、口渴,语言模糊,严重者呼吸困难,甚至窒息而死。

防止贝类麻痹性毒素中毒的主要措施是鲜活贝类食用前应清洗漂养,加工时去除肝脏和胰脏,烹调时采取水煮捞肉弃汤的办法,使摄入的毒素降至最低程度。

(二)有毒植物中毒

1.草蕈中毒

草蕈有食蕈、条件可食蕈和毒蕈三类。食蕈滋味鲜美,营养丰富;条件可食蕈主要指通过加热、水洗和晒干等处理后,方可安全食用的蕈类;毒蕈则不能食用。在我国,食蕈有360多种,毒蕈约有98种,其中含剧毒者约十几种。

防止毒蕈中毒的主要措施是不要轻信民间鉴别毒蕈和解毒的简单方法;凡识别不清或过去未食用的新品种,必须经有关部门鉴定确认无毒后方可食用;对干燥后可以食用的蕈类,应洗净先煮沸 $5 \sim 7$ 分钟,弃去汤汁后方可食用,切忌

---

① 崔桂友.烹饪原料学[M].北京:中国轻工业出版社,2001:509-510.

急火快炒或凉拌食用;此外,进食量不宜过大,一次最好不要超过250克。

2.四季豆中毒

生鲜的四季豆含有皂素及红细胞凝集素等有毒物质。烹制幼儿膳食时,如果贪图嫩绿的色泽、脆爽的质感,往往会因四季豆因加热不够充分而致使幼儿发生食物中毒。

防止四季豆中毒的措施主要是烹调时充分加热,破坏其所含毒素。具体的操作方法是:先焯水,再烹炒,然后加水焖制,待其充分熟透,尝之无豆腥味时方可食用。

3.马铃薯中毒

正常马铃薯含有微量的龙葵素,如马铃薯发芽或表皮变青,则其龙葵素的含量可增至原先的数百倍。过量食用有毒马铃薯数十分钟至数小时,即会出现恶心、呕吐、腹痛、腹泻等症状,个别重症病人可因心脏衰竭,呼吸中枢麻痹而死亡。

防止措施主要是不食发芽及青皮的马铃薯,或者将芽及基部剔除,削皮后浸泡,加醋烹调食用。

4.鲜黄花菜中毒

鲜黄花菜中含有秋水仙碱,在人体内被氧化成氧化二秋水仙碱,对身体组织有刺激作用。进食过量未经彻底加热的鲜黄花菜后,4小时内即出现恶心、呕吐、上腹部不适、口渴、咽干、头晕、头痛等症状。

防止鲜黄花菜中毒的措施主要是尽量食用干品,鲜品须经焯水,然后正式烹调。

5.豆浆中毒

生豆浆中含有一定量的皂素和抗胰蛋白酶等有害成分,食后对胃肠道有较强的刺激作用。生豆浆在加热过程中,由于皂素受热膨胀,当烧到80℃左右时形成泡沫上浮,出现"假沸"现象,如误食此类豆浆,即会发生中毒现象。

防止生豆浆中毒的措施主要是饮用新鲜豆浆时,将其煮沸之后再食用。

三、其他食物中毒及其预防

除细菌性食物中毒、有毒动植物中毒外,其他如真菌性食物中毒、化学污染物中毒和油脂劣变物中毒等也不可忽视。

1.霉变甘蔗中毒

甘蔗是现榨果汁的原料,如在不良条件下长期储存,易导致微生物大量繁殖而引起霉变。霉变甘蔗含有大量的节菱孢霉及其毒素 3-硝基丙酸,后者对神经系统和消化系统有较大损害,食用过量,则有食物中毒风险。

防止霉变甘蔗中毒的措施主要是不用霉变甘蔗加工现榨果汁,不直接食用霉变甘蔗。为防止甘蔗霉变,储存时间不能太长,同时注意防冻、防捂,并定期进行感官检查。

2.黄曲霉毒素中毒

黄曲霉毒素是由黄曲霉和寄生曲霉产生的一类代谢产物,具有极强的毒性和致癌性,通常污染粮食和油料作物,如玉米、花生、花生油等。黄曲霉毒素主要作用于人体肝脏,诱发中毒性肝炎,其中毒症状为食欲差、呕吐、发热,接着出现黄疸、腹水、下肢浮肿,甚至死亡[1]。

黄曲霉毒素耐热,一般的烹调加工温度破坏很少,紫外线照射对黄曲霉毒素也只有低度破坏性。防止黄曲霉毒素中毒的措施主要是收割花生、玉米时迅速干燥,防止污染;加工花生、玉米时采用合理的加工方法去毒;制作相关食品时注意合理识别原料,严防污染食品入馔,加强安全检测与管理,严格控制黄曲霉毒素的限量标准。

3.铅污染食品中毒

此类中毒是指人体从食品中摄入过量的铅质,先沉积于骨骼内,当机体受到感染时,便释放于血液中,引起神经系统、造血器官和肾脏功能紊乱。儿童急性铅中毒会造成视力发育迟缓、癫痫、脑瘫等后遗症。

幼儿较成人对铅更敏感,过量摄入铅质会使智力受到损害。现实生活中,因为工业"三废"(废水、废气、废渣)的排放,环境中的铅会污染农作物和水产品;按传统方法加入氧化铅制作溏心皮蛋,会使铅透过蛋壳进入蛋白中;使用松香对鸡、鸭、鹅等禽类拔毛,易引起铅质大量残留;使用含铅量过高的容器(如合金器具)、餐具(如釉彩陶瓷餐具)盛装酸性饮料,易使铅析出。此外,误用醋酸铅为明矾、硫酸铅为发酵粉,超量食用由铁罐(内垫由含铅量极高的软金属制作)经高温加热制作的爆米花,均易导致幼儿铅中毒。

---

① 蒋云升.烹饪卫生与安全学[M].北京:中国轻工业出版社,2008:41-42.

防止铅中毒的主要方法是注意食品饮食卫生,杜绝使用受工业"三废"污染的食品。幼儿尤应防止过量摄入含铅食物,如爆米花、炸薯条、松花蛋、含大量添加剂和合成色素的饮料等。

第二节　食源性传染病寄生虫病及其控制

食源性疾病,如食源性传染病、寄生虫病等,大多通过传染源,经饮食等传播途径感染易感人群。机体发育不够健全、免疫能力较差的学龄前儿童尤应注意防患。

一、食源性传染病及其控制

食源性传染病又称消化道传染病,主要有细菌性传染病(如炭疽、痢疾、霍乱等)和病毒性传染病(如肝炎、禽流感、狂犬病等),相对于预防食物中毒,预防此类疾病任务更为艰巨。

1.甲型肝炎

此类疾病是甲肝病毒经肠道引起的急性传染病。常见的污染食品为冷菜、水果、乳制品、蔬菜、贝类和冷饮。其中,水、沙拉和贝类是最常见的污染源。例如上海市1988年因食用未熟透的贝类(毛蚶)而引起甲型肝炎暴发性流行,病人多达30余万人。

甲肝病毒在自然环境和其他生物体中不能生长繁殖,但可较长时间生存,并有较强的传染性。预防甲型肝炎的措施主要为切断传播途径、控制传播源,加强饮食、环境卫生管理,养成良好个人卫生习惯。餐饮从业人员可主动接受甲肝病毒疫苗免疫接种,以增强免疫力[①]。

2.乙型肝炎

此类传染病的病原体为乙型肝炎病毒,它对外部环境有较强抵抗力,对低温、干燥、紫外线均有耐受性,常随病人的血液、唾液、粪便等排出而污染环境。当健康人和病人接触,或吃了受污染的食物(如苍蝇传染肝炎病毒),用了被污

---

① 蒋云升.烹饪卫生与安全学[M].北京:中国轻工业出版社,2008:49~50.

染的工具和食具等,都有可能被传染。

预防乙型肝炎的方法,一是加强对传染源的管理,定期对餐饮从业人员进行身体检查,做到早发现、早诊断、早隔离。二是切断传播途径,严格执行餐具消毒制度,凡病人的餐具、用具等都要消毒处理。三是开展卫生宣传教育,改革传统不良饮食习惯,实行分餐进食制度。

3.炭疽

此类疾病是由炭疽杆菌引起的人畜共患传染病,其病原体炭疽杆菌是一种需氧性芽孢杆菌,在形成芽孢以后对高温、紫外线等具有很强的抵抗力,在动物尸体及其污染环境中能存活多年。健康人若长期与患病的牛、马、羊、猪、犬等动物接触,或者食入足量带菌的畜肉、血液等,即可引起发病。

预防炭疽传染的方法是将病畜焚烧后深埋,或处死消毒后深埋;相关从业人员应确保自身没有伤口,并切实做好消毒工作。

4.细菌性痢疾

此类疾病是由痢疾杆菌引起的肠道传染病,以肠道急性出血性炎症为主要特征。痢疾杆菌常随病人和带菌者的排泻物通过水、手和苍蝇等污染食品,以夏秋季节发病率最高。

预防痢疾的方法,一是隔离传染源,定期检查餐饮从业人员粪便,对患有痢疾的病人(特别是慢性患者)要暂时调离饮食行业。二是做好饮食卫生管理工作,保持操作者清洁卫生,安置防蝇防鼠防虫害设施。三是瓜果、蔬菜等食品彻底清洗干净,必要时使用高锰酸钾溶液浸泡,再用清水漂净①。

5.霍乱

此类疾病是由霍乱弧菌引起的烈性肠道传染病。发病急、传播快、病死率高。其传染途径通常为由污染的水源、不洁的蔬果以及贝类等鱼鲜传播。苍蝇是重要的传媒。

预防霍乱的方法,一是讲究饮食卫生,不喝生水,不吃生冷不洁食物。二是集中消灭苍蝇,定期进行厨具、餐具预防性消毒。三是按时注射霍乱疫苗,预防霍乱弧菌侵染。

---

① 国内贸易部饮食服务业管理司.烹饪基础[M].北京:中国商业出版社,1994:251-252.

6.禽流感

此类疾病是由禽流感病毒引起的一种禽类高度接触性传染病,病禽和带毒禽是其主要传染源。禽流感的传播方式有感染禽和易感禽的直接接触及与病毒污染物的间接接触传播两种,常在春冬季节气温较低时发生。其病毒主要存在于病禽或感染禽的消化道和呼吸道中。

预防禽流感的措施,一是剔除病禽、死禽,绝不食用病死禽鸟,避免禽流感病毒通过食品传播。二是注意烹饪加工卫生,生鲜肉品与熟食品分开存放,防止交叉污染。三是注意个人饮食卫生,消灭病媒生物,严防苍蝇、老鼠等出现于食品加工场所。四是减少与病禽、病人接触机会,接种人用禽流感疫苗,预防禽流感病毒侵袭。

7.口蹄疫

此类疾病是指由牛、羊、猪等偶蹄动物传染口蹄疫病毒而引起的一种急性接触性传染病,以患者口腔、脚趾出现破溃性水泡为特征。口蹄疫病毒对外界的抵抗力很强,在腌肉中可保持传染性达数周至 3 个月,但对高温、酸、碱均较敏感,加热煮沸 3 分钟即可杀灭。

预防口蹄疫的措施是加强肉类食品的检验检疫,一经发现立即销毁、消毒,并适时采取隔离等措施。

8.狂犬病

此类疾病俗称疯狗病,是由狂犬病毒引起的一种人畜共患的传染病,主要由疯犬、疯狼等咬伤人和其他动物而传播,也有经过人和动物呼吸道、消化道感染的病例。

预防狂犬病的措施是对患狂犬病死亡的动物绝不能剥皮食肉,只能焚烧深埋处理。对被狂犬咬伤的人,除及时处理伤口外,还应立即作免疫注射,使其免疫力产生于发病之前。

二、食源性寄生虫病及其控制

食源性寄生虫病主要有绦虫病、旋毛虫病、吸虫病等,它们对人体健康的危害不可轻视,必须加强控制。

1.绦虫病

此类疾病主要是指猪肉绦虫寄生于肠道所引起的一种人畜共患寄生虫病。

含猪囊虫的猪肉,俗称"米猪肉",其囊虫蚴寄生在猪肉中,呈米粒大小,肉眼可见,尤以背部肌肉中含量较多①。人因生食或吃未熟的"米猪肉",易被感染而患病。

预防绦虫病的措施是加强肉品卫生检验,如果每 10 平方厘米肉面上含囊虫蚴超过 3 个,则不能食用;少于 3 个,须经高温烧熟煮透,以便杀死囊虫蚴。托幼园所及幼儿家庭,则尽量不买不售不烹"米猪肉"。

2.华枝睾吸虫病

此类疾病是由华枝睾吸虫寄生在人体肝内胆管所引起的寄生虫病,患者的感染主要是由于吃了没有煮熟的含有华枝睾吸虫囊蚴的淡水鱼(或虾)所引起。烹制鱼、虾、蟹、螺等水产时,如果温度不够高,时间不够长,或鱼肉形块过大,不能杀死全部吸虫囊蚴,即可致使食者感染。特别是抗病能力较差的学龄前儿童更应注意防患。

预防华枝睾吸虫病的措施是生熟食品分开放置,避免吸虫囊蚴污染食品;改变不良饮食习惯,禁食生鱼、生虾、生螺及未煮熟的水产品。

3.隐孢子虫病

此类疾病主要是由隐孢子虫所引起。隐孢子虫为体积微小的球虫类寄生虫,广泛寄生于人和哺乳动物的胃肠道上皮细胞,不易被洗涤剂和消毒剂所杀死,很容易通过人和哺乳动物的粪便、尿液以及污染水和不净食物传播,引起以腹泻为主的疾病。

预防隐孢子虫病的措施是注意个人饮食卫生,减少与病人、病畜及哺乳类宠物接触,防止病人病畜粪便中卵囊污染水源及食品,对饮用牛奶进行彻底消毒。

第三节　幼儿膳食调制卫生与安全

幼儿膳食的生产与供应通常涵盖原料采购、验收保藏、原料加工、菜品烹制、供应服务等环节,每一环节都应注意相应的卫生要求和行为规范。作为托

---

① 霍力.烹饪原料学[M].北京:科学出版社,2008:22-23.

幼园所的厨务管理人员,必须具备健康的身体素质和健全的职业素养,养成良好的卫生习惯和操作规范,牢固树立安全卫生意识,以确保幼儿膳食生产与供应的卫生与安全。

一、原料采购验收卫生与安全

我国餐饮业对烹饪原料采购的卫生安全具有严格的行为规范:第一,烹饪原料的采购应符合国家相关卫生标准和规定,不得采购《食品卫生法》禁止生产经营的各种食品。第二,原料批量采购应向食品生产单位、批发市场索取发票等购货凭据,检查食品卫生许可证、检验(检疫)合格证明等。第三,原料入库前进行验收,出入库时做好相关记录。第四,食品运输工具应当保持清洁,防止食品在运输过程中受到污染。

托幼园所的采购人员在采买原料时必须注意一定的操作技能和工作规范。第一,应了解各类食材的品名、特性、品质、产地、价格、上市季节和易腐性等,对原料质量、采购数量及卫生安全等作出必要判断。第二,了解市场行情,熟悉各类原料的销售渠道,积极参与组织货源,保证适时、适量、优质、优价地完成采买任务。第三,熟悉菜品加工、切配和烹调的各个环节,懂得各类原料的净料率和损耗情况,熟知菜品加工的难易程度和烹调特点,根据饮食需求和市场行情制订采购计划。第四,合理把控原料的采购数量,适于长时间储存的原料可维持适度的库存量,一些易于腐败变质的鲜活原料则应避免过剩。第五,严格执行食品卫生法规,做到采购、运输时人不离货、轻装轻卸,防止失落、破损和交叉污染。第六,坚决执行有关卫生法规,杜绝采购属于禁止生产经营的食品[①]。

原料采买之后,应做好验收工作。验收人员必须具备必要的食品卫生知识和感官鉴定能力。多数原料可凭感官鉴别,做到购进货品已损坏的不收,烹饪原料不符合卫生要求的不收,原料固有品质不符合菜品制作要求的不收。

托幼园所的验收人员在验收货物之后,需填写验收报表、货物标牌,对进货日期、供货单位及货物品名、数量、单价和金额如实记载,以便实施"先入库者先出库"的原料保藏制度,将原料贮藏对食品品质的影响降至最低限度。

---

① 蒋云升.烹饪卫生与安全学[M].北京:中国轻工业出版社,2008:135-136.

二、膳食原料加工卫生与安全

幼儿膳食原料加工涵盖了膳食菜品烹调前的所有准备工作,主要包括初加工和切配加工两个方面。初加工指对膳食原料进行择选、整理、分档、清洗等加工工艺;切配加工是指将初加工的原料进行切割、称量、拼配等加工处理的过程。幼儿膳食加工的卫生与安全应重点研究鲜活原料的质量检验与安全卫生控制,它是幼儿膳食卫生安全控制的重要环节。

(一)鱼鲜原料初加工卫生与安全

鱼鲜原料品类繁多,其初加工主要包括去鳞鳃、去黏液、去内脏等宰杀加工,其卫生安全问题主要涉及宰杀去毒处理等。

鱼鲜宰杀的毒物控制主要有鱼血毒素控制和鱼胆毒素控制等。淡水鱼黄鳝、鳗鲡和海水鱼康吉鳗、八目鳗等,其血清中含有血清毒蛋白,经过高温加热,虽可破坏其毒素,但生食鱼肉,生饮鱼血,即会出现中毒现象。

鱼胆的胆汁中含有毒性较强的胆汁毒素,其主要毒性成分是鲤醇硫酸酯钠,不论生吞、熟食、泡酒,均会发生中毒事故。

此外,我国东北及华北部分地区的鲶鱼、狗鱼、鲤鱼、竹荚鱼等,在其产卵繁殖期间,鱼卵中含有一定量的鱼卵毒素,毒力强,耐热,耐晒。加工时应辨明鱼种,去除鱼卵,保持鱼体新鲜,防止鱼卵、内脏中的毒素向肌肉渗入。

(二)禽类原料宰杀加工卫生与安全

禽类宰杀加工主要包括放血、煺毛、开膛、洗涤四个步骤。禽类宰杀要求切口较小,放血充分,以防微生物污染,影响制品品质。

禽类煺毛的水温随禽的老嫩、种类而异。一般老禽煺毛的水温高于仔禽,鸭、鹅高于鸡、鸽。煺毛后的禽鸟应适时用冷水过凉,以降低肉温和带菌率。

禽内脏致病菌带菌率极高,开膛取内脏可以防止胃肠内容物和胆囊的污染。禽类宰杀加工的时间不宜超过 40 分钟,以免胃肠变色,胆汁外渗,肠道微生物侵入肌肉,造成污染。

禽类原料在宰杀加工时还应特别注意禽类的卫生检查,通过对禽表皮、肝脏、肠胃、脾脏、卵巢等检查,确保禽肉的卫生质量。根据《肉品卫生检验试行规程》规定,对病禽的处理原则是:仅内脏病变,销毁内脏,肉体高温处理后使用;

全身病变,则应全部销毁处理。

(三)肉类原料分割加工卫生与安全

肉类原料,如畜肉、禽肉等,在幼儿膳食中应用极广,其分割加工必须符合相应的卫生要求。

家畜内脏,如肠、肚等,污秽油腻,应采用里外翻洗、盐醋搓洗等初加工方法去净黏液和污物。家畜肝脏,如猪肝,虽然肉质柔嫩、滋味鲜香、营养丰富、成本低廉,但作为动物体内最大的解毒器官,暗藏着多种细菌、病毒等有害物质,特别是瘀血、肿大、干缩、坚硬、内包白色结节或硬块的病变肝脏,绝不能让幼儿食用。对待新鲜猪肝,食前应切片(或切丝)漂洗,清水(或盐水)浸泡,彻底清除肝内毒物。

禽类的气管、血污、尾脂腺、脖头淋巴及内脏中残存的污秽等,必须清除干净。如鸡、鸭、鹅、鸽的臀尖,是禽体淋巴腺集中的地方,病菌、病毒污染严重,烹饪加工时必须切除。

加工野味原料,应取尽枪弹及铁砂,处理毛皮和血污,去除腐败变质的部位。凡不够新鲜的野味原料,建议托幼园所及幼儿家庭杜绝使用,特别是腥臊异味浓烈的肉品,坚决不让幼儿食用。

猪的甲状腺,位于气管喉头的前下部,呈椭圆形颗粒状,俗称"栗子肉"。栗子肉所含甲状腺素的理化性质非常稳定,幼儿一旦误食,会扰乱人体正常的内分泌活动,出现类似甲状腺机能亢进的症状。

牲畜的肾上腺位于牲畜胴体两侧肾脏的上端,俗称"小腰子"。肾上腺的皮质能分泌肾上腺素,如果摘除不尽,被人误食,会使食者血压急剧升高,诱发急性胃肠炎、心绞痛等中毒症状。

牲畜的淋巴腺分布于牲畜胴体的各个部位,呈灰白色或淡黄色,豆粒至枣状大小,俗称"花子肉"。病变的花子肉呈充血、出血、肿胀、化脓、坏死等症状,内含大量的病原微生物,幼儿一旦误食,易引起多种疾病。

(四)蔬果原料洗涤加工卫生与安全

蔬菜、水果类原料是幼儿膳食的主要食材之一。洗涤加工时,必须除去原料所残存的泥沙、杂物、农药、粪便、寄生虫卵等。

蔬果原料洗涤加工的方法常见的有冷水洗涤法、盐水洗涤法和高锰酸钾溶液洗涤法等。冷水洗涤可保持蔬菜水果的新鲜度,是蔬果洗涤最常用的方法。盐水洗涤法可将蔬果放入浓度为2%的盐水中浸泡10分钟左右,再用清水洗涤干净。高锰酸钾溶液洗涤法通常使用0.3%的高锰酸钾溶液浸泡蔬果约5分钟,然后再用清水洗净,此法主要适用于供凉拌食用的蔬菜和直接食用的水果①。

洗涤后的蔬菜水果必须放置在加罩的清洁架上,以防再次污染。蔬菜必须先洗后切,现切现烹,防止营养素流失,确保饮食卫生。

(五)冷冻原料解冻加工卫生与安全

幼儿膳食的制作与供应,虽以鲜活原料为主体,但冷冻原料的使用也较常见,其解冻方法主要有空气解冻法、水解冻法和微波解冻法3种。

空气解冻法能较好地恢复原料的固有品质,减少营养素的损失,但耗时较长,微生物增殖机会较多。若空气过于湿润,易使原料表面发黏、变味、变色。例如猪肉、羊肉的解冻,其合理的方法是分批吊挂,将空气湿度调至85%~90%,冬季温度调至10~15℃,夏季温度调至16~20℃。

水解冻法对原料组织细胞的破坏较大,食物的色素、香味成分及营养物质等损失较多,恢复其固有品质的性能较差,但解冻速度较快,且由于水的浸洗作用,可除去原料表面的杂质和部分微生物。通常情况下,水的温度应控制在4~20℃。盐水解冻主要适于海产品,食盐的浓度为4%~5%。

微波解冻法加热均匀,解冻快捷,微生物污染极少,原料固有品质保护较好,因此,在餐饮业中应用较广。但操作不当,有时会出现局部过热现象,影响原料的加工处理。

三、膳食菜品烹制卫生与安全

幼儿膳食菜品的烹调加工,是继切配加工之后,通过加热和调制等手段,确定菜品风味品质的中心环节。烹调加工的卫生与安全涵盖操作区间的布局、设备设施的使用、烹调工艺的确立、烹制加工的实施等方方面面,其任务是通过加热、调理及各种烹调技法的运用,达到杀菌消毒、减少污染、确保幼儿膳食安全卫生的目的。

---

① 邵万宽.烹调工艺学[M].北京:旅游教育出版社,2013:37-38.

（一）厨房布局的安全卫生

为方便操作加工,防止幼儿膳食被环境污染,大中型幼儿园的厨房通常设置了原料库房、操作间、备餐专间等食品处理区域及办公场所、更衣场所、厕所、非食品库房等非食品处理区域。原料库房是指专门用以储藏原料、存放食品的场所;操作间包括初加工区、切配区、烹调区及清洗消毒区等;备餐专间指处理短时间存放的直接入口食品的专用操作间,如冷菜间、膳食分装专间、日常备餐专间等。

食品处理区域应按照原料进购贮存、原料初加工、半成品加工、成品供应的流程合理布局,食品加工流程应为生进熟出的单一流向,防止存放、操作过程中产生交叉污染。原料库房、操作间及备餐专间宜相对独立,其面积大小应与幼儿最大就餐人数及供餐量相适应。非食品处理区域也应符合相应的卫生安全要求。

（二）设备设施使用的安全卫生

托幼园所厨房设备设施的安全卫生控制主要涵盖通水与排水设施的安全卫生、通风排烟设施的安全卫生、电器照明设施的安全卫生、管道液化气设施的安全卫生、炉灶刀具等烹饪设备设施的安全卫生、防尘防鼠防虫害设施的安全卫生及其他设备设施使用的安全卫生。

例如操作台案的安全卫生控制:不锈钢台面必须时常保持清洁,可适时使用抛光器抛光。台面上的砧板易受细菌和食品原料中的浸出物与水的浸染,其消毒方法最好是先用清水洗净,再水煮至沸腾,或用蒸汽蒸约 5 分钟,不用时保持干燥。抹布在使用过程中会随着使用时间的延长而残存大量的污染菌,极易引起交叉污染。最好的安全卫生措施是经常换用洗涤消毒的干燥抹布,避免一布多用。台案上的刀具应保持锋利和清洁,刀刃避免对着人体或过道,用后置于搁架上。台案上临时放置一些容器、工具和设备,应便于操作,利于清洁,减少交叉污染。

又如厨房制冷设备的安全卫生控制:厨房里的冰柜、冰箱等制冷设备可用含合成洗涤剂的温水擦拭外部,清水漂净后,用净布擦干(有玻璃门的冰箱,其外部可用玻璃清洗剂来清洗)。冰箱冰柜内食品每周检查一次,注意存放时间。冰箱内壁可适时选用中性洗涤剂清洗并漂净、拭干,以防止霉菌、细菌滋生。清洗时忌用有摩擦作用的去污粉或碱性肥皂。冰箱的使用应注意每月除霜一次，经常关注其使用温度，适时检查蒸发器、冷凝器的使用效果，定期去除尘垢和油污，如发现问题需及时维修，以避免食品腐败变质。

（三）膳食菜品烹调加工的安全卫生

幼儿膳食菜品烹调加工的安全卫生涵盖了冷凉菜品、煎炸菜品、熏烤菜品、蒸煮菜品、烹炒菜品、烧焖菜品、煨炖菜品、生食蔬果、面食制品等不同菜式的安全卫生。其中，冷凉菜品、煎炸菜品、熏烤菜品、生食蔬果的安全卫生隐患较大，如果食材本身不新鲜洁净，设备器具的卫生状况不合要求，烹饪加工未能有效杀灭细菌，失当的操作方法导致新的致病毒素产生，都会促使幼儿膳食出现安全卫生问题。

1.冷凉菜品烹调加工的安全卫生

冷凉菜品属幼儿凉菜类膳食的主体，在夏秋季节应用较广。其烹调加工的安全卫生规范是：第一，加工前必须认真检查食材的质量品质，凡腐败变质或其他感官性能异常者，不得用以加工。第二，操作间的环境卫生、操作者的个人卫生、设备器具的消毒处理，必须符合安全卫生规定。第三，凉菜制作的加工工艺必须符合操作规范，充分发挥调味品（如料酒、食醋）对冷菜的控菌效果。第四，制好的凉菜尽量当餐用完，剩余的凉菜低温保存，食前按规定进行杀菌处理。

2.煎炸菜品烹调加工的安全卫生

运用煎炸技法制作菜品，可有效杀灭食物表层的细菌，对农药残留物、霉菌毒素等也具有一定的降解作用，但油脂在煎炸过程中，会不同程度地发生氧化、水解反应，导致酸败变质。特别是高温长时间加热，以及油脂的反复使用，由于高温氧化反应，会产生 N-亚硝基化合物、多环芳烃、丙烯酰胺等多种有害化合物，这对幼儿身体健康会造成极大危害。例如，肉类食品（如捆蹄、腊肉、火腿、香肠）在加工过程中有时会以亚硝酸盐或硝酸盐作发色剂和防腐剂，一旦经过高温煎炸，二甲基亚硝胺、亚硝基吡咯烷就可显著增加。油煎腌制腊鱼，其中胺的含量更高，形成亚硝胺的可能性更大。又如，食用油脂在煎炸过程中（煎炸油饼、油条、面窝）产生的多环芳烃有可能来自于脂肪分子的热解热聚过程，经过高温循环使用，苯并芘的含量会明显增高。因此，我们在制作幼儿膳食时，应合理选用、存放烹饪原料，尽量选用发酵性原料进行煎炸，控制油脂用量，降低煎炸温度,避免高温重复油煎油炸,杜绝使用酸败变质油料及食材。

3.熏烤菜品烹调加工的安全卫生

熏烤菜品(如烤禽、烤鱼、熏肉、熏鱼)风味独特,灭菌效果较好,但在熏烤过程中会产生较多毒性物质,如多环芳烃、N-亚硝基化合物等,特别是使用煤炉、柴炉、草炉熏烤,熏烟中以苯并芘为代表的多环芳烃类化合物对人体危害性更大。例如明炉烤羊肉,燃料燃烧产生的毒物随热辐射进入食品中,食品因烟火熏烤使其营养素发生裂解和热聚,导致一系列多环芳烃大量产生。又如烟熏腊肉,其常规制品的含酚量达300mg/kg;如使用亚硝酸盐腌制,极易产生二甲基亚硝胺、二乙基亚硝胺、亚硝基吡咯烷等毒性成分。因此,托幼园所在调制幼儿膳食时,应尽可能减少熏烤菜式的供应。有条件的单位可选择脂类含量较少的食材,使用电热法暗炉熏烤,注意熏烤温度,控制熏烤时间,避免食物出现焦化现象。

4.生食蔬果烹调加工的安全卫生

部分蔬菜水果生食时风味较佳,但安全卫生隐患较大,必须做好相应的杀菌消毒处理。例如以萝卜为主料调制生食菜品,所用调味品的杀菌效果是:糖醋味优于酸辣味,酸辣味优于麻辣味。沙拉类食品为幼儿所喜爱,但其原材料,如胡萝卜、黄瓜、洋葱、卷心菜等,多为生鲜蔬菜,其他食材(如通心粉、蛋黄酱)只作预热处理,成菜时不可能加热灭菌,如食材本身不新鲜,操作环境和设备器具等未作消毒处理,调制工艺不符合卫生规范,制品存放时间过长,极易导致食物中毒事故的发生。

四、幼儿膳食供应卫生与安全

幼儿膳食调制与供应除要注意原料采购、验收保藏、原料加工、菜品烹制等环节的卫生与安全之外,还需确保幼儿就餐环境卫生、餐具用具卫生、保幼人员个人卫生、服务操作卫生等,严防幼儿膳食在终端供应环节出现新的污染。

(一)就餐环境卫生

托幼园所营造出卫生整洁、温馨舒适的就餐环境,有利于幼儿愉快地进餐。一些大中型示范幼儿园,大多设置有专门的就餐场所,窗明几净,空气清新,温度适宜,设施完备。幼儿就餐前可视天气情况掌握开窗通风时间,以保持室内空气清新。启用空调时,室内外温差不宜过大,夏季室温以 25℃～27℃ 为宜,冬季室温以 16℃～18℃ 为佳。餐室的设备设施,如餐台、桌椅、门窗等,务求功能完备、安全卫生。

(二)餐具用具卫生

餐室的各种食具、饮具、炊具、用具等,在幼儿正式使用之前,必须经过消毒处理,以防幼儿就餐时出现安全卫生事故。餐具、饮具、用具等的消毒方法主要有:煮沸或蒸汽消毒 15 分钟以上;按照使用说明,使用符合国家标准规定的消毒柜;使用浓度为有效氯每升含量 250 毫克的消毒剂,持续浸泡 5 分钟以上,并用清水冲净消毒剂。餐巾、毛巾等织物类消毒可先用洗涤剂清洗干净,再置阳光下暴晒 6 小时以上,也可煮沸或蒸汽消毒 15 分钟,或使用消毒剂浸泡,再将残留的消毒液洗净[①]。

(三)保幼人员个人卫生

托幼园所保幼人员的个人卫生要求主要表现为:第一,具备健康的体质和端正的容颜,持健康证上岗,每年体检一次,凡有传染性疾病者,不得从事本职业。第二,具备讲究卫生的职业素养和操行,勤于洗头、洗澡、洗手、换内衣,确保身上无异味。第三,上岗之前不抽烟、不饮酒、不吃重味食品,洗脸漱口,注意口腔卫生和面容卫生。第四,整理工作衣帽口罩,佩戴工作标牌,不披头散发,不留长指甲,不涂指甲油,不上浓妆,不佩戴不合要求的饰品及发夹。

(四)服务操作卫生

良好的操作卫生规范,是确保幼儿饮食卫生的必要手段。保幼人员在指导幼儿学生就餐时,要严把食品卫生质量关。第一,身体力行地遵守安全卫生规范,注重食品卫生教育,培养安全卫生意识。第二,重视餐前卫生保洁工作,高标准完成卫生消毒任务,营造准无菌操作区间。第三,严格把控幼儿膳食质量,拒绝接受感官品质及安全卫生不合规范的各式菜品,筑牢幼儿饮食安全大堤。第四,备餐、分餐符合卫生规范;取菜、分菜注意操作安全。第五,指导幼儿按时科学就餐,保持幼儿情绪好、食欲好、食量好,不挑食、不偏食、不暴饮暴食,注意控制菜肴(汤羹)、主食的食用温度,防止膳食菜品二次污染,杜绝餐饮安全事故

---

① 　武长育,栾琳.托幼园所卫生保健工作实用手册[M].北京:中国农业出版社,2013:32-33.

发生。第六,指导幼儿学生做好个人卫生,及时处理剩余食品,清理用餐设备器具,确保就餐场地清洁卫生。

总之,幼儿膳食安全涉及原料采购、验收保藏、原料加工、菜品烹制、供应服务等各个环节,托幼园所的服务管理人员及幼儿家长要遵循幼儿的成长规律和饮食营养需求,严格执行国家《食品安全法》的相关规定,用正确的态度和方法去关爱幼儿。只有高度重视幼儿安全卫生管理,认真做好疾病预防工作,建立科学的生活制度,充分利用和创设各种有利因素,营造出良好的生活与教育环境,才能使幼儿在和谐愉快的环境中成长,以维护和增进幼儿身心健康。

第六章　幼儿饮食养生与保健

研究幼儿膳食调制与饮食养生,应结合幼儿身心发育特点,根据中医饮食养生理论,在全面保证饮食营养供给的同时,科学调制养生与保健膳食。这对健全幼儿体质,预防和减少疾病的发生具有十分重要的意义。

第一节　幼儿饮食养生及食疗保健

3~6岁的学龄前儿童,正值生命活动的早期,身体的各个器官持续发育并逐渐成熟,新陈代谢比较旺盛,户外活动日渐增多,抵抗能力有所增强,但自我控制能力不足,饮食不知自节,存在偏食、挑食或厌食等现象,极易损伤脾胃,诱发相关疾病。特别是幼儿患病期间,娇弱柔嫩的器官经不起重药急治,更需养生与保健膳食来辅助调养。因此,幼儿饮食养生(食养)与食疗保健(食治)历来深受幼儿家长及社会各界特别关注。

一、幼儿饮食养生

所谓养生,即是通过一定方法颐养生命、增强体质、保养身体、预防疾病,以达到健康长寿之目的。简言之,养生,即保养生命。它以传统中医理论为指导,遵循阴阳五行生化收藏之变化规律,强调对人体进行科学调养,以实现培养生机、预防疾病、增进健康、延年益寿的目的。

中华养生源远流长、博大精深。在天人合一养生观、阴阳平衡健康观、身心合一整体观等养生理论的指引下,我国养生实践形成了饮食养生、药膳养生、针灸养生、按摩养生、气功养生等多类养生方法。

饮食养生,是指在传统中医理论指导下,依据正常人体的身心特点及饮食需求,选配合理膳食(含养生药膳),采用科学的加工技法,调制出色、质、味、形俱佳的膳食菜品,实现以食养身、预防疾病之目的。《黄帝内经》在阐述平衡饮食用以养生时指出:"毒药攻邪,五谷为养、五果为助、五畜为益、五菜为充,气味合而服之,以补益精气。"《素问·五脏生成篇》在论述饮食不节的危害时说:"阴之所生,本在五味","饮食自倍,肠胃乃伤"。"多食咸,则脉凝涩而变色"(伤心);"多食苦,则皮槁而毛拔"(伤肺);"多食辛,则筋急而爪枯"(伤肝);"多食酸,则肉胝月刍 而唇揭"(伤脾);"多食甘,则骨痛而发落"(伤肾)[①]。唐代药王孙思邈在《千金要方》中对食养原则加以总结:"不知食宜者,不足以存生;不明药性者,不能以除病。故食能排邪而安脏腑,药能恬神养性以资四气。"由此可见,注重饮食养生,才可避免身心受到伤害,采用正确的饮食保健方法,才能抵制疾病的侵害,从而获得身心健康。

作为养生实践最主要的操作方法,我国饮食养生包括不同体质、不同年龄、不同性别的饮食养生;不同季节、不同区域的饮食养生;不同职业人群的饮食养生等。这类养生方法通常遴选药食兼用的食物原料,通过合理烹调,制作成可供食用的膳食菜品,如赤小豆鲤鱼汤利水消肿,蜜炙萝卜预防尿路结石等,贯彻了"医食同源""食治同功"的思想观念。

幼儿饮食养生是中医养生理论在幼儿膳食中的传播与运用,是我国历代饮食养生实践的传承与发展。明代著名医学家万全在《幼科发挥》中阐述小儿饮食宜忌时说:"人以脾胃为本,所当调理。小儿脾常不足,尤不可不调理也。调理之法,不专在医,唯调乳母,节饮食,慎医药,使脾胃无伤,则根本常固也。"[②]明朝医学家徐春甫在《古今医统大全》中说:"四时欲得小儿安,常要三分饥与寒,但愿人皆依此法,自然诸病不相干。"它与养生民谚"若要小儿安,常保三分饥和寒"如出一理。大量实践证明,在全面保证饮食营养供给的同时,遵循中医养生理论,结合幼儿身心特点,科学地调配与使用养生膳食,有助于增进幼儿健康,可有效抵制疾病侵害。关于幼儿饮食养生的基本要求,本书第一章已作专门阐述。

二、幼儿食疗保健

食疗保健,又称食疗、食治,即饮食治疗。具体地讲,就是以食养生、以食治

---

① 谭兴贵.中医药膳学[M].北京:中国中医药出版社,2004:3-4.
② 路新国.中医饮食保健学[M].北京:中国纺织出版社,2008:301-302.

疾,以此保正气、除邪气,达到健康长寿的目的。饮食治疗是一种较为明显的饮食养生方式,常以疾病治疗(如小儿疾病、老人疾病、慢性疾病等)为研究对象,具有安全无毒、副作用小、简便易行、行之有效、易为人们认识和接受等特点。

按照中国传统的饮食科学思想,食治养生的营养观念是我国民众最为基本的饮食观念之一,备受历代医家和养生学家的推崇和重视①。中医认为:以食治疾,在于"食能排邪而安脏腑"。《太平圣惠方》说:"夫食能排邪而安脏腑,清神爽志以资气血,若能用食平疴,适情遣疾者,可谓上工矣。"《备急千金要方》指出:"凡欲治疗,先以食疗,既食疗不愈,后乃用药尔。"《医学衷中参西录》在阐述食疗的优点时说:"病人服之,不但疗病,并可充饥;不但充饥,更可适口。用之对证,病自渐愈,即不对证,亦无他患,诚为至稳至善之方也"②。自古以来,我国民间就有用绿豆、鸭梨、冰糖煮食,治愈顽固性干咳,用洋葱制菜长期食用,治疗高脂血症、心血管疾病的食疗案例。为提高食疗效果,人们还以食物为主,配以适当的药物,通过烹调加工,制成食疗菜品(药膳),在中医养生理论指导下,用以治疗某些疾病。如当归生姜羊肉汤、枸杞子炒虾仁等,这是饮食养生与保健的一种重要表现形式,它对防病祛疾、增进人体健康发挥着重要作用。

关于饮食治疗,最为基本的原则是注重辨证施食,强调饮食有节。所谓辨证施食,即是根据病情的寒热虚实,结合病人的体质状况,通过合理饮食给予相应治疗。中医认为:临床病证不外虚证、实证、寒证、热证。根据中医"虚者补之""实者泻之""热者寒之""寒者热之"的治疗原则,辨清虚证患者阴阳气血不同之虚,分别给予滋阴、补阳、益气、补血的食疗食品治之;实证患者应根据不同实证的证候,给予各种不同的食疗食品祛除实邪,如清热化痰、活血化瘀、化湿利水等;寒性病证,给予温热性质的食疗食品治之;热性病证,给予寒凉性质的食疗食品治之③。对学龄前幼儿进行饮食治疗,还需结合幼儿器官娇弱柔嫩、脾常不健、肾常亏虚及肺常不足等体质特点,通过补气健脾和补肾益精来"培土生金",从而实现祛除疾病、保养身体之目的。

所谓饮食有节,即是每天进食宜定量、定时、不偏食、不挑食。饮食定量,主要强调饮食要有限度,不暴饮暴食,保持不饱不饥的状态。关于饮食过量的害

①　杜莉,姚辉.中国饮食文化[M].北京:旅游教育出版社,2008:39-40.
②　路新国.中医饮食保健学[M].北京:中国纺织出版社,2008:4-5.
③　肖延龄,马淑然.家庭食疗手册[M].北京:中央编译出版社,2012:14-15.

处,唐代药王孙思邈在《千金要方》中明确指出:"不欲极饥而食,食不可过饱;不欲极渴而饮,饮不可过多。饮食过多,则结积聚;渴饮过多,则成痰癖"。现代医学认为,人体对食物的消化、吸收和利用,主要依靠脾胃的功能正常。若饮食过量,短时间内突然进食大量食物,势必加重胃肠负担,使食物不能及时消化,从而影响营养物质的吸收和输送,以致产生一系列疾病。相反,进食过少,则脾胃气血生化乏源,人体生命活动缺乏物质基础,日久会导致营养不良及相应病变的发生。因此,饮食有节、食量有度是保证身体健康的重要条件[1]。

饮食定时,主要强调饮食要遵循传统的食俗习性,一日三餐要按照既定的进餐次数和用餐时间而进行。因为,饮食在胃中停留和传递的时间相对固定,如按相对固定的作息时间就餐,合理地从事进餐活动,可以保证食物在胃肠中的消化与吸收有序进行,防止胃肠消化的正常规律被打乱。特别是胃肠柔弱、器官发育尚不健全的幼儿,必须保持良好的用餐习惯,按照既定的用餐制度(如三餐二点用餐制)就餐。如果不分时间地随意进食,就会改变胃肠的消化规律,增加胃肠负担,久而久之就会引起肠胃的病变。

关于患病幼儿的饮食调理,本章第三节将作详细阐述。

第二节　幼儿养生膳食的调制

从严格意义上讲,凡是符合幼儿身心发展规律,按照幼儿饮食营养需求而科学调制的日常膳饮皆为幼儿养生膳食。为凸现幼儿养生膳食的保健功能,本节以中医养生理论及合理膳食原理为指导,结合传统饮食养生经验,分别对益智补脑营养餐、护肝明目营养餐、增高补钙营养餐、补铁补锌营养餐的调制方法加以介绍,用以解答幼儿家长及保健幼师亟待解决的幼儿饮食养生问题。

一、益智补脑营养餐的调制

幼儿的大脑发育和智力发展与食物中的许多营养素密切相关。现代医学研究表明:蛋白质是构成脑细胞的主要成分之一,约占脑干重量的30%～35%。

---

[1]　肖延龄,马淑然.家庭食疗手册[M].北京:中央编译出版社,2012:15-16.

学龄前儿童每日摄取充足的优质蛋白质,有益于大脑的智能活动。脂肪是构成脑组织的重要物质,约占脑干重量的50%~60%。幼儿摄取适量的脂肪,可保证大脑养分充足,有利于健全脑功能。碳水化合物能为大脑活动提供能源,大脑经常性供糖不足,易导致幼儿注意力分散、记忆力减退。维生素A可提高视网膜对光的感受能力,是维护视力和促进大脑发育必不可少的营养素。维生素 B_1 能促进大脑、神经系统的稳定健康,对维持记忆力具有显著功效。维生素E可阻止不饱和脂肪酸的过度氧化,预防大脑疲劳,防止大脑活动衰减。维生素C在促进脑细胞结构坚固,防止脑细胞结构松弛与紧缩方面起着重要作用。矿物质中的钙能促进神经系统传递,抑制脑神经细胞的异常兴奋,使大脑保持正常状态。磷是组成脑磷脂、卵磷脂和胆固醇的主要成分,可参与神经纤维的传导和细胞膜的生理活动。幼儿每日摄入适量的磷,有利于大脑发育及智力活动[1]。此外,锌、铜、铁、碘等微量元素对幼儿大脑发育和智力发展也起着极为重要的作用。

　　适于幼儿补脑益智的食物很多,尤以牛奶及奶酪、鸡蛋和鹌鹑蛋、鸡肉、鱼肉、虾皮、黄花菜和菠菜等蔬菜、杏仁和核桃等坚果、橘子和猕猴桃等水果,以及动物的脑髓等,对促进幼儿健脑益智大有裨益。合理选用上述原料,经过科学调制,可形成诸多益智补脑营养餐。

养生菜例1:桃仁炒鱼丁

　　本品以青鱼肉丁为主料,配以熟桃仁,滑炒而成。成菜色泽淡雅,鲜香味醇,桃仁松脆,鱼丁滑嫩,既作日常佐餐佳肴,又是益智养生膳食。

制作要领:

　　①核桃仁入锅滑炒之前宜用沸水泡透,择去衣膜,置热油锅中过油至熟,用刀背拍散。

　　②新鲜青鱼肉去刺、切丁、漂净,上蛋清浆,可使滑炒的鱼丁白亮光洁。

　　③鱼丁上浆时,先加精盐拌至发黏上劲,再加鸡蛋清和水粉拌匀,则其持水量增多,制品质感滑嫩。

　　④本品清新雅致,色泽宜淡雅,口味宜清鲜。

---

① 吴婕翎.儿童健康成长营养餐[M].沈阳:辽宁科学技术出版社,2012:34-36.

养生指南：

①青鱼鱼肉含有丰富的蛋白质、磷和钙等矿物质及多种维生素。其蛋白质生物学效价较高，易被幼儿消化、吸收和利用；其脂肪酸多为不饱和脂肪酸，能有效保护脑血管，对大脑细胞活性有良好促进作用。

②核桃仁的健脑益智效果卓著，与鱼肉合理配用，可增强幼儿脑细胞活力，消除大脑疲劳，促进幼儿智力发育。

养生菜例2：山药炖猪脑

本品以新鲜猪脑为主料，配以山药、枸杞和鲜汤，炖制而成。成菜汤醇色白，鲜香味浓，猪脑滑嫩，山药粉糯。

制作要领：

①主料猪脑应选鲜品，用清水浸漂，除去血浆。山药去皮、切块，清水浸泡，防止置于空气中而变色。

②烹制工艺：先将山药、姜块爆炒，放入砂锅中加鲜汤用小火煲约20分钟，再下猪脑煲约20分钟，调成鲜味，最后加入枸杞煲约5分钟即成。

③烹制此菜应选用砂锅以小火炖制，一是确保猪脑滑嫩入味，二是避免山药因铁器加热而变黑。

④本品清醇雅致，调味不宜过重，忌用有色调味料。

养生指南：

猪脑富含蛋白质、硫胺素、磷、钙、铁等多种营养素，常食可补骨髓，益虚劳，治疗神经衰弱，预防大脑疲损。民间流传"以脏补脏"之说，常以猪脑配山药炖食，用作幼儿或老人安神益智之补品。

养生菜例3：蜜枣核桃仁

本品以核桃仁和蜜枣为主料，辅以糯米粉和冰糖，蒸熘而成。成菜色黄亮晶，香甜适口，桃仁松脆，蜜枣酥软，深受幼儿欢迎。

制作要领：

①桃仁以形整、饱满、身干、色黄白、含油足者为上品。蜜枣以色黄亮光、粒大核小、肉厚皮薄、口味香甜者为佳①。

----

① 赵廉.烹饪原料学[M].北京：中国纺织出版社，2008：412—422.

②桃仁用沸水浸泡10分钟，用牙签挑去衣膜，放入五成热的油锅中过油至熟，取出滤干，用刀轻轻拍开。

③选择形整的蜜枣洗净，入蒸笼蒸熟，取出去核。取糯米粉加鸡蛋清、白糖和清水调成粉糊。

④取熟桃仁裹糯米粉糊，包入蜜枣中，制成桃仁蜜枣，入蒸笼以中火蒸约3分钟取出，淋上冰糖熬制的流芡即成。

养生指南：

①核桃仁富含蛋白质、脂肪、维生素及钙、磷、铁等矿物质，对大脑神经有良好的保健作用，可保持心血管健康，增强脑细胞活力，常用作神经衰弱的辅助治疗剂。

②红枣适于安神、益气、补虚、养颜，对心血虚损造成的神经衰弱、失眠多梦、记忆力减退等有明显补益。

养生菜例4：牛奶鲜橘荷包蛋

本品以鸡蛋、牛奶为主料，配以橘丁和冰糖，煮制而成。成品乳白而缀橘黄，甜润而带乳香，烹制工艺简捷，生产成本低廉，家常特色鲜明，健脑功效明显。

制作要领：

①鸡蛋、牛奶宜选鲜品，以每只鸡蛋配80毫升牛奶比较合宜。

②鲜橘取肉切丁（1厘米见方），与冰糖（碎粒）、牛奶一同入锅煮开，下入去壳的整只鸡蛋，小火煮至定型即成。

③煮荷包蛋时应使用小火加热，煮至鸡蛋白定型，鸡蛋黄的外层刚好凝固，即为溏心荷包蛋。

④冰糖可用白砂糖代替，甜味不可过浓。

养生指南：

鸡蛋、牛奶是物美价廉、性价比最高的养生食品，几乎含有人体所需的各种营养物质。牛奶富含优质蛋白质、B族维生素和钙、磷、铁等多种无机盐，补脑健脑作用突出。鸡蛋富含蛋白质、卵磷脂等营养成分，对大脑细胞活性具有良好促进作用，能有效提升幼儿的记忆力。

二、护肝明目营养餐的调制

3~6岁期间,幼儿的眼睛发育不断完善,视力逐渐增强。但是,有很多幼儿不注意眼睛保养,近距离长时间过度用眼,用眼姿势也存在问题,使其健康明亮的眼睛变得模糊不清,极大地影响正常的学习和生活,幼儿家长为此揪心不已。

矫正幼儿视力,除应在医生的指导下做好幼儿眼保健之外,还需从日常膳食中摄入足够的营养物质,通过一些护肝明目的营养餐来配合治疗。中医认为"肝开窍于目",肝血不足,易使两目干涩,视物昏花,故明目重在养肝。从饮食养生的角度来看,饮食与肝脏的保健有着密切的关系。只有吸收丰富的营养物质,才能维持肝脏的新陈代谢,保证肝脏的健康。

为实现护肝明目之目的,幼儿的日常饮食应注意多吃水果和蔬菜,摄取足量富含维生素C、维生素B、维生素A的食物,如红枣、核桃、猕猴桃、桑葚、胡萝卜、香椿、荠菜、春笋、牛肉、猪肚、猪肝、鲫鱼、黑米、绿豆等。此外,适时选用苦菊、枸杞、蜂蜜等药食兼用的食物调制营养餐,既有利于幼儿养肝明目,还能促其固护脾胃。

养生菜例1:枸杞猪肝汤

本品以鲜猪肝为主料,配以枸杞和菠菜,汆制而成。成菜汤色雅丽,鲜咸香醇,猪肝滑爽,菜心脆嫩。

制作要领:

①本菜主料宜选色泽淡红的新鲜猪肝,切片后先用淡盐水浸泡,再以清水漂净。

②枸杞既是养生食物,又是中医药材,以我国宁夏所产者质量最佳,使用前应以温水洗净、泡透。

③净猪肝片临近烹制时加生抽、精盐、干淀粉拌匀。过早加盐浆拌,或是受热时间太长,易使质感柴老。

④本菜加工程序是:生姜炝锅,加清汤、枸杞和菠菜心烧沸,再加猪肝片汆至断生,调准口味即成。

养生指南:

①猪肝富含优质蛋白质、各种维生素和铁、钙、磷等矿物质,能有效治疗血

虚萎黄、夜盲诸症。中医认为:猪肝性温,具补肝、养血、明目之功效。

②枸杞不但养肝明目,还能护脾补肾,我国中医自古就将其视为滋补药材。

养生菜例 2:黄花菜炒鸡蛋

本品以黄花菜为主料,配以黑木耳、鲜鸡蛋炒制而成。成菜色泽和谐,鲜香味醇,黄花菜柔嫩,黑木耳脆爽,鸡蛋皮滑润,备受幼儿欢迎。

制作要领:

①新鲜黄花菜含有秋水仙碱,直接炒食易引起食物中毒。本菜主料宜选干爽、整齐的干黄花菜。

②鸡蛋皮由新鲜土鸡蛋的蛋液摊制而成。蛋液搅匀后兑入少量水淀粉,摊时小火均匀受热,摊好的蛋皮切成细条。

③水发黄花菜、黑木耳、鸡蛋皮的用量比以 4:1:1 较为合理。

④烹炒时应使用鲜汤先将黄花菜和黑木耳加热至成熟,再加鸡蛋皮同烹。由于黄花菜比较耗油,故锅中的底油应稍宽。

养生指南:

黄花菜含有丰富的蛋白质、卵磷脂、维生素 C、胡萝卜素以及钙、磷、铁等矿物质,有养血平肝、明目安神、健脑益智、健胃消食等功效。以黄花菜配黑木耳与鸡蛋合烹,既操作简捷,又经济实惠,可经常用作幼儿护肝明目、益智健脑的"保健菜"。

养生菜例 3:胡萝卜煲牛腩

本品以胡萝卜为主料,配以卤牛腩、马蹄蒜,煲(焖)制而成。成品胡萝卜熟嫩入味,卤牛腩酥烂香醇,既是佐餐佳肴,又作滋补佳品。

制作要领:

①本品主料宜选秋冬季节自然生长的胡萝卜,切滚刀块;配料卤牛腩由土黄牛的牛腩卤至酥烂入味,切菱形块即成。

②工艺流程:姜块炝锅,下卤制牛腩块、胡萝卜炒香,加清水及牛肉卤汁烧开,转入砂煲以小火炖约 25 分钟,加马蹄蒜稍炖,调成鲜味,勾芡,撒葱花、胡椒粉即成。

③卤牛腩必须事先卤至酥烂入味,否则不便于幼儿食用。

④本品最宜冬季食用。若以熟猪油烹炒,加卤牛腩原汁同煲,则风味更佳。

养生指南：

胡萝卜含有丰富的维生素 A，有利于护肝明目，保持眼睛健康，可防治夜盲症和眼干燥。牛腩味甘性温，营养丰富，有补中益气、健脾养肝、强筋健骨之功效。两者合烹成菜，既美味适口，增进食欲，又可保护肝脏，明目安神，抗衰防病，调理虚弱。

养生菜例 4：虾仁绿豆粥

本品以大米为主料，配以虾仁和绿豆，煮制而成。制品粥稠芡亮，温润适口，虾仁绿豆相辅佐，营养丰富，滋味鲜香，既是精美主食，又作养生补品。

制作要领：

①本品宜选精白大米作主料，辅以绿豆和虾仁。大米、绿豆以清水洗净，虾仁加盐拌至发黏上劲，加水淀粉上浆。

②大米、绿豆、虾仁、清水的最佳用量比为 4：1：3：30。

③火候特点：大米和绿豆加清水用大火煮沸，改小火熬至汁稠，加虾仁稍煮至断生，调咸鲜味即成。

④本品清鲜淡雅，滑稠温润。用水比例要准确，加热时间要恰当，投料顺序要合理，口味调理要清淡。

养生指南：

本品补肝养血、清热明目、美容润肤，常食使人容光焕发，特别适合面色腊黄、视力减退的体弱幼儿，尤以夏秋两季食用，效果更明显。

三、增高补钙营养餐的调制

普天之下，所有的父母无不期盼自己的孩子高大俊美、聪颖睿智。可是幼儿的成长与遗传基因、生长激素、饮食营养、体育运动、睡眠状况等很多因素有关。在其诸多后天因素中，饮食营养的作用至关重要。

现代营养学认为，促使幼儿长得高大而又健美，不可缺少的营养素包括蛋白质、钙质、各族维生素以及锌和磷等矿物质。蛋白质是构成及修补人体组织的基本物质，幼儿缺乏蛋白质会导致发育迟缓。食物中的乳、蛋、瘦肉、鱼鲜以及豆类均含丰富的优质蛋白质。钙质可以促进骨骼生长，增加骨质密度，维生素 D 则有利于钙质的吸收。钙的食物来源主要为乳类及其制品、豆类及其制品、虾皮和紫菜等水产品、动物骨头以及各种水果蔬菜等①。锌、磷、铁等矿物质也是幼儿骨骼生长不可缺少的营养素。据调查分析,膳食缺锌会使 80% 的儿童发育迟缓,这是由于缺锌造成幼儿厌食,影响了孩子的生长发育。含锌丰富的食物主要有鱼鲜、瘦肉、动物肝脏、干果、黑木耳等。

总的说来,幼儿的身高及体质与后续的饮食营养联系紧密。丰富日常饮食的膳食品种,合理选配增高补钙的营养食物,注意膳食的粗细搭配及荤素比例,充分利用并有效提高蛋白质的营养价值,指导幼儿纠正挑食、偏食等不良饮食习惯,均有助于实现广大家长的美好愿望。

养生菜例 1:原骨炖豆腐

本菜以新鲜猪大骨(筒子骨)为主料,配以豆腐、白菜心,煨炖而成。成菜汤清味鲜,豆腐滑软,猪肉酥烂,菜心绿嫩,物美价廉,食治并举。

制作要领:

①猪骨宜选新鲜的猪筒子骨,附着适量的猪肉和筋络。

②猪筒子骨漂去血污,斩大块,下炒锅加姜块用旺火炒香,转入大砂锅加清水烧开,改小火煨炖约 2 小时,剔去大骨,保留碎肉、筋络和原汤,加豆腐块(焯水)、精盐、白糖炖约 15 分钟,下入菜心、葱白即成。

③熬猪骨汤强调料鲜量足,清水的用量为猪骨的 4 倍,煨炖的火力为小火长时间加热,不可过早过量加入食盐,不宜中途添加冷水,注意及时撇去浮沫。

④猪筒子骨也可使用高压锅熬煮,依照节令选配白萝卜、土豆、芋头、板栗、冬瓜或葫芦煨炖,制作方法大同小异。

养生指南:

猪大骨性平味甘,富含磷酸钙、骨胶原蛋白、骨类黏蛋白及弹性硬蛋白等营养物质,有补虚弱、壮腰膝、强筋骨、增身高等作用。豆腐是优质高蛋白食物,钙的含量十分丰富,素有"植物肉"之称。嫩豆腐与猪骨汤合烹成菜,是幼儿增高补钙的理想营养餐。

养生菜例 2:浓香麦片粥

本品以大米为主料,配以鲜牛奶、麦片和葡萄干,煮制而成。制品色白芡

---

① 任百尊.中国食经[M].上海:上海文化出版社,1999:297-298.

亮,口味香甜,温润稠和,滋补性强。

制作要领:

①本品宜选精白大米作主料,辅以鲜牛奶和燕麦片同煮。大米、麦片、清水、鲜奶的用量比以 3∶2∶18∶6 较为合适。

②制作工艺:大米淘净,入砂锅加清水以旺火煮沸,改小火熬煮 20 分钟至粥稠,加麦片、鲜奶和葡萄干以中火煮沸,下白砂糖拌匀即成。

③本品适于小批量生产,大米品质要优,煮至稍稠即可,不宜煮得太干、太软烂。调味凸显香甜,甜度不可过大。

养生指南:

麦片是含钙和维生素 A 最为丰富的谷类食物,磷、铁、锌等矿物质十分齐全;牛奶及乳制品也是补钙的极佳食物。常食此粥可促进幼儿骨骼、大脑和心血管健康,很多托幼园所及幼儿家庭皆以此作为幼儿增高补钙、益智健脑的营养餐。

养生菜例 3:虾皮紫菜鸡蛋汤

本菜以鲜鸡蛋为主料,配以虾皮和紫菜,煮制而成。成菜汤清汁醇,鲜香味美,鸡蛋嫩滑,紫菜柔软,虾皮酥润,葱花香脆,夏秋佐餐,食治兼备。

制作要领:

①本菜主料鸡蛋宜选新鲜的土鸡蛋。虾皮以色金黄、鲜亮、片大为佳,春产质量最好。紫菜则宜选用紫黑(或紫红、紫褐)光泽、片薄、口感柔软、呈香鲜滋味者。

②主辅料比例:每 2 只鸡蛋,选配虾皮 30 克、紫菜 30 克、清水 800 克。

③烹制工艺:净油锅下姜米以旺火炝香,下泡透的虾皮、紫菜及清水烧开,加精盐、白糖,改小火加热,徐徐淋入鸡蛋液,加味精,撒葱花、胡椒粉,淋明油即成。

④新鲜的土鸡蛋液下锅时用小火微煮,则成品状如黄色海带,呈飘逸状,且质地滑嫩。火力过大,易将蛋液冲散,既失其形,又损质感。

养生指南:

虾皮的营养价值很高,每 100 克虾皮含蛋白质 39.3 克、钙 20000 毫克、磷 1005 毫克,是补钙的最佳食品[①]。以虾皮配合鸡蛋、紫菜制汤,食材成本低廉、

---

① 赵廉.烹饪原料学[M].北京:中国纺织出版社,2008:211-212.

制作方法简捷、特色风味鲜明、食疗效果明显,幼儿百吃不厌,家长有口皆碑,实属一款名副其实的"增高补钙养生菜"。

养生菜例 4:茄汁排骨

本菜以新鲜排骨为主料,将排骨切块、腌渍、炸制上色,烧熘而成。成菜红亮光泽、滋味酸甜、酥脆脱骨、香气浓郁。

制作要领:

①新鲜排骨洗净,砍切成长约 6 厘米的长条块,用精盐、白糖、食醋、料酒腌约 20 分钟,滤干水分,拌匀干淀粉。

②炸制排骨的油量宜宽,先用 5~6 成热的油温炸至七成熟,再用七成热的油温复炸至金黄色。

③熘制方法:净油锅下姜末以旺火炒香,下排骨、清水、白糖和精盐,用中小火熬至酥嫩,兑入大红浙醋熬制的番茄汁,以旺火收芡,淋入滚油搅匀即成。

④本菜的口味特点是底味咸鲜,突出酸甜;质地特色是酥脆脱骨,便于食用。

养生指南:

中医认为,猪排骨含有人体生理活动所必需的优质蛋白质和大量钙质以及磷、铁、锌等矿物质,有补虚弱、强筋骨,维护骨骼健康等功效。在烹制排骨时加入适量的番茄、山楂或食醋等酸味物质,既有利于菜品风味的形成,又可促进钙质的溶解与吸收。

四、补铁补锌营养餐的调制

铁是人体含量最多的一种必需微量元素。人体内铁的总量约为 4~5 克,其中 60%~75% 的铁存在于血红蛋白中。

幼儿缺铁可使血红蛋白减少,发生营养性贫血,主要表现为:学习能力下降、冷漠呆板;容易烦躁,抗感染能力下降[①]。严重者还会影响生长发育,影响智力发展,影响免疫能力,危及幼儿的生命活动。

日常膳食中含铁丰富的食物主要有动物肝脏、血液、瘦肉、蛋黄、鸡肉、鱼肉、红糖、豆类及其制品、蔬菜及水果等。它们不但富含铁质,还能保障铁的吸

---

① 吴婕翎.儿童健康成长营养餐[M].沈阳:辽宁科学技术出版社,2012:94-96.

收,特别是与富含维生素 A、维生素 C 及 B 族维生素的食物合理搭配,更能促进铁的吸收与利用。

与铁一样,锌也是人体必需的一种微量元素,它对维生素正常代谢、保持正常味觉、促进生长发育等具有重要作用。人体缺锌时核糖核酸、去氧核糖核酸合成受阻,氮和硫的排出量增加;机体免疫力下降,严重的将导致生长发育障碍。幼儿缺锌,易导致味觉、嗅觉迟钝或异常,产生异食癖和缺乏食欲等缺锌症状。

膳食中含锌丰富的食物有贝类、动物肝脏、瘦肉、蛋类、干果等,幼儿膳食尤应突出牛肉、猪肝、瘦肉、禽肉、鱼肉、蛋黄、芝麻、杏仁、桃仁、糙米、黑米、燕麦等的供给。特别是偏食厌食儿童、体虚多汗儿童以及易感疾病儿童,更应摄取足量的含锌食物,适时选择补锌产品。

养生菜例 1:苦瓜焖牡蛎

本菜以牡蛎肉为主料,配以苦瓜,焖制而成。成菜色泽淡雅,鲜咸微苦,牡蛎软润,苦瓜熟嫩,营养丰富,滋补力强。

制作要领:

①取牡蛎肉放入盐水中泡透,洗净泥沙,焯水备用。苦瓜去瓤,切菱形块,焯水投凉。

②炒锅以熟猪油滑净,下姜片炝锅,下牡蛎肉和苦瓜同炒,加高汤煮沸,改中小火焖约 8 分钟,调鲜咸味,下水淀粉勾芡,撒葱花、胡椒粉即成。

③本菜宜调咸鲜味,底味不宜过重,注意加热时间。供餐时应保证食用温度,以求一热三鲜。

养生指南:

牡蛎又称为蚝,其显著特色是肉味鲜美,富含微量元素锌(9.39mg/100g),能促进幼儿智力发育,增强幼儿免疫能力,防治幼儿偏食厌食,治疗体虚多汗诸症,故有"益智海鲜"之美称。苦瓜既是一种清润爽口的夏令佳蔬,又是一味"清心明目、益气解热"的良药,尤以维生素 C 及钙、磷、铁、锌等矿物质含量丰富。幼儿常食此菜,有利于调节机体代谢,增强免疫功能,防治体虚多汗,促进智力发展。

养生菜例 2:芝麻南瓜饼

本品选老南瓜肉蒸熟压成泥,兑入面粉、白糖、鸡蛋和制面团,制成饼坯,沾上黑芝麻,煎制而成。成菜色泽金黄,质地酥润,香甜不腻,饼形齐整。

制作要领:

①老南瓜去瓤、去皮、切块,放入笼屉以中小火蒸约 30 分钟至熟烂,捣碎成泥。

②南瓜泥兑入面粉、鸡蛋和白糖,调制面团,四者的用量比为 20∶8∶4∶1。

③调制南瓜面团必须揉和均匀,使之光润上劲;调好的南瓜饼坯应均匀一致,整齐划一,面上撒上黑芝麻。

④南瓜饼下入 5~6 成热的油锅中煎约 5 分钟至色泽金黄时起锅装盘。煎时锅内底油稍宽,以中小火加热,让南瓜饼均匀受热,使其成色一致。

养生指南:

本品以南瓜、面粉、鸡蛋和芝麻合烹制菜,风味特色鲜明,养生效果明显。南瓜味甘、性温,有润肺、补气、益中、解毒等功效。鸡蛋富含优质蛋白、多种维生素及铁、锌、磷等矿物质,是幼儿补铁补锌的理想食材。中医认为:芝麻味甘性平,有补血、润肠、生津、养颜等功效,适于治疗身体虚弱、贫血萎黄、津液不足、大便燥结等症。

养生菜例 3:肉丝腰花粉

本品以湿米粉为主料,配以瘦肉丝、猪腰花、青菜丝,煮制而成。成菜色泽和谐,鲜咸而香,腰花脆嫩,肉丝滑润,常作养生主食使用,备受幼儿欢迎。

制作要领:

①新鲜猪腰(猪肾)去腰臊,剖切眉毛腰片,上水粉浆。瘦猪肉切丝,加盐拌和至发粘上劲,上水粉浆。青菜洗净,切丝备用。

②猪腰特别鲜嫩,极易腐败变质。选料时强调新鲜,存放时须低温保鲜,初加工时应除净腰臊(断白带红),切料时剖眉毛花片,上浆之后应立即烹制。

③烹制工艺:净油锅下姜丝用旺火炝锅,下鲜汤烧开,下湿米粉、青菜丝煮沸,下瘦肉丝和猪腰片,调咸鲜味,撒葱花、胡椒粉即成。

④瘦肉丝和猪腰片宜以旺火沸汤汆煮,断生为度,确保滑嫩脆爽的质感。

养生指南:

猪腰嫩脆鲜香,富含优质蛋白、铁和锌等矿物质及各种维生素,可有效治疗肾虚腰疼、盗汗遗尿、体虚多病、发育不良诸症。瘦猪肉更是补铁补锌的优质食品。中医认为:瘦肉味甘咸性平,具滋阴、润燥的功效,能丰机体、泽皮肤、防羸瘦、治便秘。本品以湿米粉、瘦肉丝、猪腰花、青菜丝合烹制菜,无论其感官品质,还是膳食营养,都很适合幼儿。

养生菜例4:蚝油牛肉

本菜以黄牛里脊肉为主料,切片腌渍,上水粉浆,配蚝油综合味汁,滑炒而成。成菜褐黄光亮,片形整齐,质地滑嫩,鲜香味醇。

制作要领:

①主料宜选嫩黄牛里脊肉或牦牛腿肉,切长条片,漂去血水,加黄酒、姜片、嫩肉粉腌透。

②牛肉加食盐顺向搅拌至发粘上劲,最大限度地吸附水分,加蛋清、水淀粉、色拉油上浆。

③用蚝油、味精、酱油、湿淀粉、鲜汤调综合味汁,注意底味不宜过重。

④上浆的牛肉用三成热的油温滑油至断生取出,倒入熬制蚝油综合味汁的油锅中,以旺火翻炒均匀,撒上葱花、白胡椒粉,迅速装盘即成。

养生指南:

瘦牛肉(嫩牦牛腿肉或黄牛里脊肉)属高蛋白(20.0%)、低脂肪(1.6%)食品,维生素及铁、锌、钙、磷等矿物质含量丰富。中医认为:牛肉味甘性平,入脾胃经,有补脾胃、益气血、强筋骨、治虚损等功效。蚝油系由牡蛎肉加工而成,用以佐助牛肉制菜,不但味极鲜香,还是高锌食品,滋补疗效显著,极受幼儿及其家长欢迎。

第三节 幼儿常见疾病的饮食调养

幼儿在学习、生活过程中,由于体质状况、生活环境、季节变化及饮食习惯等的影响,感染疾病是不可避免的。面对患病幼童,幼儿家长及幼教老师的最大愿望就是期盼幼儿尽快康复,减少药物对幼儿身体的影响。

俗语说:"是药三分毒"。药物治病虽然快捷有效,但其毒性也大。唐代药王孙思邈在《千金要方》中指出:"为医者,当须洞晓病源,知其所犯,以食治之,食疗不愈,后乃用药尔"。意思是说,药物治疗是不得已而为之,通过食物治疗,才是首选。面对机体柔弱、发育尚不完善的幼童,如能使用保健饮食减少或延缓疾病发生,减轻患者的临床症状,辅助治愈相关症疾,则是幼儿最为理想的养生策略。

一、厌食幼儿的食疗保健

小儿厌食,是指幼儿长时期食欲减退,以厌恶进食为主要特征的儿科疾病。患病幼童虽然形体偏瘦,面色萎黄,食欲低下,厌恶进食,但精神尚好,无其他病症。

现代医学认为,引起厌食的原因主要有两方面:一是由于局部或全身疾病影响消化功能,使胃肠平滑肌的张力下降,消化液的分泌减少,酶的活力减低所致;二是中枢神经系统受人体内外环境及各种刺激的影响,使消化功能调节失去平衡所致[1]。

对于厌食的幼童,要培养良好的进食习惯,营造温馨的就餐氛围,遵守合理的生活规律,实施完备的饮食调养方法。这其中,常规的饮食保健方法是:纠正不良饮食习惯,不吃零食,不偏食,少进甘肥黏腻的菜肴点心,合理选用含锌丰富的保健膳食。

食疗菜例1:党参红枣炖猪肚

本品以鲜猪肚为主料,配以党参、红枣和莲子,选用砂钵炖制而成。成品益气补虚,健脾开胃,对面色微黄、食欲不振、精神萎靡、脾胃气虚的厌食儿童有明显疗效。

制作要领:

①猪肚宜选鲜品,清除污秽,用盐醋搓洗法、里外翻洗法漂洗至白净,切长条块,焯水,浸入清水中。莲子去芯,红枣去核,连同党参分别水发至透。

②猪肚、清水、党参、莲子及红枣的用料比例以每只猪肚(约600克)配清水1800克、党参30克、莲子30克、红枣20克较为合理。

③烹制工艺:净油锅以旺火加热,以姜片炝锅,下猪肚爆炒,加清水、党参、莲子烧沸,转至砂钵,以微火炖约90分钟,加精盐、红枣续炖约15分钟,调准口

---

① 肖延龄,马淑然.常见病的食物调养[M].北京:中央编译出版社,2012:395-396.

味,撒葱花、胡椒粉即成。

④猪肚焯水后应置入水中浸泡,以防变黑,以砂钵炖至熟烂以后再加食盐调味。

养生指南:

猪肚味甘、性温,入脾、胃经,富含蛋白质、钙、磷、铁、锌、B族维生素等,有补虚损、健脾胃之功效。党参性平、味甘,入脾、肺经,可补中益气、和胃养血。莲子、红枣亦能益气补虚、健脾益胃。4种食材依照上述方剂合烹制菜,供食欲不振、厌恶进食的幼儿晚间服用,每周2剂,连服6剂,食疗效果显著。

食疗菜例2:山楂乌梅银耳羹

本品以白木耳为主料,配以山楂和乌梅,煮制而成。成品健脾、养胃、增食,对形体消瘦、食欲不振、食少无味、偏食厌食的小儿具有明显疗效。

制作要领:

①山楂肉泡透,切条;乌梅泡透,去核;水发白木耳洗净,摘除杂物。

②本品的用量配比为每100克水发白木耳,配清水600毫升、山楂肉5克、乌梅6克、冰糖5克。

③烹制工艺:取水发白木耳、山楂肉焯水,置入干净的不锈钢锅内,加清水以旺火烧沸,改小火煮约70分钟,待银耳滑软后加乌梅、冰糖续煮约15分钟,改旺火加热,勾奶汤芡即成。

④加工时应注意投料的先后顺序,用冰糖或白砂糖调味,甜度不宜过大。

养生指南:

现代药理研究表明,山楂所含的山楂酸、解脂酶能促进脂肪类食物的消化,促进胃液分泌并增加胃内酶素,具有健脾开胃、消积化滞的作用①。乌梅具健脾、养胃、育阴等功效,能有效治疗脾胃阴虚型小儿厌食症。白木耳滋补生津、润肺养阴,与山楂、乌梅组配制菜,每日1剂,分3次温服,既是养生佳肴,又是食治良药。

二、感冒幼儿的食疗保健

小儿感冒,是指由细菌或病毒等引起的儿童急性上呼吸道感染。此类病患

---

① 张志华.常见病食疗妙方[M].上海:上海科学技术出版社,2012:131-132.

主要侵犯儿童的鼻、鼻咽和咽部,常有咽痛、咳嗽、发热等症状,分为普通感冒(风寒感冒、风热感冒、暑湿感冒、体虚感冒)和流行性感冒两种类型。

小儿感冒是幼儿最常见的多发病之一。幼儿家长及保健幼师平时应加强幼儿体质锻炼,注意幼儿日常调护。对待患病幼儿,应根据感冒症疾施以不同的治疗方法,在药物治疗的同时,辅以合理的饮食护理。中医理论认为"热病稍愈,食肉则复,多食则遗"。意思是说感冒发热刚好转时,如果吃肉就会复发,吃多了,外邪就会遗留不去。所以感冒幼儿的饮食原则应该是清淡、少食,禁忌油腻、过饱①。与此同时,调制一些食治并举、易于消化的保健膳食,可有效预防感冒夹滞。

食疗菜例1:鸡内金粥

本品以鸡内金(鸡胗皮)为主料,配以粳米、淡豆豉和葱白,煮制而成。成品味美适口,趁热服食,对风寒感冒有显著疗效。

制作要领:

①取干制鸡内金泡透、洗净;淡豆豉铡切成米粒状;葱白洗净切米粒状;新鲜粳稻米淘洗干净。

②本品的用量配比为每60克鸡内金,配用粳稻米50克、清水450克、豆豉20克、葱白10克。

③烹调工艺:净油锅以旺火加热,下姜米炝锅,加鸡内金煸香,加清水、粳米烧沸,转至砂钵改小火煮至米粒开花,加豆豉、精盐煮约5分钟,加葱白、白胡椒粉出锅。

④注意一次性加足清水,使用旺火烧沸,改用小火煮制。待汤汁稍稠时,调成鲜味,口味宜清淡。

⑤本品供风寒感冒的幼儿趁热食用,服后盖被取微汗,3个疗程即可痊愈。

养生指南:

中医认为,鸡内金性平、味甘,内含大量消化酶,有健胃消积之功能,主治食积腹满、消化不良、宿食停滞、腹胀泄泻等症。葱白含有葱蒜辣素、能抑制链球菌,增强机体抗病能力。淡豆豉性味辛微苦,有解表除烦功能,与葱白配伍能增强疏风力。鸡内金配葱白、淡豆豉,与粳米同烹制粥,常用于外感风寒轻证,通

---

① 肖延龄,马淑然.常见病的食物调养[M].北京:中央编译出版社,2012:377-382.

阳、解表、散寒之疗效显著。

食疗菜例 2：参枣煲乳鸽

本品以乳鸽为主料，配以党参和红枣，使用砂煲炖制而成。成品鲜香适口，食治两宜，幼儿每周服用 2 剂，对体虚感冒有明显疗效。

制作要领：

①乳鸽宰杀治净，切块。党参用清水泡透。红枣洗净，去核。生姜去皮、切块、拍松。

②本品用料配比为每只乳鸽（300 克）配用党参 30 克、红枣 8 枚、生姜 30 克、清水 1000 克。

③烹制工艺：净炒锅以旺火烧滚，下色拉油加姜块炝锅，下乳鸽、党参爆香，加清水烧沸，转砂煲以微火煲约 60 分钟，加红枣、食盐继续煲约 15 分钟，调准口味，撒葱花、白胡椒粉即成。

养生指南：

中医认为，鸽肉补阳益气、解毒祛风，可有效治疗虚劳羸弱、血虚气贫等症，特别是出生 25 天左右的乳鸽，食疗效果最显著。党参甘、平，入脾、肺经，具补中益气、养血生津之功效，对脾胃虚弱、气血不足有明显疗效。红枣补脾益胃，与生姜同用，可调和营卫；与乳鸽、党参为伍，可益气补中，辅助治疗体虚感冒诸症。

三、腹泻幼儿的食疗保健

腹泻，是指排便次数增多，粪便稀薄，或泻出如水样。幼儿腹泻有感染性腹泻和非感染性腹泻之分。感染性腹泻多由病毒、细菌引起；非感染性腹泻常由饮食不当、肠功能紊乱而引起。

预防幼儿腹泻的措施是注意幼儿平时衣着，随着气温的升降而增减衣服；注意饮食卫生，避免各种病菌感染；加强户外活动，增强幼儿体质，提高机体抗病能力。对待患病幼儿，应及时进行药物治疗，同时辅以饮食调养。多吃清淡新鲜食物，注意清洁卫生，忌食油腻食品，忌食辛辣食物，每次用餐不要过量。

食疗菜例 1：茯苓赤小豆薏米粥

本品以薏苡仁（薏米）为主料，配以赤小豆、白茯苓粉，煮制而成。成品消热利湿,健脾和中,对幼儿湿热腹泻有明显疗效。

制作要领:

①取赤小豆用清水浸泡4小时至胀透;取薏苡仁洗净沥干。

②赤小豆、薏苡仁置干净砂锅内,加清水以旺火烧沸,改小火煮约30分钟至赤小豆熟烂,加白茯苓粉及白砂糖续煮3分钟即成。

③本品的用量配比为:每100克薏苡仁,加配赤小豆50克、清水900克、白茯苓粉20克。

④薏苡仁配赤小豆煮粥应注意控制火候,先以旺火烧沸,再以小火煮稠,最后加白茯苓粉及白糖调味,甜度不宜过浓。

养生指南:

祖国医学认为,薏米性凉,味甘淡,入脾、胃、肺经;具有利水渗湿、健脾胃、清肺热、止泄泻等作用。赤小豆性微寒,味甘,有利水渗湿、消肿解毒等功效。白茯苓味甘、性平,利水渗湿,健脾和胃,宁心安神,主治小便不利、水肿胀满、痰饮咳逆、脾虚食少、呕吐、泄泻诸症[①]。三者组配制粥,常用作幼儿腹泻的调养膳食。

食疗菜例2:茯苓怀山瘦肉粥

本品以粳米为主料,以茯苓、怀山熬煮取汁作调料,配以猪瘦肉和红枣,煮制而成。成品健运脾胃、渗湿止泻,常用作幼儿脾虚腹泻的保健饮食。

制作要领:

①猪瘦肉切丁,加食盐拌至发黏上劲,加水淀粉上浆。红枣去核,洗净。

②取茯苓50克、怀山药50克洗净,放入砂锅,加清水800克以旺火烧沸,改微火熬约40分钟,去渣取汁。

③砂锅洗净,加洗净的粳米(60克)及熬制的药汁,兑入开水(100克),先以旺火烧沸,再改小火熬煮约30分钟,加红枣(30克)续煮5分钟,加瘦猪肉煮至断生,调咸鲜味即成。

④本品注重火候的掌控。火力以小火或微火为主,中途所兑开水的用量应视药汁的用量而定,以确保粥品稀稠适度。

---

①　谭兴贵.中医药膳学[M].北京:中国中医药出版社,2004:223-224.

养生指南：

茯苓利水渗湿，健脾补中；怀山药和胃健中，解毒消肿；猪瘦肉润肠胃，生津液，补肾气，解热毒；红枣补益脾胃，养血安神。诸食材与粳米合烹为粥，借米谷之性以助药力，共收健脾止泻之功效。

四、遗尿幼儿的食疗保健

小儿遗尿，俗称尿床，通常是指 3 岁以上儿童在熟睡期间不能自主地排尿。轻者每晚 1 次，重者数次，且日间常有尿频、尿急或排尿难、尿流细等症状。

小儿遗尿是幼儿又一常见病症。中医认为，小儿遗尿有原发性遗尿与继发性遗尿之分。遗尿日久，小便清长，量多次频，兼见形寒肢冷、面白神疲、乏力自汗者多为虚寒；遗尿初起，尿黄短涩，量少灼热，形体壮实，睡眠不宁者多为实热[①]。遗尿幼儿的治疗必须分辨虚实寒热，对症进行调理养护。

调养遗尿幼儿，要培养幼儿良好的作息习惯，白天避免过度兴奋或剧烈运动，晚饭以后避免大量饮水，睡前排空膀胱内的尿液，平时积极消除引起患儿遗尿的精神因素（如紧张、焦虑、恐惧等）。与此同时，必要的饮食治疗，对减缓小儿遗尿症状非常重要。

食疗菜例 1：黑豆煲狗肉

本品以狗肉为主料，配以黑豆和枸杞，煲制而成。成品肉质酥烂，鲜香味醇，健脾益气，补肾固摄，适于幼儿肾阳不足引起的遗尿、多尿、尿频、尿急诸症。

制作要领：

①取新鲜健康的狗肉用清水漂去血污，切小方块，焯水后投凉。每 500 克狗肉配用黑豆 100 克、枸杞 20 克、陈皮 10 克、生姜（去皮切块）30 克、清水 1800 克、熟猪油 20 毫升。

②加工工艺：净炒锅以旺火烧热，下猪油加姜块炝锅，下狗肉、陈皮爆炒，加清水烧沸，转砂煲以小火煲约 90 分钟，加黑豆、食盐继续煲约 30 分钟，下枸杞稍煲，调鲜咸味，撒葱花、胡椒粉即成。

③狗肉漂净血污，以旺火爆炒，可去臊增香。煲汤宜选砂钵，以小火煲至狗肉酥烂入味。

----

① 肖延龄，马淑然.家庭食疗手册［M］.北京：中央编译出版社，2012：502-503.

养生指南:

中医认为,狗肉味甘、咸,性温,有安五脏、益肾气、补纯阳之功效。黑豆为肾之谷,能健脾利水、消肿下气、滋肾阴、润肺燥。枸杞可补肾益精,养肝明目,补血安神,生津止渴。陈皮理气降逆,调中开胃。上述食材合烹制菜,最宜冬春两季选用。每周一剂,分2次食用,连食4剂,对肾气不足、体质虚寒的幼儿有显著疗效。

食疗菜例2:莲枣炖麻雀

本品以麻雀为主料,配以莲子和黑枣,蒸炖制而成。成品鲜咸香醇,酥烂适口,温补肾阳,固涩缩尿,对肾气不足遗尿、面色苍白乏力、小便清长虚冷的幼儿有明显疗效。

制作要领:

①取麻雀(5只)宰杀、褪毛、去除内脏,漂净血污。莲子以热水泡透,去芯;黑枣以清水洗净,去核。

②本品的用量配比为每5只麻雀配莲子30克、黑枣10枚、清水1000克。

③加工工艺:净炒锅以旺火烧热,下猪油加姜块炝锅,下麻雀、莲子爆香,加清水烧沸,转入5只原盅内,加黑枣(每盅2枚)、精盐,置蒸笼中以中火蒸炖约40分钟取出,撒上葱花、胡椒粉即成。

④麻雀需选鲜品,或褪毛,或剥皮。下油锅爆炒,可去臊增香。蒸炖需注意受热时间,以麻雀熟烂为度。

养生指南:

中医认为,麻雀性温、味甘、瘦、嫩、鲜、香,具补肾益气、固涩益精之功效,主治肾虚腰软、阳痿早泄、尿频尿急等症。莲子既能补肾益气,又能固精止遗,是防治肾虚遗尿的理想食材。乌枣补中益气,养血安神。三味食材合烹制菜,早晚趁热各食一盅,对肾气不固型幼儿遗尿有较好疗效。

五、肺炎幼儿的食疗保健

肺炎是幼儿又一常见多发病,四季均易发生,以冬春两季为多。小儿肺炎临床表现为发热、咳嗽、呼吸困难,也有不发热而咳喘重者。其病因主要是小儿平素喜吃过甜、过咸、油炸等食物,致宿食积滞而生内热,痰热壅盛,偶遇风寒使肺气不宣,二者互为因果而发生肺炎[①]。

发生肺炎的患儿必须及时就诊,发热咳喘期间要卧床休息,禁止户外活动,以免重感外邪。饮食调养应注意添加新鲜蔬菜和水果,多吃清淡饮食,多饮开水,忌喝茶水,忌食高蛋白食品、油腻厚味辛辣菜肴、生冷多糖食物、酸性药物和食材。适时选用川贝、枇杷、生梨、丝瓜、桃仁、杏仁、银耳和蜂蜜等养生食材,用以润肺解表、止咳化痰。

食疗菜例 1:川贝炖白梨

本品以大白梨为主料,配以川贝、杏仁、蜂蜜,蒸炖而成。成品色泽淡雅,甜润适口,可清热解毒、润肺化痰,对小儿感冒引起的肺热咳嗽有显著疗效。

制作要领:

①取川贝、杏仁分别以清水泡透,洗净备用。

②取新鲜大白梨洗净,去皮去核,切长条块,置于碗内,加川贝、杏仁及蜂蜜,放蒸笼内蒸炖至梨肉熟透取出,趁热食肉饮汁。

③蒸炖时使用中火加热,水沸汽满,蒸炖时间约 40 分钟。

④本品的用量配比为每 200 克梨肉配川贝 20 克、杏仁 15 克、蜂蜜 30 克。

养生指南:

我国历代医家将梨视为治疗肺热咳嗽的"灵丹妙药",民间常用梨与川贝、冰糖一起炖食,治疗由阴虚引起的干咳、咳嗽、痰黄、痰稠等症,疗效显著。现代药理研究表明,川贝含有多种生物碱,如川贝母碱、西贝母碱、青贝碱等,有化痰止咳、清热散结功效,主治虚劳咳嗽、肺热燥咳等症。杏仁不仅能促进动物肺部表面活性物质的合成,还能起到轻度抑制呼吸中枢,达到镇咳平喘的功效。4 类食材合理组配,蒸炖成菜,趁热食肉饮汁,日供 2 次,对幼儿肺炎咳嗽有明显疗效。

食疗菜例 2:三仁粥

本品取桃仁、杏仁、冬瓜子仁加水研磨,去渣取汁,加清水与粳米煮粥,用蜂蜜调味即成。成品温润稠软,香甜淡雅,可清热、止咳、化痰,常用以辅助治疗痰热阻肺型肺炎患儿。

---

① 肖延龄,马淑然.常见病的食物调养[M].北京:中央编译出版社,2012:382-383.

制作要领：

①取桃仁、杏仁、冬瓜子治净，捣碎，加水研磨，去渣取汁。

②新鲜粳稻米淘洗干净，置砂钵内，加三仁汁和清水以旺火烧沸，改小火加热25分钟至粥稠，兑入蜂蜜调味即成。

③本品用料配比为：粳米120克，三仁汁（桃仁30克、杏仁30克、冬瓜仁40克加水研磨取汁）及清水共计750克，蜂蜜40克。

养生指南：

中医认为：杏仁味苦、微温，有止咳平喘、润肠通便之功效，主治咳嗽气喘、肠燥便秘诸症。桃仁可活血祛瘀，止咳平喘，主治多种血症，兼治咳嗽气喘。冬瓜仁润肺化痰，清热除湿。三仁加水研磨取汁，与粳米及清水煮粥，止咳祛痰功效明显。风热型肺炎患儿每日服用一剂，可辅助治疗痰热咳嗽诸症。

第四节　幼儿饮食养生禁忌与食物相克

俗语说："民以食为天。"古代中医说："食养人，食亦伤人。"研究幼儿膳食调制与养生，必须正确面对各种饮食禁忌，辩证看待食物相克，努力倡导膳食平衡。

一、幼儿饮食养生禁忌

所谓饮食禁忌，是指根据饮食养生及食疗保健需要，避免或禁止食用某些食物。中医认为，饮食禁忌的主要内容有配伍禁忌、发物禁忌、妊娠禁忌、药食禁忌、疾病禁忌等①。这其中，少数饮食禁忌，如传说中的食物相克，存有偶然性和片面性，不值得倡导；而其他多数饮食禁忌，如疾病禁忌、药食禁忌等，则对养生与保健有益，必须严格遵守。

幼儿饮食禁忌，是指在现代营养学及中医养生理论的指导下，依据幼儿身心发育特点及饮食营养需求，禁止或避免过量食用某些食物，以实现养身防疾之目的。现实生活中，幼儿膳食的调制与供应遵守如下饮食禁忌。

---

① 路新国.中医饮食保健学[M].北京：中国纺织出版社，2008：39-40.

(一) 幼儿膳食调制忌过量使用味精

味精的化学成分是谷氨酸钠。幼儿通过膳食摄入过量的谷氨酸钠,易使血液中的锌变成谷氨酸锌,从尿液中排出,造成急性缺锌症状。锌是人体必需的微量元素,幼儿体内锌的贮存不足,轻者易使味觉紊乱、食欲不振;重者会引起生长发育不良、弱智、呆滞。因此,调制幼儿膳食不应过量使用味精,尤其是对偏食、厌食的幼儿更应注意。

(二) 幼儿膳食供应避免使用彩色食品

彩色食品在制作过程中添加了大量的合成色素,幼儿摄入之后,大多积蓄在体内。存留于血液之中的合成色素,易消耗体内的解毒物质;附着在胃肠壁时,可引起器官病变;附着于泌尿器官,容易诱发结石诸症。特别是学龄前儿童,体内组织器官比较脆弱,对化学合成色素比较敏感,如过多食用彩色食品,还会影响神经系统,诱发多动症等疾病[①]。

(三) 幼儿膳食配伍不宜多用罐头食品

为确保制品风味,达到长期贮存的目的,罐头食品在制作过程中都要加入一定量的添加剂,如人工合成色素、香精、甜味剂、防腐剂等。这些食品添加剂对于发育尚不成熟、解毒能力较差的幼儿而言,往往会加重其脏器的解毒排泄负担,一旦长时间过量摄入这些物质,极易影响身体健康,甚至引起慢性食物中毒。所以,制作幼儿膳食菜品应以新鲜食材为主,少用或不用罐头食品。

(四) 幼儿日常膳饮不宜过量饮用可乐型饮料

可乐型饮料,如百事可乐、可口可乐等,虽然风味独特,深受幼儿青睐,但其所含咖啡因对人体中枢神经系统有较强的兴奋作用,其作用部位可以从大脑皮质到脊髓的不同节段。学龄前儿童因其机体发育尚不健全,摄入过多的可乐型饮料后,易致多动症等疾病,对其学习与生活均有较大影响。

(五) 幼儿膳食不宜过量安排巧克力

巧克力作为"快速能源"食品,能为学龄前儿童提供足量的能量,因此影响了正常膳食的供给,限制了对营养物质的摄取。巧克力中所含的草酸易与钙结

---

① 贺振泉.饮食营养保健1000问[M].长春:吉林科学技术出版社,1998:256-257.

合形成不溶性草酸钙,影响人体对钙的吸收和利用。巧克力中的糖类,易引起龋齿;其溴化物,与咖啡因有协同作用,会对幼儿大脑产生不良刺激。

(六)幼儿不宜过量食用爆米花

为增强密封性能,爆米花的罐子常以含铅量很高的软金属作内垫,铁罐高温加热,金属铅不断蒸发,游离的铅极易为疏松的米花所吸附。幼儿对铅的吸收能力比成人高出数倍,如过量食用爆米花,易使摄入的重金属铅过量,累及神经、血液和消化系统,严重者易致铅中毒。

(七)学龄前儿童不宜经常饮用浓茶

饮茶虽能提神醒脑,明目益思,但学龄前儿童不宜经常饮茶,特别是浓茶。因为茶叶含有单宁酸、茶碱和咖啡碱等成分,单宁酸会刺激胃肠道黏膜,阻碍肠道吸收营养物质;咖啡碱等物质会促进心跳加速,使幼儿心脏受到损伤。此外,经常性饮用浓茶,还会影响幼儿睡眠,促使排尿增多,伤及幼儿的肾功能。

(八)幼儿不宜过多吃冷饮

冰棒、雪糕、冰淇淋等冷饮,是幼儿盛夏的消暑佳品,如不加节制地食用,会对幼儿身体造成较大危害。因为3~6岁的幼儿胃肠发育不够健全,过量的冷饮进入胃肠道后,会使胃黏膜血管收缩,导致胃酸和消化酶等消化液分泌显著减少,引起消化不良。此外,冷饮还可刺激胃肠过度蠕动,致其功能紊乱,出现腹痛、腹泻、呕吐等症状。特别是饮用一些粗制滥造的廉价冷饮,因其不符合卫生标准,或多或少带有一定量的细菌和病毒,如过量食用,极易引起胃肠道传染病的发生。

二、民间流传的食物相克

在注重幼儿饮食养生禁忌的同时,许多幼儿家长还听信食物相克之说。所谓食物相克,一般指某两种食物合烹共食,食物之间因发生互相排斥与制约现象,引起食物属性发生改变,因而对食用者身体健康产生伤害。食物相克之说主要来源于食疗食养的实践活动以及日常生活经验的总结,它是我国养生文化的重要组成部分。

关于食物相克之说,比较权威的记载源自《食疗本草》《本草纲目》《饮膳正要》等医药学古籍。《本草纲目》里就有"狗肉与蒜食,损人""南瓜不可与羊肉同食,令人气壅"等说法。其理由是狗肉性热,大蒜辛温刺激,两者同食可助火;南瓜可补中益气,羊肉大热补虚,两补同进,会导致胸闷、腹胀等症状。

由于对传统中医理论缺乏深刻领悟,部分民众仅根据自身的日常生活经验,将民间日常饮食生活所出现的各种不适症状,一概以食物相克而论之。这种源自民间扩大化的食物相克之说众说纷纭,影响深远。

特别是近些年来,随着物质生活水平的逐步提高,食物相克之说渐成热门话题。书店里,"食物相克"的书籍图文并茂,销量高居生活类图书榜首;电视里,"食物相克"的影像栩栩如生,吸引着无数眼球;在民间,有关"食物相克"的传说更是神乎其神。其中流传较广的案例主要有:螃蟹忌柿子——同食使人腹泻;豆腐忌蜂蜜——同食会耳聋;海带忌猪血——同食会便秘;土豆忌香蕉——同食生雀斑;啤酒忌海鲜——同食引发痛风症;狗肉忌黄鳝——同食过量则死;羊肉忌田螺——同食积食腹胀;芹菜忌兔肉——同食脱头发;番茄忌绿豆——同食伤元气;海蟹忌大枣——同食易患寒热病等。

一些专门记载食物相克的书籍更是累牍连篇,仅收录的饮食禁忌就多达几百条,有些书籍不仅列举相克食物、不适症状,还介绍治疗偏方和专家忠告。其中出现频率较高的案例主要有:狗肉忌绿豆——同食腹胀,吃空心菜三两棵可以治愈;柑橘忌毛蟹——同食使人走路软脚,可以喝大蒜汁治疗;鲫鱼忌蜂蜜——同食会中毒,用黑豆、甘草可以解毒;芹菜忌甲鱼——同食会中毒,可以用橄榄汁解毒;番茄忌毛蟹——同食引起腹泻,可以用藕节止泻;桃子忌烧酒——同食使人昏倒,多吃导致死亡,应及时吃牛黄丸 3 粒;西瓜忌羊肉——同食伤元气,可以用甘草 100 克煎水服;南瓜忌带鱼——同食会中毒,可以用黑豆、甘草解毒;鸡肉忌狗肾——同食会引起痢疾,可以用鸡屎白解毒;花生忌黄瓜——同食伤身,可以用地浆水解毒,也可以吃藿香丸。

关于食物相克,现代营养学中并无此说。上述食物搭配的案例,虽然有可能存在某些缺陷,但一般不会造成严重后果,正常体质的幼儿合理食用"相克食物",从未出现过不适症状。对此,不少专家和学者都有论述。

《本草纲目》虽有"狗肉与蒜食,损人"之说,但蒜茸狗肉是一道知名的朝鲜菜,云贵、两广等地的居民也经常食用,从未出现过不良后果的记载。中医认为,狗肉属热性食物,具有补中益气、温肾助阳等功能;新鲜大蒜中含有大蒜素,具有杀菌、解毒等生理功效。由于大蒜的挥发性物质可抑制胃液分泌,而狗肉性热,因此吃狗肉时若大量食用新鲜大蒜,可能会引起胃肠不适,也不利于狗肉的消化吸收,因此吃狗肉时不应大量食用新鲜大蒜。但若是狗肉炒大蒜、青蒜或蒜苗,只要不是过量,则无须顾忌。

螃蟹与柿子同食,相克理由是容易引起腹泻。事实上,这与饮食不当有关。由于螃蟹与柿子都易造成胃肠冷凉,如果吃了尚未成熟的柿子,或吃柿子时不讲究卫生,同时又吃了未经加热至熟透的螃蟹,就会引起急性胃肠疾病。此外,柿子内含有大量单宁酸,螃蟹富含蛋白质,如果两者同食并且过量,单宁酸与蛋白质在胃肠内结合,容易形成胃柿石。胃柿石在体内残存过量,时间一长,必然会腐败变质,产生毒素,使人腹泻腹痛,呕吐发病①。人们将食者体质问题、饮食不当问题全归因于食物相克,"螃蟹忌柿子"因此而流传下来。

"菠菜与豆腐不能同食",相克理由是常吃菠菜和豆腐易患结石症。因为豆腐含有氯化镁和硫酸钙,菠菜富含草酸,两种食物搭配在一起可生成草酸镁和草酸钙。这两种白色沉淀物不仅不能被人体吸收,还容易使人患结石症。事实上,菠菜和豆腐经常配搭成菜出现在餐桌上。烹调时,可先把菠菜放进沸水锅中焯水,去除80%以上的草酸,待豆腐烹制入味后,再加入菠菜烹炒,这样既可以在很大程度上减少草酸含量,又能保持菠菜和豆腐的美味,犯不着为两者的搭配问题顾虑重重。

"牛肉和板栗不可混吃",相克理由是过量混食容易出现呕吐等消化不良的症状。事实上板栗有健脾胃、益气、补肾、强心的功用,老少咸宜;牛肉性味甘温,属温补食品且不上火,有益气止渴、强筋壮骨、滋养脾胃之功效。在冬季,板栗和牛肉一起炖着吃,对肾虚、脾胃功能较弱的人非常适合,健康人食用更能强身健体。需要注意的是,板栗含有较多淀粉,多食容易饱胀;牛肉肉质致密,富含蛋白质,吃得过多也不易消化吸收。如果每次食用过量,或是板栗本身存在质量问题,即会出现不适症状;适量食用,不会出现任何问题。

关于食物相克之说,中国营养学会曾经委托兰州大学公共卫生学院进行相关试验,专家们将螃蟹和柿子、大葱和蜂蜜、红薯和香蕉、糖精和鸡蛋等几组最易"相克"的食物搭配在一起,用来喂养试验用的小白鼠。经过长期观察,小白鼠在生理上、行为上都没有出现任何不适和异常感觉,更没有引起中毒和死亡。

① 何丽.食物相克不可偏听偏信[N].健康报,2008-10.

此后,兰州大学还选派 100 名健康的志愿人员按家常方法烹制并食用了所谓"相克食品"——猪肉和百合、鸡肉和芝麻、牛肉和土豆、土豆和西红柿,一周后观察检测这些志愿人员的身体各项指标,全都反应正常①。

为验证民间流传的食物相克的真伪,哈尔滨医科大学曾选择猪肝炒青椒、大头菜炒西红柿、海带炖豆腐、牛肉炖南瓜、黄瓜拌西红柿、海带熬带鱼、菠菜拌黄豆、猪肉炖黄豆、羊肉炖土豆、海杂拌水果、茶叶煮鸡蛋、羊肉配浓茶等 12 组"相克食物"进行试食试验,试食时记录膳食情况、餐后反应和感受。结果显示,30 位受试人在分别连续食用三天后,全都认为这 12 组食物不构成相克。为此,中国营养学会名誉理事长葛可佑教授总结说:"不要相信食物相克会致人死亡,民间的食物相克理论上没有解释,实践中也未得到证实。"

事实上,只要我们吃的食物是无毒的,不管如何搭配、怎样混吃,从营养学和生物化学的角度来看,都不会出现因食物相克而导致中毒问题。食物之间即便产生毒素,也是微量的,基本上能被人体分解、吸收或排出。虽然有些食物在搭配中确实会产生一些不良成分,但是非常轻微,人体很快就能将这些不良成分分解,就算无法消化也会通过排泄系统排出体外。食物之间虽然也讲究配伍关系,尽管有时两种食物之间作用相反,但并不像流传的那么玄虚。况且绝大多数食物基本是中性的,多种食物混用,不但不会产生致命的毒素,还可弥补营养上的不足。所以只要身体健康,饮食合理,不必害怕所谓的食物相克。

三、辩证看待相克理论

民间的食物相克之说缺少科学依据,并不意味中医的相克理论也应全盘否定。食物相克之说虽然源自传统中医理论,但民间的食物相克从内涵、方式到结果都有别于传统中医的相克理论。中医养生学说的相克理论强调的是食物间的相互作用、相互影响,虽然承认某些食物相互搭配在一定条件下会产生一些不利于人体健康的物质,应该引起注意,但并没有无限扩大,更没有苛求正常体质的人群去刻意禁忌。

首先,中医养生学说之相克理论强调食物的全面合理搭配。中医认为,不同食物含有不同的营养成分,进行全面而合理的搭配,才能使人体获得不同的

---

① 赵金生.兰州地区不同人群食物相克认知现状调查[J].中国公共卫生,2010(4).

营养。《内经》提出"五谷为养，五果为助，五畜为益，五菜为充，气味合而服之，以补益精气"的饮食方案，指出谷物、蔬菜、水果、肉类是饮食的主要成分，应当尽可能全面而均衡地摄取，以保证人体正常生理功能的需要。五味是指食物的酸、苦、甘、辛、咸五种主要味道。调和五味指的是在食物选择上尽量做到五味搭配合理。此外，要在烹调方法上人为地加以调整，充分利用五味的制约和生化作用，这样既保证了营养的全面性，又调剂了口味，对健康是十分有益的。

用现代营养学的理论来解释，就是食物进入人体之后，由于消化液和酶的作用，会发生一系列复杂的理化反应。在此过程中，各种成分既相互联系又彼此制约，其相互作用分成三种形式：一是转化作用，即一种营养物质转化为另一种营养物质。二是协同作用，即一种营养物质促进另一种营养物质在体内吸收或存留。三是抵抗作用，即在吸收代谢过程中由于两种营养物质间的数量比例不合适，使得一方阻碍另一方的吸收或存留。食物的转化和协同作用大多对人体健康有利，然而抵抗作用，如钙与磷、钙与锌、纤维素与锌、钙与草酸、草酸与铁的相互作用等，对人体健康大多有害。这正是中医食疗养生学说推崇"食物相克"的理论基础。

其次，除讲究食物间的相互搭配外，中医养生学说之相克理论更注重食物和药物之间的相克现象。俗话说"食物总相宜，药食或相克"。因为药物中的化学物质与食物中的营养成分发生化学反应，会影响药效甚至威胁健康。如有心血管疾病的病患长期服用阿司匹林，最好就别喝酒，因为阿司匹林会妨碍酒中乙醇降解，影响肝脏。咳嗽、喉咙痛的患者在服用抗生素时，喝牛奶、果汁会降低抗生素的活性，导致药效发挥受阻。所以，中医强调服药时一定要听从医嘱，注意用药禁忌，切不可疏忽大意。

此外，中医认为不同体质的人群对不同的食物存有"相克"的可能。燥热体质的人，如果经常吃一些热性食物，身体难免会出现不适反应；反之，身体虚寒的人就应该经常吃一些温热的食物，使之起到暖胃的作用。如果本身贫血且正在补血，就不应喝红茶，否则会阻碍铁的吸收，影响补血效果。如果是对部分食物过敏，也需根据身体情况，谨慎选择饮食，以免招致不良反应。像痛风患者就不能同时吃海鲜喝啤酒，否则痛风容易发作；高血压患者不能吃含盐量高的食物，有肾病的患者也不宜食用高盐食物，否则会导致身体水肿。所有这些相克现象都得到了实践的验证。

基于上述几点,足见中医养生学说之相克理论是适度的、全面的,它有别于民间的食物相克传说,必须辩证对待。我国的一些营养专家也认为,食物之间某些成分在一定条件下,产生一些不利于健康的物质是客观存在的,应该引起注意,但民间有些食物相克的传说,缺乏科学依据,有误导民众之嫌。

民间流传的食物相克传说打着中医相克理论的旗号,片面地夸大某些食物搭配对人体的伤害,无论是微生物感染,还是饮食过量、过敏反应、精神性因素等,全都归咎到食物搭配上来。譬如,一些不常配用的食物偶尔配在一起食用,由于吃得过多,引起"暴食伤身";或者食者体内已有潜伏性疾病;或者恰巧这两种食物中有一种沾染了病菌、寄生虫卵;或者有某种食物已经腐烂变质;或者有人在同食两种食物之前,存有胃肠道或胰腺方面的疾病,或因其他过敏性疾病而引起中毒……都笼统地以"食物相克"加以解释,弄得人心惶惶,无所适从。

特别是某些生意人出于个人利益的需要,往往打着中医相克理论的幌子,片面夸大食物搭配的负面作用,诱导不明事理的民众去听信这种缺乏科学依据的民间传说。在科学文化不太普及的情况下,不少民众宁信其有,不信其无,民间的食物相克传说就这样跟风炒作,愈演愈烈。

四、努力倡导膳食平衡

2006 年 4 月,中国烹饪协会美食营养专业委员会与北京青年报联合主办"科学认识食物相克"专家研讨会。北京中医药大学张湖德教授认为:中医讲究阴阳五行、相生相克理论,食物相克并不一定是指两种食物同吃对人体伤害很大,但是二者的作用可能会相互抵消。中国食物养生专家翁维健教授认为"食物相克"是有条件的,在一定的温度、酸碱度和酶的参与下,才会发生反应,同时具备"相克"条件的特殊环境不多,因此不一定都会产生问题[①]。著名营养专家李瑞芬教授指出:提倡食物多样化是营养学的最根本法则,是中国居民膳食指南的第一条,过分强调不科学的"食物相克",将使饮食单一,容易引起营养不良和失衡。另外,食物营养的合理运用,应从正面宣传,多种食物同食,营养上还可以互补。

按照现代营养学的相关理论,为维持生命健康,保证生长发育,人类每天都

---

① 唐逸.营养安全专家批驳食物相克[N].北京科技报,2008-01.

必须摄入一定数量的食物。只有膳食中所含的营养素种类齐全、数量充足、比例适当,膳食中所供给的营养素与机体所需的营养素保持平衡,这种膳食才称为平衡膳食,这类膳食的营养构成才称作合理营养。除了有特殊疾病需要禁忌某些食物,或补充某些食物外,正常人可以根据自己的身体状况进行相应调理,需要掌握的根本原则是平衡膳食,大可不必比照什么"食物相克表"。

为实现合理营养,最基本的膳食要求是:第一,供给足够的热能来满足生活、劳动的需要;第二,供给充足的蛋白质,以满足生长发育、组织修补和更新的需要;第三,供给各种无机盐和微量元素,用以构成身体组织和调节生理功能;第四,供给充足的维生素,用来调节生理功能,维持正常代谢;第五,供给适量的纤维素,用以维持正常的排泄及预防某些疾病;第六,各种营养素之间的比例应适当,以便充分发挥各种营养素的生理功能。

根据合理营养、平衡膳食的要求,中国营养学会制定并通过了《中国居民膳食指南》。它提出"食物多样、谷物为主;多吃蔬菜、水果和薯类;每天吃奶类、豆类或其制品;经常吃适量鱼、禽、蛋、瘦肉,少吃肥肉和荤油;食量与体力活动要平衡,保持适宜体重;吃清淡少盐的膳食;饮酒应限量;吃清洁卫生、不变质的食物"等八项主张①。上述这些理论,为我们的日常饮食指明了方向。

关于合理营养与食物相克的关系问题,中国农业大学食品学院何计国教授说:民间流传的食物相克经不起细致推敲,很多都是无稽之谈。人体需要的营养成分有数十种之多,每种营养素需要达到一定的量才能维持我们身体的健康,而世上的食物,除母乳之于婴儿外,没有一种能满足人体全部的营养需要。因此,多种食物合理搭配,形成平衡膳食,才能满足这种需求。

---

① 冯磊.烹饪营养学[M].北京:高等教育出版社,2007:39-40.

第七章 湖北幼儿养生菜品
加工工艺研究

《国务院关于当前发展学前教育的若干意见》(国发〔2010〕41号)指出:发展学前教育,必须坚持科学育儿,遵循幼儿身心发展规律,促进幼儿健康快乐成长。

学前教育阶段幼儿的生长发育状况与膳食营养有着密切的相关性。科学合理地调配与制作幼儿膳食,引起了湖北幼教专家、烹饪营养大师及诸多幼儿家长的特别关注。为揭示幼儿膳食调制与饮食养生一般规律,武汉商学院烹饪与食品工程学院联合武汉市洪山区街道口幼儿园(省级示范幼儿园)从事幼儿园学生营养膳食调配与制作研究。在武汉市教育局的大力支持下,由两校专家学者组建的科研团队从湖北幼儿养生膳食中遴选出最具代表性的特色菜品数例,通过产品研发、实验检测、数据分析,分别对其加工工艺进行深入探究,以期优化幼儿膳食菜品的制作工艺,提升幼儿养生膳食的质量水准。

第一节 荆沙鱼糕加工工艺研究

鄂菜名肴荆沙鱼糕是一款食治并举的幼儿养生膳食。本菜以净青鱼(或白鱼、鳡鱼、草鱼)肉为主料,配以鸡蛋清、猪肥膘肉、绿豆淀粉,蒸制而成。成菜晶莹洁白,软嫩鲜香,鱼糕柔韧,对折不断,素有"食鱼不见鱼,可人百合糕"之美誉。就营养构成而言,本品属高蛋白、低脂肪食品,钙、磷等矿物质,维生素A、D等营养素含量丰富。中医认为,青鱼肉性味甘平,有益气化湿、补胃醒脾之功效,与蛋清、淀粉等调配制菜,可补益脾胃、利尿消肿、祛治湿痹、健全体格。

为更好地服务广大幼儿朋友,现对荆沙鱼糕的加工工艺及形成机理作如下探析。

一、荆沙鱼糕烹制技艺

(一)原料构成

主料:净鳡鱼肉 1000g。

调配料:猪肥膘肉 80g,精盐 12g,葱姜汁 800g,味精 4g,绿豆淀粉 50g,土鸡蛋 4 只,白胡椒粉 5g。

(二)制作方法

(1)将净鳡鱼肉放入清水中泡去血水,沥去水分,用刀排剁成极细的鱼茸;猪肥膘肉切丁;将土鸡蛋的鸡蛋清和鸡蛋黄分别放入小碗中。

(2)将鱼茸放入盆内,分次加入葱姜汁,加精盐顺同一方向搅拌至鱼茸黏稠上劲;取蛋清用筷子打散后倒入鱼茸糊中拌匀,加味精、白胡椒粉、湿淀粉搅拌,放入肥膘肉丁,一起拌和成鱼茸糊。

(3)将蒸笼铺上湿纱布,倒入鱼茸糊用刀抹平,盖上笼盖,用旺火沸水蒸30min,揭开笼盖,用干净纱布揾干鱼糕表面水汽,将鸡蛋黄均匀地抹在鱼糕表面,盖上笼盖,继续蒸 5min 取出,翻倒在案板上,冷后即可改刀,加工成各式鱼糕菜肴。

(三)烹制要领

(1)制作鱼糕宜选背肌发达、肉质厚实、细嫩、洁白、刺少的鳡鱼、白鱼、青鱼或草鱼。猪肥膘宜选背部肥肉,加工成丁状;鸡蛋最好选用新鲜的土鸡蛋。

(2)剔取鱼肉时应将鱼红(鱼肉中红色的部分)剔净,留作他用。鱼肉加工要排剁成极细的鱼茸,传统方法常将肉皮垫在砧板上排剁,以免剁起木屑,现今多用搅拌机加工。

(3)加入精盐、葱姜汁应注意控制用量;每次搅拌都要顺着同一方向,直至发黏上劲;待鱼茸黏稠、上劲,方可加入肥肉丁等其他调配料搅拌。

(4)鱼茸糊倒入蒸笼的湿纱布上时,应注意厚度,以 3~4cm 为宜;蒸制时一定要旺火沸水蒸,前 30min 不得中途揭开笼盖,以免蒸不熟透。

(5)待鱼糕冷后再改刀,用手按鱼糕有弹性,以细嫩柔韧、对折不断为佳。

二、荆沙鱼糕制作机理分析

荆沙鱼糕的制作,主要包括原料的选择、鱼肉的漂洗、鱼茸的制作、鱼茸糊的形成、鱼糕的蒸制等重要工序,下面是其制作机理分析。

(一)原料的选择

制作荆沙鱼糕,通常选用肉质细致紧密、洁白少刺、持水力强、异味较轻的淡水鱼鲜,如鳜鱼、白鱼、青鱼、草鱼、鳡鱼、鲢鱼、鳙鱼等。鱼的品种不同,鱼肉的组织结构有别,这是影响荆沙鱼糕成品品质的内在因素。我们知道,鱼肉蛋白质主要由肌原纤维蛋白、肌浆蛋白和基质蛋白所构成,其中,肌原纤维蛋白的含量较高,性质为盐溶性,它对鱼茸制品的品质(如嫩度、弹性等)影响较大。上述这些鱼类,除色白刺少、异味较轻外,其可食部分肉质紧实,蛋白质含量达16%~20%,脂肪含量为2%~5%,经过制茸和加盐搅拌之后,大量的盐溶性蛋白质被溶出,有利于蛋白质分子网状结构的形成,因而持水力较强。实践表明:每500g净鳜鱼肉可持水650g,净青鱼肉可持水550g,而净鲢鱼肉只能持水350g[①]。

鱼肉的鲜度也是影响荆沙鱼糕成品品质的一项重要因素。鲜度较好的原料,由于蛋白质的立体结构没有发生变化,溶解度不会降低,鱼茸糊的凝胶形成能力相对较强。所以,制作荆沙鱼糕,大多选用新鲜原料,如不能直接加工,最好是将鱼肉保持在-1℃~0℃左右,以保持制品的质量。

(二)鱼肉的漂洗

制作荆沙鱼糕,关键是调制鱼茸糊(即鱼胶),制作鱼茸糊又需将白净的鱼肉加工成鱼茸。将鱼肉排剁成鱼茸之前,应经历漂洗这一工序。鱼肉的漂洗主要有两个作用:一是洗去鱼肉中的血色素和杂质,使鱼茸制品色泽洁白,腥味减弱;二是减少肌浆蛋白和蛋白分解酶的含量,相对增加肌原纤维蛋白的比例,防止蛋白质的分解变性,有利于增强制品的品质。鱼肉的漂洗要视鱼的品种、鲜度及制品的质量要求而定,一般只重复1~2次,每次时间不宜过长,水温应控制在10℃以下。如果片面地追求制品的色泽,将鱼肉置于水中反复漂洗,其营养素会大量地流失,其中,蛋白质的过多流失会影响鱼茸糊的形成,鱼肉中鲜香物质的流失会使鱼茸制品吃不出鱼味来。因此,对于鱼红含量较少、新鲜度较好、制品质量要求不高的鱼肉,应减少漂洗的次数和时间;对于鲜度极好的大型白色鱼肉,可以不用浸漂。

---

① 贺习耀,万玉梅."鱼茸糊"的品质控制[J].餐饮世界,2009(11):28-31.

(三)鱼茸的制作

荆楚名师将鱼肉加工成鱼茸,主要有两种方法:第一种方法(传统方法)是:鲜鱼洗净→顺脊骨取下两整片鱼肉→片去肚档刮下鱼肉→漂去血水后滤干→置于铺有肉皮的砧板上用双刀排剁至手感细腻。这种制茸方法适于单件或小批量生产,虽能保证制品的风味特色,但耗费的人力较多。第二种方法是:鲜鱼洗净→顺脊骨取下两整片鱼肉→片去肚档后顺鱼肉纹理取下白色的净鱼肉(鱼红另作他用)→改切成条状→稍洗后置电机内绞至极细。这是现今的惯用方法,既能确保制品的特色,又简便省事。

值得注意的是:将鱼肉加工成鱼茸,从表面上看都要将鱼肉加工至手感细腻,但加工的手法不同,对荆沙鱼糕品质的影响有着较大的区别。实践表明:用电机绞出的鱼茸,其制品的品质不及用手工排剁的鱼茸,用手工排剁的鱼茸不及用木器捶擂而成的鱼茸(此法在湖北荆州地区偶尔采用)。同是用双刀手工排剁,洒水后排剁的效果不及直接排剁的效果好。因为通过排剁或绞打,可使鱼肉中的肌原纤维破碎,使存在于肌原纤维中盐溶性的肌球蛋白、肌动蛋白大量地溶出,经过搅拌和盐的作用,肌球蛋白和肌动蛋白会结合成肌动球蛋白。肌动球蛋白具有较强的凝胶性,能使肉浆溶出后形成溶胶。溶胶的网络结构含有大量的亲水基团,它能阻止水分的流失,制品因为持有大量的水分而变得柔嫩且富弹性。用电机绞出的鱼茸或是带水排剁的鱼茸,虽然手感也很细腻,但肌原纤维大多是顺利地割断的而不是经过打压振碎的,其组织结构不是十分松散,断裂的肌原纤维中游离出的肌动蛋白和肌球蛋白相对较少,它所形成的网络结构当然就相对较弱,所以,其制品的持水力也就相对较差①。

(四)鱼茸糊的形成

鱼茸糊的形成过程是:将制好的鱼茸收入瓷钵中,加葱姜汁化成粥状,加入食盐,顺向搅拌至发粘上劲,形成胶状(可在清水中浮起);再加入鸡蛋清、凝固的熟猪油、湿淀粉及味精拌匀即成。调好的鱼茸糊色泽光亮洁白,口味鲜咸微甜,质地光滑细腻,手感黏性极强;置入盘中具有一定的可塑性,挤入清水中能够快速浮起,存放较长时间不易"吐水",熟制之后鱼糕滑嫩而富弹性。这其中,

---

① 魏峰.烹饪化学[M].北京:中国财政经济出版社,2003:139-141.

鱼茸糊的形成原理、持水力的大小、食盐的使用、顺向渐次用力搅拌的原因以及鸡蛋、油脂及淀粉等调辅料的作用值得探讨。

1.鱼茸糊的形成原理

将鱼肉加工成鱼茸,鱼肉中的肌原纤维蛋白因为排剁、擂振、碰撞等外力的作用而遭破坏,蛋白质的组织结构变得松散,加入盐溶液后,肌原纤维中的肌动蛋白和肌球蛋白被溶取出来,形成大分子的肌动球蛋白,肌动球蛋白具有很强的凝胶性,经过搅拌碰撞,溶出的肌动球蛋白形成网状结构,部分变性蛋白质的分子形态呈非球状的散开状态,它们中的一些亲水基团大量外露,吸住了较多的水分,从而形成了具有黏性的胶体。加入蛋清、油脂及湿淀粉后,鱼茸糊变得光润滑嫩,并具一定的可塑性。

2.持水力的大小

持水力即鱼胶所形的网络束缚自身水分和外来水分的能力。这种能力的大小主要由肌原纤维蛋白所决定,该类蛋白质是一种亲水胶体,其分子肽链中的氮和游离氨基酸中的氮,由于具有非共用电子对,故能形成氢键,吸收水分子中的氢,形成水合物。另外,肽结合中的羧基或羰基双键上的氧比上述的氮有更强的负电荷性,所以吸引氢的能力更大。通常情况下,每100克蛋白质可结合30~60克水,如果用上述方法调制鱼茸糊,每100克净鱼肉可"吃水"60~70克,有的甚至可达140克。鱼肉的持水能力越大,鱼糕的嫩度越好,弹性越强,同时出品率也越高。

3.食盐的使用

食盐的用量是影响鱼糕品质的又一重要因素。因为,鱼肉制成鱼茸后,肌原纤维受到破坏,肌原纤维中盐溶性的肌动蛋白和肌球蛋白由于盐的参与及外力(搅拌)的作用形成肌动球蛋白,肌动球蛋白具有凝胶性,这是形成鱼茸制品品质的重要因素。实践表明:食盐与净鱼肉的用量比以2.08%~2.56%比较合宜。用盐量若低于1%,肌球蛋白、肌动球蛋白的溶出量不多,形成的鱼胶黏性不强,制品的弹性及嫩度较差;用盐量若高于5%,由于盐的脱水作用,部分蛋白质脱水变性,同样影响了鱼胶网络的形成,此外,鱼糕的口味也会受到严重的影响[1]。

---

① 汪之和.水产品加工与利用[M].北京:化学工业出版社,2003:289-291.

4.顺向渐次用力搅拌的原因

调制鱼茸糊时,搅拌的速度应由慢到快,搅拌的力度应由轻到重,顺着同一方向,一气呵成。因为,在外力的作用下,蛋白质的空间结构受到破坏,多肽链伸展开来。如果不间断地顺向搅拌,这些多肽链的各种基团通过不同的副链又互相连接在一起,形成新的空间网络结构,水被包围在网络之中,形成了有一定黏度的胶体。顺向渐次加速搅拌,使用的力量逐渐加强,有利于溶胶的快速形成,可使原来卷曲的结构被拉长,使细小的肌肉纤维发生变化,劲力逐渐加大,浓度越来越稠[①]。至于是分次加水(通常用葱姜汁)还是一次性加水,这只是手法的问题。若把握不准,可分次加水;如果经验丰富,完全可以一步到位。

5.调辅料的作用

制作荆沙鱼糕,需要加入一定量的湿淀粉、鸡蛋清和熟猪油。湿淀粉是鱼茸糊成型的生成剂和黏合剂,它可利用吸水膨胀、受热糊化等特性增加鱼糕的可塑性,有利于鱼糕成型,但淀粉的用量不宜过多,否则制品质感硬结,色泽发暗。鸡蛋清持水性强、膨胀性好,可利用其凝固作用增强鱼胶的胶黏性,确保鱼茸制品的弹性和嫩度。熟猪油具有丰富鱼制品口味、增强鱼制品的光洁度和滑润性的作用,但鸡蛋和油脂的用量也不宜多,否则蛋清会受热膨胀,油脂会受热溶化,使鱼制品外表不光洁,里面多网孔(蜂窝状),食之既有粗涩感,又具油腻味。

(五)鱼糕的蒸制

鱼茸糊调好之后,还需经历蒸制这一重要工序。蒸制鱼糕,主要是通过加热使鱼肉蛋白质凝固,纤维状的蛋白质分子相互连接成有弹性的网状组织并固定下来,由有黏性的溶胶体变为有弹性的凝胶体,因而弹性增强,形态固定。荆沙鱼糕的蒸制,通常使用旺火沸水蒸制,旺火满汽蒸约30min,中途不能揭开笼盖。如果加热温度低于65℃,部分变性的蛋白质会失去黏性,制品结构松散;若鱼茸糊摊得过厚,或是蒸笼的保汽性不佳,会使鱼糕受热不均,局部呈现出多纤维状。即便是回火再蒸,亦不能保证制品质量。

---

① 赵占西,高敏,朱天宇.淡水鱼糜加工工艺与设备[J].食品与机械,2003(5):31-32.

三、结语

鄂菜名肴荆沙鱼糕风味独特,滋补性强,在华中地区各级各类托幼园所及幼儿家庭中应用普遍。掌握其制作要领,认识其形成机理,对于提升幼儿膳食的风味品质、促进幼儿朋友健康成长具有一定的现实意义。

说明,本篇内容原载于中文核心期刊《中国调味品》(CN23-1299/TS)2014年1月第39卷第1期,原文《荆沙鱼糕制作机理浅析》,作者:贺习耀。为统一文本格式,本书作者对原文稍作改动。

第二节　瓦罐煨鸡汤烹制工艺研究

瓦罐鸡汤,又名瓦罐煨鸡汤,自汉代以来一直是湖北菜系中最负盛名的汤菜之一[①]。鸡汤中肉和汤的口感和风味是组成鸡汤质量的重要部分。鸡肉肉香的前体物质主要是水溶性物质,且是具有透析性的低分子化合物。鸡肉的滋味物质在生肉中已经存在,并不需要通过烹调产生[②]。而在烹饪过程中,热诱导反应产生了一系列复杂的风味化合物[③],并促使肉中积累的香气成分和滋味物质释放[④]。影响鸡肉制品滋味的因素,除了制汤的原料之外,加热方式是很重要的一项,它不仅影响肉质基本成分降解生成滋味物质的速度,还会改变滋味物质的分解速度[⑤]。加热方式是通过火候和炊具体现出来的,所以炊具的选择和火候的控制对于鸡汤的风味品质起着至关重要的作用。

在传统的瓦罐鸡汤的制作工艺中,原料通常以累积了多种氨基酸的黄孝老母鸡(湖北特产,俗称土鸡)最为适宜。炊具中,多选用久经使用的陈年瓦罐,煨制出来的鸡汤鲜香醇美。但随着瓦罐鸡汤的名声越来越大,一些生产者试图用铁锅或铝盆代替瓦罐快速大量生产鸡汤,食客明显感觉品不出鸡汤的独特风

①　贺习耀.浅析"瓦罐鸡汤"的风味成因[J].中国食品,1991(11):12-13.
②　宋焕禄,南庆贤.禽肉风味的形成[J].中国禽业导刊,2001,18(1):9-10.
③　袁华根,高峰,徐骏,周光宏.鸡肉挥发性风味化合物分析[J].江西农业学报,2006,18(5):139-141.
④　蔡凤英,王金水,刘进玺,等.天然鸡肉风味研究进展[J].中国调味品,2007(7):17-20.
⑤　李建军,文杰.肉滋味研究进展[J].食品科技,2001(5):27-28.

味。一些研究表明,鸡汤的特征滋味以鲜香风味为主,且鲜味突出,香味次之。鸡汤中的核苷酸、游离谷氨酸对鸡汤的鲜味影响较大[①]。由于缺少这方面的研究,目前瓦罐鸡汤的滋味和香气优于其他加工工艺鸡汤的原因仍不十分明确。本实验比较采用瓦罐容器加工鸡汤和铁质、铝质容器加工鸡汤的主要滋味物质含量的差异,结合火候的控制对鸡汤品质的影响,探索加热方式对瓦罐鸡汤品质的影响,为瓦罐鸡汤的工业化生产提供理论依据。

一、材料与方法

(一)实验原料

自然放养的黄孝老母鸡,育龄 3 年,重量 1.2~1.4kg;育龄不足 1 年仔鸡;育龄 3 年雄鸡;食盐、白糖、生葱、生姜均购于集贸市场。

(二)主要试剂

盐酸、肌苷酸(IMP)标准品、鸟苷酸(GMP)标准品(色谱纯)、水合茚三酮、十水合磷酸氢二钠、磷酸二氢钾、果糖、无水乙醇、甘氨酸、三氯乙酸 TCA(分析纯)、牛血清白蛋白、柠檬酸三钠、无水碳酸钠、五水合硫酸铜。

(三)仪器与设备

TD20002B 电子天平、TA.XT.PLUS 物性测试仪、UV1800 紫外分光光度计、电热恒温水浴锅、谷氨酸试剂盒(南京建成生物工程研究所第一分所)。

(四)方法

1.三种鸡汤的制作

瓦罐鸡汤:称取 3 份相同质量(1000g)的鸡块(4 cm³左右)。任取一份加入姜片用铁锅以旺火爆炒 2min,加入食盐 3g、白糖 5g、清水 3000g,装入瓦罐中。将瓦罐放在可调功率的电炉上加热至沸腾,降低功率使其保持微沸状态,持续 180min,加入食盐 8g,继续保持微沸状态一定时间,加入味精 4g,盛入洁净的汤碗中,撒上葱花和胡椒粉。

铁锅鸡汤:鸡块处理方法同于瓦罐鸡汤,将铁锅爆炒过的等量鸡块加入食盐 3g、白糖 5g、冷水 3000g,直接盖上铁锅锅盖,置于可调功率的电炉上加热至

① 何小峰,岳馨钰,王益,黄文.瓦罐鸡汤主要滋味物质研究[J].食品科学,2010,31(22):306-310.

沸腾,降低功率使其保持微沸状态,持续相同时间,其后的调制方法同于瓦罐鸡汤。

铝锅鸡汤:鸡块处理方法同于铁锅鸡汤,只是煨制鸡汤时用铝锅替代铁锅,其他调制方法同上。

2.鸡汤中主要滋味成分的含量测定

(1)游离核苷酸总量的测定

标准核苷酸溶液的制备:准确称取食品级(I+G)标准品置于 10mL 容量瓶中,摇匀,取其中 1mL 置于 200mL 容量瓶中,用 0.01mol/L 盐酸定容,混匀。

标准曲线的制作:3mL,6mL,9mL,12mL,15mL,18mL,21mL 标准核苷酸溶液定容至 50mL,在 260nm 波长下,以 0.01mol/L 盐酸溶液作参比,测定吸光值 A,制作标准曲线图 1。

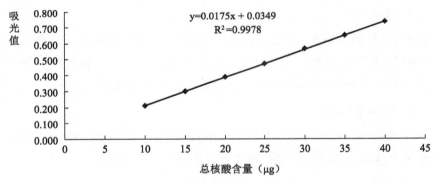

图1 核苷酸含量的标准曲线

将鸡汤过滤后取 2mL 以 0.01mol/L 的盐酸溶液定容至 50mL,在 260nm 波长下测定吸光值,代入标准曲线求出样品中的游离核苷酸总含量。

(2)游离氨基酸含量的测定

茚三酮试剂:称取水合茚三酮 0.5g、$Na_2HPO_4 \cdot 10H_2O$ 10g、KH_2PO_4 6g、果糖 0.3g 在 100mL 容量瓶中定容。

40%乙醇溶液:40mL 无水乙醇定容至 100mL。

氨基酸标准液(100μg/mL):称取干燥的甘氨酸 0.1000g,在烧杯中水溶解,定容至 1000mL。

准确吸取 100 μg/mL 的氨基酸标准液 2mL、4mL、6mL、8mL、10mL、12mL、14mL 定容至 50mL，分别取 1mL 置于 50mL 比色管中，加茚三酮显色剂 1mL，混匀，沸水浴 15min，速冷至室温，加入 5mL 40% 乙醇溶液，静置 15min。而后在 570nm 波长下以 40% 乙醇溶液加茚三酮显色剂作参比，测定吸光值，绘制标准曲线图 2。

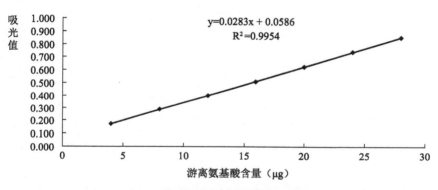

图 2　游离氨基酸含量的标准曲线

将鸡汤过滤后取 1mL，按标准曲线制作步骤，在相同条件下测定吸光值，代入标准曲线求出样品中游离氨基酸含量。

（3）游离谷氨酸含量的测定

采用谷氨酸试剂盒法测定。

（4）低聚肽的测定

取 10mL 鸡汤过滤液加入等体积 4.0%（w/v）TCA 溶液，取上清液采用微量双缩脲法测定。具体操作方法如下：

标准蛋白质溶液：1.0mg 牛血清白蛋白/mL。

微量双缩脲试剂：称取 17.3g 柠檬酸三钠（$Na_3C_6H_5O_7 \cdot H_2O$）、10g 无水碳酸钠（Na_2CO_3）一起溶解于温水中，称取 0.173g 硫酸铜（$CuSO_4 \cdot 5H_2O$）溶于 10mL 水中，两者合并用水稀释至 100mL。试剂可长期保存。

制作标准曲线：在试管中分别加入 0mL、0.3mL、0.6mL、0.9mL、1.2mL 标准蛋白质溶液，用水补足到 1.5mL，加 1.5mL 6% 氢氧化钠溶液混匀，再加 0.15mL 微量双缩脲试剂，混匀后室温（20℃~25℃）保温 15min，然后在 330nm 波长下测定吸光值,作标准曲线图3。

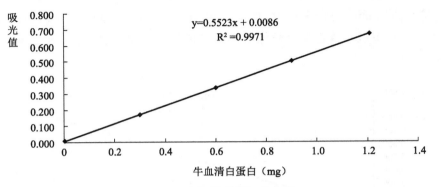

$$y=0.5523x + 0.0086$$
$$R^2 =0.9971$$

图3 低聚肽含量的标准曲线

3.鸡汤中肉质分析

通过质构仪的 TPA 模式,对样品进行模拟人口咀动作的测试。参考丁武、寇莉萍等的方法①,样品切成厚度为 20mm 的均匀小块,选择 HDP/VB 探头,测试条件为:探头测试模式为阻力测试(Measure Force in Compression);探头运行方式为循环方式(Total Cycle);测前速度为 2.0mm/s,测后速度为 2.0mm/s,下行距离 10mm,平行测试 3 次,分析不同加热方式得到的鸡肉块的硬度、弹性、黏聚性和咀嚼性。

4.鸡汤的感官品质评定

7 名专业人员对鸡汤进行感官评定,并对各个样品按表1的标准进行打分,每个样品的最后得分去掉一个最高分和一个最低分后取平均分。

表1 鸡汤风味感官品评分表

项目	80~100分	60~80分	30~60分	0~30分
色泽	乳白色或淡黄色	白色	灰白色	完全无色
香气	鸡肉香气浓郁	有明显的鸡肉香	有较淡的鸡肉香	没有肉香或有异味
滋味	口感醇厚,鲜香浓郁	鲜味不足,口感纯正	口味清淡,没有回味	没有鲜味,有异味

① 丁武,寇莉萍.质构仪穿透法测定肉质品嫩度的研究[J].农业工程学报,2005,21(10):138-141.

项目	80~100分	60~80分	30~60分	0~30分
浮油	油滴小且均匀	有少量颗粒浮油	有大片油或汤汁过于清澈	汤表层被油脂覆盖或完全清澈
鸡肉	肉质软硬适中,口感细腻,有咬劲	肉较烂或肉质较硬,肉块形态较差	口感粗糙,肉偏硬或完全无咬劲	肉未熟

二、结果与分析

(一)不同炊具烹调对鸡汤中主要滋味物质含量的影响

鸡汤中的特征鲜味主要是由游离核苷酸和氨基酸提供的,另外,很多研究表明,低聚肽也是肉制品中鲜味和甜味的重要呈味物质。所以,本实验测定了三种不同炊具烹调条件下的鸡汤中游离核苷酸、氨基酸和低聚肽的含量,如表2所示。

表2 3种不同鸡汤中核苷酸、游离氨基酸和低聚肽的含量

滋味成分	核苷酸(μg/mL)	游离氨基酸(mg/mL)	低聚肽(mg/mL)
瓦罐鸡汤	113.18	0.93	9.76
铁锅鸡汤	55.79	0.48	10.26
铝锅鸡汤	40.32	0.67	7.35

从表2可以看出,瓦罐鸡汤中的核苷酸含量明显高于其他两种鸡汤,是铁锅鸡汤的两倍,是铝锅鸡汤的近三倍;游离氨基酸含量对比中,瓦罐鸡汤也是含量最高的;而铁锅鸡汤的低聚肽含量超过了另外两种鸡汤。

这可能是因为铁锅铝器是由致密的粒子组成的,它们都是热的优良导体,具有传热迅速而散热较快的特点,不便于均衡外界的热能;而瓦罐是由不易传热的石英、长石、黏土等原料配合而成的陶土,经过高温烧制而成,成品的内壁分布着许多微孔,结构疏松质地粗糙,使得瓦罐具有通气性、吸附性、传热均匀、散热较快等特点,从而更有利于核苷酸的生成和释放。这也是瓦罐鸡汤滋味鲜

醇的主要原因。铁锅鸡汤中的游离氨基酸含量是三种鸡汤中最少的,低聚肽含量是最高的,说明铁锅有利于蛋白质的聚合度降低,但不利于分解彻底成氨基酸。低聚肽的味道比较复杂,可能有利于鸡汤滋味与口感的丰富。

(二)不同炊具烹调对鸡汤中游离谷氨酸含量的影响

谷氨酸钠是目前在食品工业和烹饪中运用的主要的呈鲜物质[1],且谷氨酸钠的浓度与鲜味强度之间有明显的相关性,即浓度越高,鲜味越强[2]。另外,谷氨酸钠还与呈鲜核苷酸之间存在着协同效应[3]。在本实验中,测定了三种不同炊具烹调条件下,不同原料鸡(育龄不足 1 年仔鸡、育龄 3 年母鸡、育龄 3 年雄鸡)所制成的鸡汤中游离谷氨酸的含量,如图 4 所示。

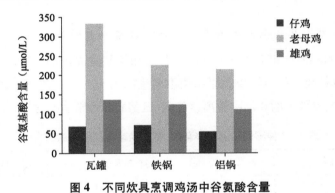

图4 不同炊具烹调鸡汤中谷氨酸含量

如图 4 所示,无论用何种炊具加热,原料使用老母鸡所烹调出的鸡汤中谷氨酸含量都明显比仔鸡和雄鸡鸡汤中的谷氨酸含量高。首先,是因为老母鸡中含有较为丰富的含氮浸出物(2%左右),经过长时间的煨炖,可以把肌凝蛋白、肌肝、肌肽和嘌呤等化合物从鸡体中提取出来;其次,老母鸡体内积蓄了丰富的蛋白质,慢火煨炖,可以使谷氨酸得以不断地溶解于汤中,增加汤的鲜味。而仔鸡的蛋白含量低,雄鸡本身的鲜味成分逊色,且带有让人难以接受的臊味。这

---

① 崔桂友.呈味核苷酸及其在食品调味中的应用[J].中国调味品,2001(10):25-32.

② Yamaguchi S J.The synergistic taste effect of monosodium glutamate and disodium 5′-inosinate[J]. Food Sci,1967,32:473-478.

③ Charalambous G.Chemistry of foods and beveragess:Recent developments[M].New York:Academic Press Inc,1982.

都是使得老母鸡成为煨炖鸡汤首选的原料。

另外,原料选用老母鸡,瓦罐鸡汤的谷氨酸含量为 332.5 μmol/L,高于铁锅鸡汤的 226.4 μmol/L 和铝锅鸡汤的 214.5 μmol/L。由此可知,瓦罐对于蛋白质的分解和谷氨酸的释放有促进的作用。除此之外,谷氨酸对热敏感,在 70℃~90℃时溶解和释放最为充分,在 100 ℃以上加热过长时间会导致其结构部分分解。瓦罐传热慢且均匀,不会出现罐体部分过热的现象,这决定了瓦罐鸡汤比另外两种鸡汤的谷氨酸含量更高。

(三)微沸时间对瓦罐鸡汤感官品质的影响

将原料鸡在瓦罐中加热煮沸,对保持微沸状态不同时间所煨炖出来的鸡汤进行感官评定,测定结果如图 5 所示。

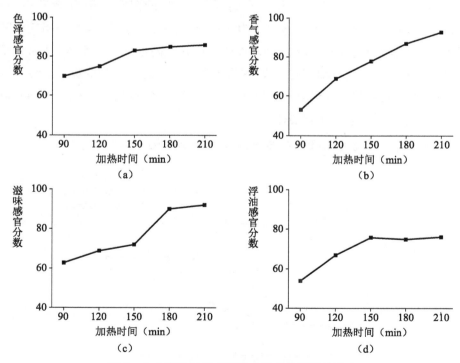

图 5　小火微沸时间对瓦罐鸡汤感官品质的影响

如图 5(a)所示,随着加热时间的延长,瓦罐鸡汤的颜色从透明无色逐渐转为乳白色或黄色。这种鸡汤颜色的逐渐加深,是因为在加热的过程中,鸡肉中的营养成分,包括一部分蛋白质、脂质和一些小分子物质,不断地由肉质中释放到水中所导致的。图5(b)显示出鸡汤的肉香味与加热时间呈现明显的正相关趋势。在一定范围内,加热时间越长,鸡汤香气越浓郁,在加热210min时达到顶峰。关于加热时间与鸡汤滋味的关系,如图5(c)所示,在加热180min前,随着加热时间的增加,鸡汤越发口感醇厚、味道鲜美,到180min以后,滋味分数便没有明显的升高。这可能是因为在加热时间180min内,加热时间越长,鸡肉中的浸出物溶解的越多,汤汁越醇正鲜美,且由于砂罐能使外来的热源相对稳定,热能的供给持续而稳定,水分子往返于鸡汤与鸡体之间,小火保持微沸,蛋白质达不到凝聚的程度,这样煨出的鸡汤既清澈又浓醇。而在加热180min以后,鸡汤滋味基本保持不变,也说明加热180min时鸡汤滋味达到了最佳的程度。从图5(d)中可以看出,随着加热时间的延长,浮油的感官分数逐渐升高,在150min以后,分数基本不变。这是因为,鸡肉在加热的过程中,肉中的脂质会随着水分的交换逐渐从肉中溢出至水中,且与水分之间形成动态平衡,从而在汤汁表面形成一层均匀且细腻的油膜,这有助于鸡汤口感与滋味的提升。综合以上分析,在将瓦罐鸡汤加热至沸腾后,降低功率使鸡汤保持微沸状态180min可使鸡汤的综合感官品质达到最佳。

（四）微沸时间对瓦罐鸡汤滋味成分含量的影响

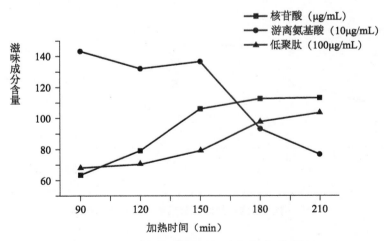

图6　小火微沸时间对鸡汤中滋味成分含量的影响

由图6可知,鸡汤中的滋味成分核苷酸、游离氨基酸和低聚肽的含量随着小火微沸时间的延长有不同的变化。其中,核苷酸的含量呈上升的趋势,加热至180min以后,其含量基本保持不变,说明此时核苷酸的分解量和合成量达到了动态平衡的状态。而游离氨基酸在加热90～150min的时间内呈现先下降后上升的趋势,过了150min后鸡汤中游离氨基酸的含量明显下降。游离氨基酸含量变化的原因不仅有鸡肉中蛋白质的分解,还与加热条件下游离氨基酸与可溶性还原糖发生的美拉德反应有一定关系,这二者的共同作用才会导致鸡汤中游离氨基酸含量的变化。关于小火微沸状态下鸡汤中低聚肽含量的变化,在90～180min时间段内是缓慢上升的,说明蛋白质分解成低聚肽的速率大于继续分解成氨基酸的速率。而在180min后其含量便没有明显的上升。由此可知,加热使鸡汤沸腾保持180min后鸡汤的鲜味物质含量基本能够达到最高值。

(五)微沸时间对鸡肉肉质的影响

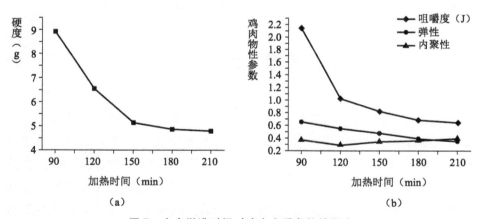

图7　小火微沸时间对鸡肉肉质参数的影响

从图7(a)中可以看出,在加热90～150min内,随着加热时间的增加,鸡肉的硬度值有明显的下降。这是因为由于其中的可溶性蛋白质慢慢溶解扩散至水中,肉质变软变嫩导致的。图7(b)所表示的是加热时间对鸡肉咀嚼度、弹性和内聚性的影响。其中,咀嚼度是随着加热时间的延长呈现不断下降的趋势,说明咀嚼鸡肉所需要的能量越来越小,也证明了肉质在随着加热时间的增加而变嫩;而肉质的弹性在加热90～210min内呈现缓慢下降的趋势,但变化范围不大;鸡肉的内聚性指的是样品内部的收缩力,在加热 90~120min 内是逐渐下降的,加热 120min 以后,内聚性便呈现了缓慢上升的态势,但总体变化不大。

三、结论

瓦罐鸡汤的核苷酸和游离氨基酸含量分别为 113.18μg/mL 和 0.93mg/mL,均明显高于铁锅鸡汤和铝锅鸡汤,但低聚肽含量低于铁锅鸡汤,说明瓦罐有利于核苷酸和游离氨基酸的释放和富集;原料鸡采用老母鸡煨炖出的鸡汤比仔鸡和雄鸡为原料时的鸡汤谷氨酸含量高,使用瓦罐时为 332.5 μmol/L;根据小火微沸时间对鸡汤感官品质的影响,小火慢炖 150~180min 时感官效果最佳,且 180min 时鲜味物质基本达到最高值,分别为核苷酸 112.63 μg/mL、游离氨基酸 0.93mg/mL、低聚肽 9.75mg/mL;另外,鸡汤的微沸保持时间对鸡肉肉质还有很大影响,其中硬度在加热到 180min 时下降为 4.863g,超过 180min 后变化不大,咀嚼度在加热到 180min 时下降到 0.68 J,超过 180min 后几乎不变。

第三节　葱爆牛肉上浆工艺研究

牛肉是人类最喜爱的食物之一,它在我国肉类食品中的消费量仅次于猪肉[1]。牛肉脂肪含量低,蛋白质含量高,其氨基酸组成比猪肉更加符合人体需求[2]。流行于湖北地区的诸多幼儿养生膳食菜品,如葱爆牛肉、蚝油牛肉、水煮牛肉、豉椒炒牛肉、滑蛋牛肉等,多以湖北特产——襄郧牛肉为主要原料。为确保制品软嫩、爽滑、鲜香、适口,尽量减少营养成分的损失,烹制这类幼儿养生膳食,必须对牛肉做上浆处理。

上浆,是指将动物性原料用食盐、淀粉、蛋液等辅料拌和,使原料表面形成浆膜的一种烹调辅助手段。牛肉上浆常用的原料有淀粉、水、食盐、蛋液等,质老的牛肉还需添加致嫩剂(如小苏打、植物蛋白酶制成的嫩肉粉等)进行致嫩处理。

①　王平,李秀菊.烤牛肉加工工艺[J].肉类工业,2009(2):13-14.

②　Park Y. J, Volpe S L, Decker E A.Quantitation of carnosine in humans plasma after dietary consumption of beef[J]. Agric Food Chem,2005,53(12):4736-4739.

牛肉上浆的工艺流程主要是:腌渍制嫩—加盐搅拌—拌和挂浆—静置待用。其操作关键在于调控牛肉所含的水分。通常情况下,将牛肉加工成片、丁、丝、条等形状,使其表面积增大,暴露出蛋白质亲水性官能团;通过加盐搅拌,相应增加水分,使水分子与亲水官能团发生水合作用,牢固地吸附在蛋白质上;加入食盐搅拌后,低浓度食盐电离出的 Na^+、Cl^- 吸附在蛋白质分子表面,增加了蛋白质表面的极性基团,这样亲水性官能团与极性基团一起,使蛋白质水化能力大大增加,肌肉含水量增多,烹制后的成品质感软嫩。这其中,蛋液、淀粉、食盐及水分等的用量比例,对其质构均有明显影响。牛肉上浆后,还需静置 20min 后再加热烹制[①]。

人们在咀嚼食物过程中,对食物施加机械力,质构仪 TPA 法就能很好地模拟这个过程。TPA 法[②]就是利用质构仪对样品进行二次压缩,根据工作曲线得出质构参数,即硬度(Hardness)、弹性(Springiness)、凝聚性(Cohesiveness)、咀嚼性(Chewiness),等等。这种方法在食品研究中应用广泛,如面条、馒头、火腿、苹果等[③],但直接应用在牛肉上的研究极少,而上浆牛肉的质构分析尚未见报道。本文以 TPA 法对牛肉上浆工艺实验制备出的样品进行测定,并将测定结果与感官评定的结果进行相关性分析,以期为牛肉上浆的标准化和大规模生产提供技术参考。

一、材料与方法

(一)材料

1.原辅料

新鲜牛背脊最长肌、鸡蛋、淀粉、食盐、色拉油,均购于武汉中百超市。

2.仪器与设备

TA-XTZi/25 物性测试仪、HH-4 数显恒温水浴锅、1000W 电炉、海尔 BCD-206TS 冰箱等。

---

① 贺习耀.试谈牛肉上浆[J].烹调知识,1989(9):16-17.

② William M Breene. Application of texture profile analysis to instrumental food texture evaluation[J]. Journal of Texture Studies,1975,6(1):53-82.

③ 姜松,王海鸥.TPA 质构分析及测试条件对苹果 TPA 质构分析的影响[J].食品科学,2004,25(12).

（二）方法

1.原辅料预处理

将新鲜牛肉横切成大小为 10mm×10mm×20mm 的小块并将鸡蛋蛋清取出备用①。

2.牛肉上浆工艺实验

将蛋清、淀粉、食盐和冷水按一定量配置后置于处理好的牛肉（150±5g）上抓捏②，再加少量色拉油继续抓捏，以隔绝空气，完成上浆，再将上浆好的样品放入冰箱中 4℃下冷藏一段时间，采用 $L_{18}(3^7)$ 正交试验确定牛肉上浆最佳工艺条件，每组试验做三个平行。试验设计如表 1 所示。

表 1　牛肉上浆工艺正交试验因素、水平表

编号	A 蛋清（g）	B 淀粉（g）	C 食盐（g）	D 水（g）	E 色拉油（g）	F 冷藏时间（min）
1	2	2	1	2	1	20
2	3	4	2	4	2	30
3	4	6	3	6	3	40

3.上浆牛肉感官评定

将各组正交试验制作出的样品置于大小合适的密封蒸煮袋中以隔绝空气和水，使用 80℃水浴加热至样品中心温度达到 75℃取出③。待样品中心温度冷却至 45℃后，由武汉商学院食品加工专业的 15 名学生经培训后，以硬度、弹性、凝聚性以及咀嚼性为指标进行感官评定，以感官评定总分（四项分值之和）为指标④，进行牛肉上浆正交实验。硬度是指牙齿咬断样品所需要的力；弹性是指牙齿松开样品时样品恢复原状的能力；凝聚性是指咀嚼样品时感受到样品的紧密程度；咀嚼性则是样品的耐咀嚼能力⑤。具体感官评定标准见表 2。

---

① 马龙，武杰，吴玲玲，许晖，杨国辉.酱牛肉质构特性主成分分析[J].食品工业科技，2013，34（8）：111-117.

② 肖林.烹饪中肉类的嫩化与上浆[J].中国食品，1999（11）：31.

③ 周琪，马美湖.微波处理对煮制牛肉品质影响的研究[J].肉类研究，2010（4）：69-74.

④ 谢碧秀，孙智达，何会，宋哲.粉蒸肉质构特性的研究[J].食品科学，2009，30（5）：82-85.

⑤ Jean-Francois Meullenet，B G Lyon，John A Carpenter，C E Lyon.Relationship between sensory and instrumental texture profile attributes[J].Journal of Sensory Studies，1998，13（1）：77-93.

表2 感官评定标准

评分	硬度	弹性	凝聚性	咀嚼性
1	过软	没弹性	不紧密	咀嚼性较差
2	偏软	弹性较小	不甚紧密	咀嚼性偏弱
3	硬度一般	弹性一般	紧密程度一般	咀嚼性一般
4	硬度较好	弹性较好	紧密度较高	有较好的咀嚼性
5	硬度适宜	富有弹性	质地紧密	耐嚼爽口

注:因人的口味偏好不同,暂不考虑过硬、弹性过大、质地过于紧密或太过耐嚼等情况。

4.上浆牛肉 TPA 测定

将各组正交试验制备出的样品利用物性仪进行 TPA 测定,测定参数为硬度、弹性、凝聚性和咀嚼性。测试参数:P/36R 探头,压缩程度 30%,探头下降——测试前速度为 2mm/s,测试速度为 1mm/s,测试后速度与测试速度相同,数据采集速率为 200pps,二次压缩间隔时间 5s。典型的 TPA 图谱见图1。硬度(Hardness)为典型 TPA 曲线第一压缩周期中的最高峰处力值,弹性(Springiness)为两次压缩下压时间比 t_2/t_1,凝聚性(Cohesiveness)为两次压缩的曲线面积比 $Area_2/Area_1$,咀嚼性(Chewiness)则为硬度、弹性和凝聚性的乘积。

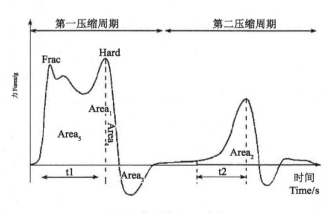

图1 典型的 TPA 曲线

5.数据统计分析

采用SPSS12.0进行实验数据的统计和分析。

二、结果与分析

(一)牛肉上浆工艺实验

牛肉上浆工艺实验结果和直观分析见表3。

表3　牛肉上浆正交试验结果与直观分析

编号	A 蛋清	B 淀粉	C 食盐	D 水	E 色拉油	F 冷藏时间	空列	感官评分
1	1	1	1	1	1	1	1	13.22
2	1	2	2	2	2	2	2	16.08
3	1	3	3	3	3	3	3	15.28
4	2	1	1	2	2	3	3	15.52
5	2	2	2	3	3	1	1	17.45
6	2	3	3	1	1	2	2	13.32
7	3	1	2	1	3	2	3	12.47
8	3	2	3	2	1	3	1	14.94
9	3	3	1	3	2	1	2	18.00
10	1	1	3	3	2	2	1	14.34
11	1	2	1	1	3	3	2	14.23
12	1	3	2	2	1	1	3	14.21
13	2	1	2	3	1	3	2	13.88
14	2	2	3	1	2	1	3	13.17
15	2	3	1	2	3	2	1	16.11
16	3	1	3	2	3	1	2	13.33
17	3	2	1	3	1	2	3	18.85
18	3	3	2	1	2	3	1	14.21
K_1	14.560	13.793	15.988	13.437	14.737	14.897	15.045	

续表

编号	A 蛋清	B 淀粉	C 食盐	D 水	E 色拉油	F 冷藏时间	空列	感官评分
K_2	14.908	15.787	14.717	15.032	15.220	15.195	14.807	
K_3	15.300	15.188	14.063	16.300	14.812	14.677	14.917	
R	0.740	1.994	1.925	2.863	0.483	0.518	0.238	

由表3均值分析可知,牛肉上浆最佳工艺为 $A_3B_2C_1D_3E_2F_2$,即加蛋清4g,淀粉4g,食盐1g,水6g,色拉油2g,冷藏时间20min时感官评分最高。由表3极值分析可知,水的添加量对感官评分的影响最大,然后是淀粉和食盐,蛋清、色拉油的添加量和冷藏时间对感官评分的影响较小,即:D>B>C>A>F>E。

牛肉上浆工艺实验的反差分析见表4。

表4　牛肉上浆工艺试验反差分析

因素	F 值	P 值
A 蛋清	1.6423	0.2830
B 淀粉	12.5366	0.0113
C 食盐	11.4825	0.0135
D 水	24.6669	0.0026
E 色拉油	0.8108	0.4955
F 冷藏时间	0.8110	0.4954

由表4可知,水的添加量对实验结果的影响极为显著($P<0.01$),淀粉和食盐添加量对实验结果影响显著($P<0.05$),而蛋清、色拉油以及冷藏时间对实验影响不显著。综合考虑成本和效率,可以得出牛肉上浆最佳工艺条件为 $A_1B_2C_1D_3E_1F_1$,即蛋清2g,淀粉4g,食盐1g,水6g,色拉油1g,冷藏时间20min,牛肉150g。

(二)上浆牛肉 TPA 测定结果

将牛肉上浆工艺18组正交试验制备出的样品利用物性仪进行 TPA 测定,将测定结果与感官评定得出的硬度、弹性、凝聚性和咀嚼性分值进行对比,具体情况见表5。

表5 上浆牛肉 TPA 测定与感官评定结果

编号	TPA				感官评定			
	硬度	弹性	凝聚性	咀嚼性	硬度	弹性	凝聚性	咀嚼性
1	5.07	0.78	0.31	1.23	3.12	2.83	3.92	3.35
2	5.95	0.82	0.28	1.37	3.85	4.15	3.77	4.31
3	5.88	0.84	0.26	1.28	3.74	4.26	3.44	3.84
4	5.97	0.81	0.36	1.74	3.74	3.68	4.37	3.73
5	6.38	0.86	0.28	1.54	4.31	4.62	3.83	4.69
6	5.18	0.82	0.22	0.93	3.22	3.01	3.28	3.81
7	5.02	0.80	0.28	1.12	2.97	2.74	3.53	3.23
8	6.17	0.86	0.23	1.22	4.12	3.95	3.09	3.78
9	6.88	0.88	0.41	2.48	4.45	4.72	4.66	4.17
10	5.51	0.81	0.26	1.16	3.67	3.55	3.56	3.56
11	4.89	0.83	0.32	1.30	2.99	3.33	4.02	3.89
12	5.45	0.82	0.27	1.21	3.54	3.43	3.62	3.62
13	5.33	0.79	0.28	1.18	3.54	3.45	3.67	3.22
14	5.04	0.76	0.25	0.96	3.11	3.2	3.32	3.54
15	6.06	0.82	0.32	1.59	4.01	3.67	4.12	4.31
16	5.25	0.84	0.23	1.01	3.32	3.44	3.12	3.45
17	6.83	0.92	0.38	2.39	4.74	4.78	4.55	4.78
18	5.30	0.83	0.30	1.32	3.42	3.23	3.67	3.89

（三）上浆牛肉 TPA 测定与感官评定相关性分析

1.硬度

将表5中 TPA 测定的硬度数据和感官评定得出的硬度评分进行相关性分析,可以得到相关性曲线,见图2。

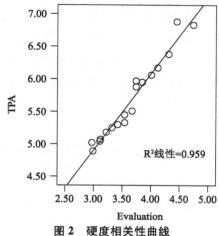

图 2　硬度相关性曲线

由图 2 可知，TPA 测定的硬度与感官评定得出的硬度评分之间的相关系数 R 为 0.979，可以认为 TPA 测定的硬度数据可以很好地反映感官硬度。对 TPA 测定的硬度数据和感官硬度评分进行线性回归分析，以 y 表示 TPA 测定的硬度值，x 表示感官硬度评分，可以得到回归方程：y = 1.172x + 1.388，其中 F 值为 372.43（P<0.01），回归模型整体显著。

2.弹性

将表 5 中 TPA 测定的弹性数据和感官弹性评分进行相关性分析，可以得到相关性曲线，见图 3。

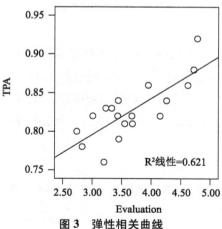

图 3　弹性相关曲线

由图 3 可知,TPA 测定的弹性值与感官弹性值之间的相关系数 R 为 0.788,可以认为 TPA 测定的弹性数据能够较大程度上反映感官弹性。对两者进行线性回归分析,以 y 表示 TPA 测定的弹性值,x 表示感官弹性值,可以得到回归方程:y = 0.047x + 0.655,其中 F 值为 26.219(P<0.01),回归模型整体显著。

3.凝聚性

将表 5 中 TPA 测定的凝聚性数据和感官凝聚性评分进行相关性分析,可以得到相关性曲线,见图 4。

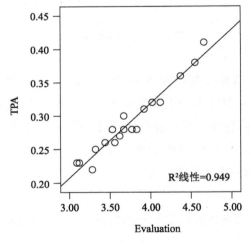

图 4　凝聚性相关曲线

由图 4 可知,TPA 测定的凝聚性与感官凝聚性评分之间的相关系数 R 为 0.974,可以认为 TPA 测定的凝聚性数据能够很好地反映感官凝聚性。对两者进行线性回归分析,以 y 表示 TPA 测定的凝聚性,x 表示感官凝聚性评分,可以得到回归方程:y = 0.111x − 0.125,其中 F 值为 300.108(P<0.01),回归模型整体显著。

4.咀嚼性

将表 5 中 TPA 测定的咀嚼性值和感官咀嚼性评分进行相关性分析,可以得到相关性曲线,见图 5。

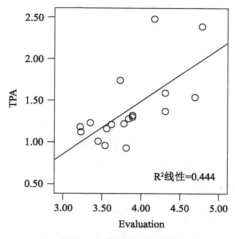

图5　咀嚼性相关曲线

由图 5 可知,TPA 测定的咀嚼性与感官咀嚼性评分之间的相关系数 R 为 0.667,可以认为 TPA 测定的咀嚼性数据能够一定程度上反映感官咀嚼性。对两者进行线性回归分析,以 y 表示 TPA 测定的咀嚼性值,x 表示感官咀嚼性评分,可以得到回归方程:y＝0.633x−1.043,其中 F 值为 12.802(P<0.01),回归模型整体显著。

三、讨论

牛肉上浆的原料(浆料)有很多,有在原料中加碱的,有用全蛋液或者根本不加鸡蛋的,本实验只选用了其中一种,实验得出的最佳工艺条件并不一定能够适用于不同的上浆原料,但也具有一定的参考价值。

感官评定是通过视觉、嗅觉、触觉、味觉和听觉等人体感官进行测量、分析和解释产品的一种科学的方法。国内外对食品感官评定和 TPA 测定的相关性做了许多分析和研究,但得出的结果差异较大。这是由多种因素造成的,如感官评定小组成员的个体差异(地域、接受培训情况),研究对象不同(微波牛肉、酱牛肉),选用动物肌肉部位不同(背脊最长肌、胸肌)。质构仪质地多面分析(Texture Profile Analysis)主要是通过质构仪探头模拟人口腔的咀嚼运动,对样品进行两次压缩从而得到一系列质构参数。关于 TPA 测定出的质构参数与感官评定的关系,由上浆牛肉 TPA 测定实验得到的回归方程可以看出,TPA 测定出的硬度、弹性、凝聚性和咀嚼性能够全面反映肉的感官质构,且其回归模型整体显著,感官评定预测的准确程度依次为硬度>凝聚性>弹性>咀嚼性。

四、结论

牛肉上浆最佳配比是蛋清∶淀粉∶食盐∶水∶色拉油∶牛肉为 2∶4∶1∶6∶1∶150,将上浆后的牛肉在 4℃下冷藏 20min,再进行烹制效果最佳。

TPA 测定结果与感官评分之间的相关系数分别为硬度 0.979、弹性 0.788、凝聚性 0.974、咀嚼性 0.667。

说明,本篇内容原载于中文核心期刊《食品研究与开发》(CN12-1231/TS)2015 年 4 月第 36 卷第 7 期,原文《牛肉上浆工艺与质构特性研究》,作者:贺习耀,曾习(通讯作者)。为统一文本格式,本书作者对原文稍作改动。

第四节　清蒸武昌鱼创新调制工艺研究

关于火候对鱼馔风味品质的影响,古人多有记述。明末戏曲家李渔在《闲情偶寄·饮馔部》中说:"烹煮(鱼馔)之法,全在火候得宜:先期而食者肉生,生则不松;过期而食者肉死,死则无味。"清代文学大师袁枚在《随园食单·火候须知》中也曾提及:"熟物之法,最重火候……鱼临食时,色白如玉,凝而不散者,活肉也;色白如粉,不相胶粘者,死肉也。"[1]

何谓火候?火候是指根据烹饪原料的性质、形态和烹调方法及食用要求,通过一定的烹制方式,在一定时间内使烹饪原料吸收足够热量,发生适度变化,以达到最佳食用程度[2]。火候是烹调加工的重要环节,主要由热源火力、传热介质和烹饪原料三者通过一定的表现形式呈现出来。

随着时代的发展与进步,现代人除灵活运用火候影响鱼馔的风味品质之外,还特别注重鲜鱼的调味方式、食盐用量、食用温度及鱼鲜品质等。为探究烹

---

① 冯玉珠.烹调工艺学[M].北京:中国轻工业出版社,2007:99-100.
② [清]袁枚.随园食单[M].北京:中国商业出版社,1984:9-10.

调加工方式(含烹制方式、调味方式等)对清蒸鲜鱼风味品质的影响,本文以"湖北第一名菜"清蒸武昌鱼为例,改变用食盐对鲜鱼进行腌渍码味的传统制法,创新性地采用盐溶液喷涂的方法予武昌鱼以基味,并着重就热源火力、加热时间、盐液浓度以及盐液用量对鲜鱼风味品质变化的影响加以探究,以期明确形成最佳风味品质的烹调加工方式。

一、材料与方法

(一)材料

1.原料

鲜活武昌鱼(600g/条);精盐、味精、香葱、生姜、香醋、鸡汤、熟猪油、白胡椒粉,均购自武汉市汉阳区沃尔玛超市。

2.仪器与设备

瑞丰 RF-275 金属喷壶(1L 喷雾);美亚基 22cm 不锈钢双耳蒸笼;武汉商学院鄂菜研发中心全套烹饪设备;武汉商学院烹饪与食品工程学院感官分析室全套设备等。

(二)方法

1.清蒸武昌鱼的创新型制作工艺

(1)取鲜活武昌鱼去鳞、去鳃、去内脏,清洗干净,在鱼身两面剞上兰草花刀。

(2)葱打结,姜切片、切丝。姜丝、香醋、酱油调制姜醋味碟。

(3)武昌鱼下沸水锅中稍烫捞出,置入垫有葱结、姜片的腰盘中,淋上鸡汤和熟猪油。

(4)武昌鱼连盘放入蒸笼中,用旺火蒸至鱼肉断生、鱼眼凸出时,喷上盐溶液后再蒸制 1min 后取出,淋上熟鸡油,撒上白胡椒粉,连同姜醋味碟一同上桌。

2.清蒸武昌鱼的菜品特色

鱼形完整,晶莹美观,鱼肉细嫩滑润,滋味淡雅鲜香。

3.清蒸武昌鱼的烹制要领

(1)主料宜选鲜活武昌鱼,以湖北鄂州梁子湖出产者,鱼肉鲜嫩而无腥味,品质最优。

(2)清蒸武昌鱼,以每条重约 600g 为宜,鱼体过大或是过小,菜品风味品质和滋味都会受其影响。

（3）武昌鱼蒸制之前,放入沸水锅中略烫时要随烫随提起,以免鱼肉烫老[①]。不同于传统的腌制方式,本实验将武昌鱼蒸制后喷涂食盐溶液,这样更有利于提升制品品质。

（4）鲜鱼剞上兰草花纹,既为美观,又可缩短蒸制时间,剞的深度必须一致;葱结、姜片垫入鱼底,是为了保持鱼体上下均匀受热,保证鱼的嫩度一致。

（5）武昌鱼入笼蒸制时,蒸笼要保持旺火足汽;以蒸至鱼肉断生、鱼眼凸出为度。

4.单因素实验设计

（1）火力

火力的大小直接影响升温速度、蒸汽温度和蒸汽量,这些因素都会影响清蒸武昌鱼的口感风味。参考《中国烹饪百科全书》对火候的划分方法[②],将蒸制火力定为小火、中小火、中火、中大火和旺火,以不同火力进行实验,以感官评价为指标确定较佳火力。

（2）加热时间

加热(蒸制)时间决定了武昌鱼的成熟情况,加热时间太短则会导致鱼肉蛋白未能完全变性,甚至残存血水,但过长的加热会使鱼肉持水量下降,肉质变老[③]。故选择加热时间为 5min、8min、11min、14min 和 17min 进行试验,以感官评价为指标确定较佳加热时间。

（3）食盐溶液浓度

室温下,食盐的主要成分是 NaCl,在水中的溶解度约为 36%(100g 水溶解36gNaCl),本试验将选择 20%、24%、28%、32%、36%进行试验,以感官评价为指标确定较佳食盐溶液浓度。

（4）食盐用量

为更直观地研究食盐用量,本研究将选择食盐溶液浓度测定得到的较佳食

---

① 黄明超.中国名菜[M].北京:中国轻工业出版社,2003:396-397.

② 魏跃胜,等.烹饪中"火候"运用与物质化学变化关系探讨[J].武汉商业服务学院学报,2012,26(1):93-96.

③ 李冬生,李阳,汪超,等.不同加工方式的武昌鱼鱼肉中挥发性成分分析[J].食品工业科技,2014,35(23):49-53.

盐浓度,以喷涂量为 2mL、4mL、6mL、8mL 和 10mL 进行试验,以感官评价为指标确定较佳食盐(溶液)用量。

5.感官评价指标

感官评定在武汉商学院烹饪与食品工程学院感官评定实验室内完成。选择 15 名接受过感官评定训练的烹饪与营养教育专业的学生品尝试验样品,每个样品重复 3 次,每品尝一次后即用清水漱口。各指标去掉一个最高分和一个最低分,取算数平均数为感官评价分值,各指标感官评价分值之和即为感官评价总分[①]。感官评价方法见表1,感官评分保留两位小数。

表1　感官评价标准

评分	0~4分	4~6分	6~8分	8~10分
滋味	味道不鲜,有鱼腥味,过咸或过淡	基本没有鲜味,略有鱼腥味,偏咸或偏淡	有鲜味,无鱼腥味,咸淡适中,鱼香较淡	鱼肉鲜美,鱼香浓郁,诱人,咸味适当
多汁性	过干	略有汁液	湿润	多汁
弹性	鱼肉没有弹性	略有弹性	有弹性	鱼肉富有弹性
硬度	鱼肉过软或过硬	鱼肉偏软或偏硬	鱼肉略软或略硬	鱼肉软硬适宜

6.优化实验设计

经单因素实验后,以感官评分总分为指标,选择对试验影响显著的三个因素进行正交试验,选用 $L_9(3^4)$ 试验表,对加热时间、盐液用量进行正交试验,以此优化武昌鱼制作工艺,正交试验因素、水平表见表2。

表2　清蒸武昌鱼正交试验因素、水平表

因素	A 火力	B 加热时间(min)	C 盐液用量(mL)	D 空白
1	中火	6	4	1
2	中大火	8	6	2
3	旺火	10	8	3

---

① 戴阳军,庄俊茹,杨军,等.响应曲面法优化粉蒸鱼的加工工艺[J].食品研究与开发,2012,33(11):106-111.

二、结果与分析

(一)火力对清蒸武昌鱼品质的影响

不同大小的火力会影响鱼肉的风味、品质,其感官评分结果见表3。

表3 不同火力下清蒸武昌鱼的感官评分　　　　　　　　　　单位:分

火力	滋味	多汁性	弹性	硬度	总分
小火	4.65	8.85	4.88	5.21	23.59
中小火	6.67	8.67	5.98	5.83	27.15
中火	7.58	8.82	6.95	7.22	30.57
中大火	8.89	8.54	8.13	8.86	34.42
大火	9.26	8.38	9.42	9.35	36.41

由表3可见蒸制火力越大,清蒸武昌鱼的滋味、弹性和硬度都会随之增大,而多汁性变化不大。其原因可能是火力较小的时候,蒸汽量和蒸汽温度不够,导致鱼肉表面成熟、变硬,阻止水蒸气进入内部,使鱼肉内部温度较低,使之产生腥味,甚至出现血水。而当火力较大时,蒸汽更容易带走鱼肉中的腥味物质(一些烯醛、烯醇等),鱼肉中的肌原纤维蛋白变性凝固速度也较快,使鱼肉成品富有弹性,且硬度适宜。与此同时,变性后的鱼肉蛋白更容易水解出具有风味的氨基酸、低分子肽和核苷酸,也有利于鱼肉鲜美风味的形成。

(二)加热时间对清蒸武昌鱼品质的影响

加热时间的长短,会影响鱼肉的成熟和风味,具体感官评分结果见表4。

表4 不同加热蒸制时间清蒸武昌鱼的感官评分　　　　　　　单位:分

加热时间(min)	滋味	多汁性	弹性	硬度	总分
5	7.53	8.85	7.69	8.04	32.11
8	9.64	9.05	9.32	8.88	36.89
11	9.35	8.28	9.08	9.25	35.96
14	9.22	7.33	7.98	8.41	32.94
17	9.38	6.49	7.16	7.22	30.25

由表 4 可见,加热时间 8 分钟时,其滋味、多汁性以及弹性最佳,加热时间 8 分钟后,滋味评分略为降低,多汁性和弹性随着加热时间的延长,其感官评分不断下降。其原因可能是较长的加热时间使部分鲜味成分(氨基酸、多肽等)分解,导致滋味在加热时间超过 8 分钟后略微变差;而随着加热时间为 11min 时,硬度最佳,更长的加热时间会导致硬度过硬,口感变差。

(三)食盐浓度对清蒸武昌鱼品质的影响

本试验采用的是喷涂盐液入味的方法制作清蒸武昌鱼,因此盐液的浓度会直接影响武昌鱼的风味品质。不同盐液浓度下清蒸武昌鱼的感官评分见表 5。

表 5　不同盐液浓度清蒸武昌鱼的感官评分　　　　　　　单位:分

食盐浓度(%)	滋味	多汁性	弹性	硬度	总分
20	7.24	8.38	7.85	8.02	31.49
24	7.88	8.66	8.32	8.45	33.31
28	8.06	8.97	8.79	8.89	34.71
32	8.59	9.21	9.17	9.01	35.98
36	9.41	9.36	9.51	9.30	37.58

由表 5 可知,随着食盐浓度的增大,各指标感官评分也随之增大。其原因可能是食盐浓度的增加,会使鱼肉肌原纤维蛋白中的肌原纤维溶解并形成凝胶,使得清蒸武昌鱼的弹性和硬度增大,而适量的食盐也会增加产品的滋味。

(四)食盐用量对清蒸武昌鱼品质的影响

通过上步试验拟订食盐浓度后,对食盐用量(盐液体积)进行试验,具体试验结果见表 6。

表 6　不同食盐添加量下清蒸武昌鱼的感官评分　　　　　单位:分

盐液用量(mL)	滋味	多汁性	弹性	硬度	总分
2	6.84	8.10	7.55	8.12	30.61
4	8.13	8.35	8.69	8.26	33.43
6	9.58	8.84	9.34	8.44	36.20

续表

盐液用量（mL）	滋味	多汁性	弹性	硬度	总分
8	8.90	9.11	9.05	8.06	35.12
10	7.22	8.52	9.18	8.15	33.07

由表6可见，食盐溶液添加量为2mL时，武昌鱼滋味偏淡，且弹性不佳，其原因可能是食盐量不够，导致鱼肉蛋白没有完全形成富有弹性的溶胶；当食盐溶液添加量为6mL时，滋味最佳，弹性和硬度也最佳，虽然多汁性较盐液用量为8mL时略低，但总体上看，盐液用量为6mL时，清蒸武昌鱼风味、质地最佳。当盐液溶液≥8mL时，咸味变重，风味下降。

（五）清蒸武昌鱼工艺优化实验结果

1.正交试验结果

根据单因素实验结果，选择火力为中火、中大火、旺火，加热（蒸制）时间为6min、8min、10min以及盐液用量为4mL、6mL、8mL，以感官评分总分为指标，进行三个因素三水平正交试验，其结果见表7。

表7　正交试验结果　　　　　　　　　　　单位：分

序号	火力	加热时间（min）	盐液用量（mL）	空白	感官评分
1	中火	6	4	1	29.33
2	中火	8	6	2	34.98
3	中火	10	8	3	31.25
4	中大火	6	6	3	30.77
5	中大火	8	8	1	31.42
6	中大火	10	4	2	28.76
7	旺火	6	8	2	37.21
8	旺火	8	4	3	34.48
9	旺火	10	6	1	36.22
K_1	31.8533	32.4367	30.8567	32.3233	

序号	火力	加热时间（min）	盐液用量（mL）	空白	感官评分
K_2	30.3167	33.6267	33.9900	33.6500	
K_3	35.9700	32.0767	33.2933	32.1667	
R	5.6533	1.5500	3.1333	1.4833	

由表7可知，经极值分析，优化后的清蒸武昌鱼制作工艺为 $A_3B_2C_2$，即火力为大火，加热蒸制 8min，盐液喷涂 6mL 时，清蒸武昌鱼的感官评分最高。根据极差分析可知，对实验结果的影响大小依次是火力>盐液用量>加热时间。

2.正交试验方差分析

清蒸武昌鱼正交试验方差分析见表8。

表8 正交试验方差分析

源	平方和	自由度	均方	F值	P值
火力	51.2685	2	25.6342	12.8658	0.0721
加热时间（min）	3.9482	2	1.9741	0.9908	0.5023
盐液用量（mL）	16.2405	2	8.1202	4.0755	0.1970
误差	3.9849	2	1.9924		

根据方差分析可知，火力大小和盐液用量对实验影响显著（$P<0.5$），加热（蒸制）时间对实验影响不显著。

三、讨论与结论

清蒸武昌鱼的传统制法是将初加工的鲜鱼用食盐、葱、姜、绍酒进行腌制，以达到入味的目的，腌制时间相对较长，鱼肉蛋白凝固速度较快，部分含氮风味物质溶出、损失，导致风味口感下降[1]；而采用盐液喷涂的方法烹制清蒸武昌鱼，食盐会缓慢渗透到鱼肉之中，鱼肉便会嫩滑、鲜美。

---

[1] 吴薇,陶宁萍,顾赛麒.鱼肉特征性气味物质研究进展[J].食品科学,2013,34(11):381-385.

实验表明:600 克新鲜武昌鱼,室温下烹涂 36% 的食盐溶液 6mL,选用金属蒸笼旺火蒸制 8 分钟取出,佐以姜醋味碟,趁热食用,风味品质最佳。

说明,本篇内容原载于中文核心期刊《中国调味品》(CN23-1299/TS)2016 年 4 月第 41 卷第 4 期,原文《创新烹调方法对清蒸武昌鱼风味品质影响的研究》,作者:贺习耀,曾习(通讯作者)。为统一文本格式,本书作者对原文稍作改动。

第五节 葛粉鱼面加工工艺研究

在湖北众多风味食品中,鱼面是最受幼儿朋友喜爱的传统美食之一。据调研统计,湖北民间以鱼面为主营产品的中小型鱼面加工厂多达 300 余家,其中,最具影响力的产品有湖北孝感的云梦鱼面、武汉新洲的张店鱼面、黄冈麻城的夫子河鱼面。作为传统特色风味食品,湖北鱼面传播面广、影响力大,但也存在一些不足,如科技含量低,缺少系列创新产品。

本试验选用鄂西山地特产葛根粉、鄂东丘陵特产玉米淀粉、湖北盛产的淡水鱼鲜(青鱼)及高筋面粉研制葛粉鱼面,确立其用料配比,探究其加工工艺,分析其制作机理。在明确产品加工工艺标准、食用方法及其饮食保健功能的基础上,期望通过校企合作等方式,实现研发成果的转化。

一、材料与方法

(一)材料

1.原料

鲜活青鱼,尾重 4kg,购自武汉市汉阳区七里生鲜市场;鄂西特产葛根粉、鄂东特产玉米淀粉、高筋面粉、食盐、芝麻油、生姜、香葱等均购自武汉市汉阳区沃尔玛超市。

2.仪器与设备

YP102N 型电子天平:上海精密仪器有限公司;QY-00012 型蒸笼:泉源牌;TA-XTZi/25 物性测试仪:英国 TA 有限公司;HH-4 数显恒温水浴锅:国华电器有限公司;武汉商学院鄂菜研发中心全套烹调设备。

（二）制作方法

（1）鲜活青鱼取肉,泡去血水,斩拌成细腻的鱼茸;取香葱、生姜加水调制葱姜汁;在鱼茸中加入食盐和适量葱姜汁,搅拌均匀。

（2）将高筋面粉加入葛根粉、淀粉和鱼茸调匀,加葱姜汁、碱水调制成鱼茸面团。

（3）将鱼茸面团搓成条状,切块,并擀成薄皮;于旺火蒸4分钟取出晾凉,卷筒、切面、晒干即成①。

（三）食用方法

葛粉鱼面适于批量生产、分量食用。常见的食用方法主要有炒食、煮食和炸食。

（1）炒食的方法是先将鱼面用清水泡透后取出晾干,配以肉丝和木耳,滑炒而成,成品的质感滑软柔嫩。

（2）煮食的方法是将泡透的鱼面置入鸡汤、排骨汤或筒子骨汤中煮至入味,成品的质感细嫩不黏。

（3）炸食的方法是先将食油烧沸,直接下入晒干的鱼面,待鱼面浮起即可出锅,成品的质感焦酥脆爽。

（四）葛粉鱼面工艺研究

葛粉鱼面的制作工艺流程如下:

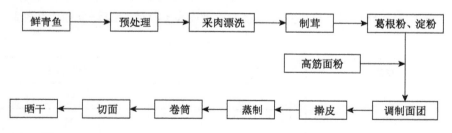

1.鱼茸配比实验

鱼茸是制作鱼面的关键材料之一,直接影响着鱼面的风味品质。以高筋面粉（1kg）为基准,淀粉、葛根粉、食盐的添加量固定为面粉基准用量的25%、10%、

① 朱在勤.中国风味面点[M].北京:中国纺织出版社,2008:300-301.

1.5%;鱼茸添加量分次取用面粉基准用量30%、40%、50%、60%、70%进行实验①。

2.淀粉配比实验

适量添加淀粉,能提高鱼面的弹性;过量会使鱼面发生断条,风味降低,过少则不利于面团形成。以高筋面粉为基准,鱼茸、葛根粉、食盐的添加量分别固定为其60%、10%、1.5%;淀粉添加量分次取用面粉基准用量的15%、20%、25%、30%、35%进行实验。

3.葛粉配比实验

以高筋面粉为基准,鱼茸、淀粉、食盐的添加量分别固定为其60%、25%、1.5%;葛根粉的添加量分次取用面粉基准用量的5%、10%、15%、20%、25%进行实验②。

4.食盐配比实验

食盐能增加蛋白质的持水性,有利于面团成型。以高筋面粉为基准,鱼茸、淀粉、葛根粉的添加量分别固定为其60%、25%、10%;食盐的添加量分次取用面粉基准用量的1.0%、1.5%、2.0%、2.5%、3.0%进行实验。

5.葛粉鱼面配比优化

根据上述配比实验结果,对鱼茸、葛根粉、淀粉和食盐的添加量进行正交试验,确立葛粉鱼面最优配比,实验选用$L_9(3^4)$正交表。

6.葛粉鱼面蒸制实验

将最优配比的鱼面面团在旺火下进行蒸制,对蒸制时间和温度进行实验,以感官评分为指标,确定最佳蒸制工艺,其实验设计如表1所示,感官评分标准见表2。

表1　葛粉鱼面蒸制实验设计

序号	蒸制时间(min)	蒸制温度(℃)
1	2	98
2	3	98
3	4	98
4	2	100

---

① 贺习耀,万玉梅."鱼茸糊"的品质控制[J].餐饮世界,2009(11):28-31.
② 贺习耀,曾习.云梦葛粉鱼面用料配比研究[J].食品科技,2014(10):129-132.

续表

序号	蒸制时间（min）	蒸制温度（℃）
5	3	100
6	4	100
7	2	105
8	3	105
9	4	105

表2　感官评分标准

评分	0~40分	40~60分	60~80分	80~100分
评分标准	口感不佳，面皮未成型，没有鱼面风味	面皮成型较差，没有嚼劲，基本没有鱼面风味	口感较好，面皮有弹性、有嚼劲，有鱼面的鲜、香味	口感很好，有鱼面特殊的风味

（五）面团粉质特性测定方法

参照AACC54-21相关方法，用粉质仪测定面团粉质特性，典型的分析图如图1所示，可以得到面团吸水率、稳定时间、形成时间、弱化值、评价值等参数[①]。

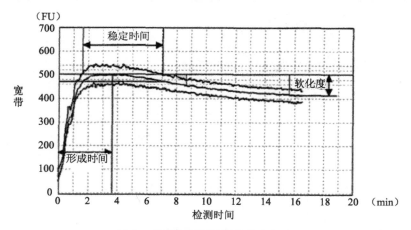

图1　典型的面团粉质曲线分析图

① 魏益民,张波,关二旗等.面团流变学特性检测仪器比对试验分析[J].中国农业科学,2010,43（20）:4265-4270.

二、结果与分析

（一）葛粉鱼面的用料配比分析

1.鱼茸配比实验结果

不同鱼茸配比对鱼面风味的影响见图2。

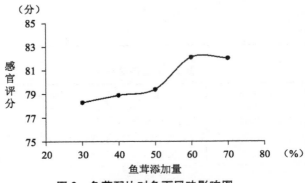

图2　鱼茸配比对鱼面风味影响图

由图2可知，随着鱼茸添加量的增加，鱼面的感官评分逐渐增大；当鱼茸添加60%时，感官评分最高；低于50%时，成品鱼面的鱼鲜味和弹力不足；添加量超过60%时，鱼腥味明显增强。

2.淀粉配比实验结果

不同淀粉添加量对鱼面风味的影响见图3。

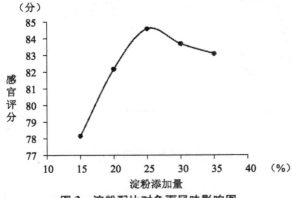

图3　淀粉配比对鱼面风味影响图

由图 3 可知,添加 15% 淀粉时,鱼面的感官评分较低,其黏聚性较差,口感一般;随着淀粉添加比例的增大,面团性能显著提升,直至添加 25% 的淀粉时,鱼面的感官评分最高。继续添加会使鱼面的粉皮感增加,鲜味降低,感官评分下降。

3.葛粉配比实验结果

添加量食盐 1.0%,鱼茸 60%,淀粉 25%,葛粉 5%、10%、15%、20%、25% 进行实验。实验结果见图 4。

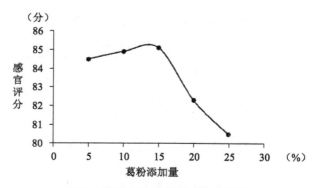

图 4　葛粉配比对鱼面风味影响图

由图 4 可知,添加 10%～15% 葛粉时,鱼面的感官评分徐徐增加,添加至 15% 时,鱼面富有弹性,色、形、味俱佳;继续添加葛粉,会使鱼面风味显著下降,其表现为:鱼面粉皮感增大,葛根粉的辛味明显增强。

4.食盐配比实验结果

不同食盐添加量对鱼面风味的影响见图 5。

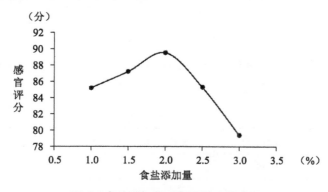

图 5　食盐添加量对鱼面风味影响图

由图 5 可知,添加食盐 1.0%~2.0%时,鱼面感官评分随食盐添加量的增大而增大,当添加至 2.0%时,感官评分最高。继续添加食盐,鱼面嚼劲、弹性稍有增加,咸味逐渐变重,风味显著下降。

5.正交试验结果

根据配比实验结果进行正交试验,以优化葛粉鱼面配比。实验结果见表 3,验证试验结果见表 4。

表 3　葛粉鱼面优化配比实验结果

序号	A 鱼茸(%)	B 淀粉(%)	C 葛粉(%)	D 食盐(%)	感官评分(分)
1	50	20	10	1.5	85.75
2	50	25	15	2.0	86.33
3	50	30	20	2.5	82.27
4	60	20	15	2.5	84.50
5	60	25	20	1.5	89.81
6	60	30	10	2.0	88.03
7	70	20	20	2.0	85.14
8	70	25	10	1.5	84.87
9	70	30	15	2.5	86.79
K_1	84.78	85.13	86.22	87.45	
K_2	87.45	87.00	85.88	86.50	
K_3	85.60	85.70	85.74	83.88	
R	2.66	1.87	0.48	3.57	

由表 3 可见,葛粉鱼面最佳制作条件为:$A_2B_2C_1D_1$,即葛粉鱼面的最佳用料配比为鱼茸 60%,淀粉 25%,葛根粉 10%,食盐 1.5%。

表 4　验证试验结果

鱼茸(%)	淀粉(%)	葛粉(%)	食盐(%)	感官评分(分)
60	25	10	1.5	91.25

由表4可见,在最佳制作条件下,葛粉鱼面感官评分为91.25,高于其他配比结果。

6.葛粉鱼面蒸制实验结果

葛粉鱼面蒸制实验结果见表5。

表5　葛粉鱼面蒸制实验结果

序号	蒸制时间(min)	蒸制温度(℃)	感官评分(分)
1	2	98	73.22
2	3	98	80.10
3	4	98	85.43
4	2	100	64.80
5	3	100	87.32
6	4	100	95.89
7	2	105	80.22
8	3	105	85.41
9	4	105	92.80

由表5可知,100℃下蒸制4分钟,鱼面的感官评分最高,其原因可能是温度太高容易使鱼面表面干枯而内部湿软,而蒸制时间过短会使鱼面面团凝胶化不充分。

(二)面团质构特性实验分析

以2kg鱼面为基准,将鱼面面团擀成薄皮,蒸至熟透,自然晾凉;分别测定面粉、鱼茸、淀粉(含葛粉)和食盐的不同加入量对鱼面粉质特性的影响。测定参数如下:探头:直径21mm铝制圆柱检测探头;模式:TPA;测试前速度:1mm/s;测试速度:1mm/s;测试后速度:3mm/s;距离:50mm。实验结果见表6。

表6　面团成分对鱼面粉质特性的影响

成分	加入量（g）	稳定时间（min）	形成时间（min）	吸水率（%）	弱化度（FU）
面粉（g）	100	3.40	2.10	33.60	84
	200	4.30	2.80	37.40	75
	300	4.60	3.70	39.20	86
	400	5.20	4.10	45.70	64
	500	5.30	5.00	53.00	52
鱼茸（g）	200	2.70	2.10	62.60	64
	300	2.40	2.00	61.00	85
	400	2.50	2.60	63.20	92
	500	2.90	3.10	59.80	103
	600	3.40	3.30	54.90	86
淀粉（g）	300	6.30	5.80	37.60	45
	400	5.80	4.90	34.30	67
	500	4.00	3.40	33.70	71
	600	3.60	3.70	31.50	54
	700	5.20	4.50	31.00	52
食盐（g）	20	6.30	5.80	37.60	45
	30	6.50	6.40	35.40	82
	40	6.30	7.70	40.10	94
	50	7.20	8.20	43.60	102
	60	8.50	9.40	48.50	108

　　粉质仪是分析面团和面特性最常用的仪器，可通过吸水率、面团的形成时间、面团的稳定时间和弱化度四个指标来反映。

　　由表6可知，随着面粉的增加，鱼面面团粉质特性的改善非常明显。小麦面粉的主要成分是蛋白质和淀粉，而吸水率与面团的蛋白质含量相关联，所以随着小麦面粉含量增加,吸水率有一个缓慢的增长。面团形成时间和稳定时间也随着面粉添加量的增加有增长的现象,而弱化度却随之下降,说明增加面粉含量会使面团的韧性增强。随着淀粉添加量的增加,面团吸水率出现了下降,表明无论是经过处理的玉米淀粉还是未经处理的玉米淀粉,都会在一定程度上降低面团的吸水率,且经过湿热处理的玉米淀粉的吸水率要高于未经处理的玉米原淀粉。随着玉米淀粉的添加,面团的形成时间和稳定时间呈现一个先下降后上升的趋势,弱化度是先上升后下降。这可能是由于少量淀粉的添加在一定程度上稀释了小麦粉中的面筋蛋白质,减少了面团中能形成面筋结构的成分的含量,影响了面筋网络的形成与扩展。随着食盐添加量的增大,吸水率、面团形成时间、稳定时间和弱化度都有不同程度的上升。这种现象是由于添加少量的食盐可以使面团中的蛋白质增强吸水率,而且会改进面筋一部分的物理性质,增强面团的强度和韧性。但食盐加入太多会使面团弱化度增大,面团过于软黏,不适于后续加工成面条①。

三、结论

鱼面面团的加工工艺和用料配比直接影响整个鱼面生产条件和最终产品的质量。在葛粉鱼面中添加面粉能够明显改善鱼面面团的粉质特性,增强面团韧性和延伸度。

本实验通过对葛粉鱼面用料配比、青鱼鱼茸调制及鱼面面团的流变性质进行研究,分析面团配比对其流变性能的影响,以期掌握其最佳制作工艺。研究结果为:葛粉鱼面的最佳制作条件是青鱼鱼茸 60%,玉米淀粉 25%,葛粉 10%,食盐 1.5%,蒸制时间 4min,蒸制温度 100℃。

说明,本篇内容原载于中文核心期刊《食品研究与开发》(CN12-1231/TS)2015 年 12 月第 36 卷第 23 期,原文《葛粉鱼面加工工艺研究》,作者:贺习耀,曾习(通讯作者),何四云,王婵。为统一文本格式,本书作者对原文稍作改动。

---

① 贺习耀,王婵.青鱼鱼面面团的流变性质研究[J].食品科技,2014(9):191-195.

后　记

　　历经 3 年艰辛努力,武汉市属高校产学研项目《幼儿园学生膳食调配制作研究》的主要研究任务终告完成。

　　作为项目研究成果,《幼儿膳食调制与养生》的撰写与出版,旨在规范幼儿膳食制作技艺,提升幼儿膳食质量水平,促进幼儿健康快乐成长。本书虽在幼儿膳食调制理论、膳食菜单设计、膳食原料选用、膳食菜品制作、饮食卫生与安全、饮食养生与保健以及养生菜品加工工艺研究等方面作出了一定探索,集中展现了幼教专家和烹饪大师的研究成果,但由于幼儿膳食调制与饮食养生的研究领域非常宽广,随着项目研究工作的深入开展,越来越感到尚有许多问题需要作出更深层次探究。我们将站在更高的高度,作出更为精深的探究,以期实现最终研究目标。

　　愿普天之下亿万幼儿健康快乐成长!

作　者

2017 年 2 月于武汉